Hugo Kastner
Welche Farbe haben schottische Schafe?

Hugo Kastner

Welche Farbe haben schottische Schafe?

Handbuch des skurrilen Wissens

humboldt

Bibliografische Information der Deutschen Nationalbibliothek
Die Deutsche Nationalbibliothek verzeichnet diese Publikation
in der Deutschen Nationalbibliografie; detaillierte bibliografische Daten
sind im Internet über http://dnb.ddb.de abrufbar.

ISBN 978-3-86910-001-2

Der Autor: Hugo Kastner studierte Geografie und Anglistik an der Universität Wien. Dazu hat er eine Management- sowie Schachtrainerausbildung absolviert. Hugo Kastner arbeitet seit vielen Jahren journalistisch als Spielerezensent sowie Kolumnen- und Fachartikelautor für das Österreichische Spielemuseum (www.spielen.at). Der Autor unterrichtet seit mehr als dreißig Jahren Geografie, Wirtschaftskunde, Englisch, Management und Schach an einem Wiener Gymnasium und ist zudem als Trainer im Schulschach tätig. Zusammen mit Gerald Folkvord hat er als geografischer Fachbuchautor zwei Bände Atlasrätsel bzw. 88 neue Atlasrätsel sowie mehrere Bücher zur Lehrerunterstützung (Fundgrube für Spiele, Fundgrube für Denksport und Rätsel) publiziert (www.hugo-kastner.at).

Bei humboldt erschienen bislang diese Bücher des Autors:
„Das große humboldt Schach Sammelsurium", ISBN 978-3-89994-138-8
„Die große humboldt Enzyklopädie der Kartenspiele" (mit Gerald Folkvord),
ISBN 978-3-89994-058-9
„Die große humboldt Enzyklopädie der Würfelspiele" (mit Gerald Folkvord),
ISBN 978-3-89994-087-9
„Ratgeber Snooker", ISBN 978-3-89994-098-5
„Von Aachen bis Zypern – Geografische Namen und ihre Herkunft",
ISBN 978-3-89994-087-124-1
„Backgammon", ISBN 978-3-89994-189-0

Originalausgabe

Ein Imprint der Schlüterschen Verlagsgesellschaft mbH & Co. KG,
Hans-Böckler-Allee 7, 30173 Hannover
www.schluetersche.de
www.humboldt.de

Covergestaltung:	DSP Zeitgeist GmbH, Ettlingen
Innengestaltung:	akuSatz Andrea Kunkel, Stuttgart
Titelfoto:	shutterstock/anacarol
Satz:	PER Medien+Marketing GmbH, Braunschweig
Druck:	CPI – Ebner & Spiegel, Ulm

Hergestellt in Deutschland.
Gedruckt auf Papier aus nachhaltiger Forstwirtschaft.

Für

Linda Kastner

die bei meiner Autorenarbeit stets wertvolle und verlässliche Beraterin war

Fata Morgana

1979

aus dem Buch: The Master of Illusions

Unser Leben ähnelt bisweilen einer trockenen, trostlosen Landschaft.
Und doch öffnet sich hin und wieder ein Fenster der Hoffnung.
Dem Menschenverstand widersprechend dringt zuerst ein Tropfen,
dann ein ganzer See in unser Dasein.
Die Welt ist voller Wunder!

Inhalt

Vorwort

Dieses Handbuch des skurrilen Wissens beschreibt kuriose, erstaunliche und bemerkenswerte Geschichten und Tatsachen zu den verschiedensten Themen und allen Epochen unserer Geschichte. Damit soll dem Leser ein überraschender und unerwarteter Betrachtungswinkel auf mehr als zweitausend bemerkenswerte Facetten unseres Wissens ermöglicht werden. Die Beispiele sind bewusst breit gestreut, um ein möglichst großes Spektrum an Interessen abzudecken. Dabei wurde besonders darauf geachtet, dass einzelne „Tatsachenblöcke" (Beispiel: Gesetzgebung in den USA) so präsentiert werden, dass der Leser bei der Suche nach interessantem Material eine gute Zusammenschau findet.

Alle Tatsachen oder Fakten haben einen realen Hintergrund, sind also bei eingehender bis akribischer Recherche zu belegen und zu verifizieren. Dennoch mag der Leser vieles als zweckfrei empfinden – und genau dies ist ja auch die eigentliche Intention dieser Sammlung an skurrilem Stammtisch-Wissen. Zweckfrei bedeutet keineswegs nutzlos, denn Wissen und Erfahrung bringen immer den persönlichen Nutzen der Horizonterweiterung, selbst dann, wenn dies auf humorvolle, scheinbar zufällige und letztlich ungezwungene Art geschehen mag. Der Leser wird die Antworten auf manche der hier präsentierten Fragen mit einem Augenzwinkern, ja fast ungläubigem Staunen aufnehmen, gleichzeitig jedoch das wohltuende Empfinden haben, manche Dinge aus einem völlig neuen Blickwinkel zu erkennen und damit eine Welt des Wissens eröffnet zu bekommen, die ihm bisher vielleicht nur allzu verborgen blieb.

Tatsachen und Fakten haben einen historischen Kontext und mögen sich bisweilen überschneiden und gegenseitig beeinflussen. Sie sind aber gleichzeitig dem einen oder anderen Themengebiet zugehörig, was letztlich die in dieser Sammlung getroffene Einteilung widerspiegelt. Jedenfalls sollen beim Studium dieses Buches die Freude an neuer „Erkenntnis" und der offene Blick auf Kurioses, Erstaunliches und Bizarres im Vordergrund stehen. Ihr nächster Stammtisch wartet schon auf diese unterhaltsamen Informationen, vergessen Sie das bitte nicht! Und Hand aufs Herz, wissen Sie, welche Farbe schottische Schafe haben? Stellen Sie die Fragen jedenfalls mit Vorfreude auf die Reaktionen Ihres verblüfften Publikums. Der Bedeutung und Nachhaltigkeit der aufgelisteten Tatsachen für unseren Alltag kommt jedenfalls nur zweite Priorität zu. Lesen Sie daher dieses Buch nicht unbedingt von Alpha bis Omega, sondern lassen Sie beim Durchblättern dieses Sammelsuriums im übertragenen Sinne Ihre Seele baumeln. Und teilen Sie Ihr neu erworbenes, erlesenes Wissen bereitwillig mit Familie, Freunden und Bekannten.

Der Aufbau dieses Buches folgt einem einfachen Schema: *Kapitel* (Beispiel: „Geschichte & Politik"), *Thema plus Frage* (Beispiel: „Herrscher" – „Welcher Herrscher verlor seine Nase?"), *weiterführende Informationen*. Letztere hängen in ihrem Umfang stark vom Thema ab, können aber bisweilen auch mehr als ein Dutzend „Wissenssplitter" umfassen. Manche Informationen werden auch in Form von Listen präsentiert, um dem Leser einen schnellen Überblick zu ermöglichen.

Mein Dank gilt allen meinen Freunden und Bekannten sowie Kolleginnen und Kollegen, die mir in den vielen Berufsjahren Anregungen zu dieser Sammlung gegeben haben. Ebenfalls sehr verbunden bin ich meinen Studentinnen und Studenten aus den Management-Kursen des Jahrgangs 2008/09 für das Querlesen diverser Kapitel dieses Buches. Namentlich: *Karin Aicher, Diana Al Jawahiri, Rabia Aktas, Ciarra Almeria, Samer Aoun, Dinem Atalay, Sebastian Banach, Merve Baysal, Arta Begati, Christian Benavente, Christina Braun, Marina Brunner, Rana Chalabi, Tim Denks, Veronika Dolejs, Christian Eliasch, Ajan Feick, Lydia Fichtenbauer, Klaudia Glusiak, Robert Göttlicher, Sandra Hinterberger, Johanna Hobiger, Thomas Hochmayer, Andrea Hochwarter, Daniel Hojsa, Jennifer Hopf, Kerstin Hrouda, Nermin Ismail, Paul Jhebrial, Cornelia Jordak, Miriam Karl, Theresa Kases, Julia Keiler, Ines Kiss, Clara Kittl, Marcus Kizilkaya, Paul Klinger, Daniel Klingler, Pia*

Köck, Marlies Kohler, Nina Kollmer, David Komarek, Nikola Komlenac, Helin Köse, Alina Kunihs, Marcus Leeb, Christoph Lehner, Fabian Lengheim, Nina Lindinger, Solvejg Langer, Raffaela Löwer, Benjamin Mayer, Madeleine Mertens, Seray Morkoc, Nicole Neubauer, Aleksandar Novakovic, Katrin Oberdorffer, Daniel Opiola, Daniel Opavsky, Katharina Polanka, Martin Pomper, Michelle Pucher, Nicole Redel, Avninder Randhawa, Bernhard Rapf, Nadine Reich, Sabrina Reschreiter, Monja Rettig, Kevin Scepka, Michael Schachinger, Lisa Schick, Claus Schlägner, Dominik Schubert, Olivia Skorek, Marissa Steindorfer, Karim El Syaad, Nicole Swoboda, Sabrina Taborsky, Florian Traxler, Peter Traxler, Hans Volek, Stefanie Wagner, Andreas Weber, Gawan Weber, Oktawian Wojciechowski, Annina Wurzinger, Lukas Xaver, Mary Youssef, Nadine Zaynard, Lukas Zuliani und *Markus Zwerina.*

Ein großes Dankeschön an Yolanda und Sandro Del-Prete für die Erlaubnis, dieses Buch mit einigen wundervollen Illusionsbildern aus der Meisterhand des Künstlers Sandro Del-Prete auszustatten. Ein ebensolches Danke an Gianni Sarcone und Marie-Jo Waeber für die Bilder aus ihren beiden zauberhaften Büchern über optische Illusionen.

Zu ganz besonderem Dank verpflichtet bin ich den Leserinnen und Lesern des kompletten Rohmanuskripts für die vielen Stunden der geistigen Auseinandersetzung mit dem hier präsentierten Stammtisch-Wissen und den daraus resultierenden, hilfreichen Anregungen: *Thomas Denk, Gabriele Eichner, Sandra Eichner, Robert Haberbusch, Yvonne Hoffmann, Birgit Jürs, Gerald Kador Folkvord, Linda Kastner, Teresa Sauer* und *René Schwab.*

www.hugo-kastner.at
Wien, im Februar 2009
Hugo Kastner

Geographische Rätselbilder

um 1880
aus: Deutsche Jugend

Sehen Sie die Staaten, Inseln, Meere und Erdteile von anno dazumal?

Lösung: 1 Europa – 2 Iberische Halbinsel – 3 Afrika – 4 Kaspisches Meer – 5 Borneo (heute: Kalimantan) – 6 Schwarzes Meer – 7 Hispaniola (Haiti und Dominikanische Republik) – 8 Kuba – 9 Sumatra – 10 Korsika – 11 Australien – 12 Schweden/Norwegen – 13 Irland

Geografie & Wirtschaft

Werte Leserin, werter Leser!
In diesem Kapitel erwartet Sie eine Fülle von Themen rund um die Geografie und Wirtschaft unserer Erde. Wussten Sie etwa, dass Japaner schneller betrunken sind als Europäer, da ihnen ein Enzym fehlt? Oder dass ein Ei im September 1923 45 Millionen Mark kostete? Sagt Ihnen der längste europäische Ortsname etwas: Llanfairpwllgwyngyllogerychwyrndrobwllllantysiliogogogoch; die Geschichte hinter diesem Namen beginnt mit „St. Marys Kirche im Tal beim weißen Haselstrauch …" Und ist Ihnen bewusst, dass T-Shirts mit der Aufschrift „Fucking in Austria is beautiful" bei Amerikanern reißenden Absatz finden? Das ist nichts Unanständiges, wohlgemerkt. Fucking ist ein Ort in Oberösterreich. Sie dürfen sich auf den folgenden Seiten an einem ganz neuen Blickwinkel auf unsere Erde erfreuen.

Wissen Sie's? – So Pi mal Daumen?

A. **Alaska:** Wie viel Dollar kostete Alaska?

B. **Amazonas:** Um wie viel übertrifft die Wassermenge des Amazonas die des Nils?

C. **Banknoten:** Welcher höchste Geldwert findet sich auf heute gültigen Banknoten?

D. **Brauerei:** Wann wurde die älteste Brauerei gegründet?

E. **Grundstücke:** Wie groß ist das kleinste eingetragene Grundstück der Welt?

F. **Höhenlage:** Wie hoch liegt die höchstgelegene Hauptstadt Europas?

G. **Insel:** Wie viele Quadratkilometer hat die größte von Süßwasser umgebene Insel der Erde?

H. **Mount St. Helens:** Beim Vulkanausbruch 1980 wurde ein Siebentel der Gesamthöhe des Mount St. Helens weggesprengt. Um wie viel mal höher war dabei die Sprengkraft verglichen mit der Atombombe auf Hiroshima?

I. Schokolade: Wann wurde die erste Tafel Schokolade hergestellt?

J. Venedig: Wie viele Brücken führen über die Kanäle Venedigs?

Antworten: A: 7.200.000 Dollar – nach heutigem Wert 1,7 Milliarden US-Dollar/B: um das 60-Fache/C: 10.000 US-Dollar/D: 1040 – Weihenstephan (bei München)/E: 0,13 m2 – nahe Göttingen/F: 1061 m – Andorra/G: 40 000 km^2 – in der Amazonasmündung/H: 500-mal/I: 1819 – in Vevey, Schweiz/J: 400

Bevölkerung

Wie viele Menschen haben je unsere Erde bevölkert?

Neueste Forschungen schätzen die Zahl der Menschen, die je gelebt haben, auf rund 82 Milliarden. Zugrunde gelegt wird die Zeit seit der Ablösung des Neanderthalers durch den Cro-Magnon-Menschen (vor etwa 40 000 Jahren) bis heute. Mehr als 6,5 Milliarden Bewohner hat unser Planet derzeit. Knapp 34,5 Milliarden der bereits Gestorbenen fallen in die Zeit vor Christi Geburt, 41 Milliarden in die Zeit danach.

Bevölkerungsentwicklung: Um die Zeitenwende dürften 250 Millionen Menschen auf der Welt gelebt haben. Erst um 1804 (Napoleon) wurde die 1. Milliarde erreicht. Um um das Jahr 1929 (Weltwirtschaftskrise) war die Weltbevölkerung auf 2 Milliarden gestiegen. 1960 (Beginn der bemannten Raumfahrt) waren es 3 Milliarden, 1974 (knapp nach der Ölkrise) 4 Milliarden und 1987 (ein Jahr nach Tschernobyl) 5 Milliarden Menschen. Im August 1999 dürfte die 6. Milliarde erreicht worden sein, so zumindest lauten die Schätzungen der Experten.

Malthus: Der Geistliche Thomas Robert Malthus machte in seinem 1798 erschienenen Buch *An Essay on the Principle of Population* (frei: „Über das Prinzip der Bevölkerungsentwicklung“) eine sehr pessimistische Prognose der Bevölkerungsentwicklung der Erde. Konkret meinte er: Eine Überbevölkerung sei unausweichlich, weil sich die Zahl der Menschen deutlich stärker als die Menge der Nahrungsmittel erhöht. Er sah nur drei Wege zur Lösung des Problems: Krieg, Hungersnot und Enthaltsamkeit. Neue technische Errungenschaften, vor allem Fortschritte in der Landwirtschaft, widerlegten seine Theorien bereits nach zwei Jahrzehnten.

Weltbevölkerung: Ließe man die gesamte Bevölkerung der Erde auf 100 Menschen zusammenschrumpfen, ohne dass die wahren Relationen zwischen den statistisch relevanten Daten verschoben werden, ergäben sich folgende statistische Durchschnittswerte: (1) Ein Mensch wäre gerade geboren, einer stände knapp vor seinem Tod. (2) Ein Mensch hätte eine Hochschulausbildung. (3) Nur 6 Menschen besäßen über die Hälfte alles Reichtums. (4) 52 Menschen wären unterernährt. (5) 52 Frauen ständen 48 Männern gegenüber. (6) Es gäbe 57 Asiaten, 21 Europäer, 8 Afrikaner, 13 Amerikaner (Nord-, Mittel-, Südamerika) und keinen ganzen Australier. (7) 71 Menschen könnten weder lesen noch schreiben. (8) 80 Menschen lebten in ärmlichen Behausungen.

Zukunft: Zwischen 1924 und 1932 spekulierten hundert Intellektuelle in England in Buch- oder Artikelform über die Zukunft. Kein Einziger sah die Möglichkeit einer Überbevölkerung voraus.

Börse

Warum zeigt die Börse am Montag niedrige Kurse?

Die Theorie besagt, dass sich die Händler am Freitag gerne „glattstellen“ (Risiko herausnehmen), also große Wertpapierbestände abbauen. Also sollten die Kurse sinken. Das Gegenteil ist der Fall: Am Freitag hat der DAX über die Jahre statistisch leicht zugelegt, am Montag dagegen um 0,2 Prozent abgebaut. Bislang ist dieser „Montagseffekt“ noch nicht geklärt.

Affenschande: Die schwedische Zeitung *Expressen* hat vor einigen Jahren von einem Experiment berichtet, in dem ein Affe, der Schimpanse Ola, Dartpfeile auf einen Kurszettel warf und mit seiner Kursprognose alle fünf im Wettbewerb stehenden Börsenmakler übertraf. Beide Seiten hatten 10.000 Schwedenkronen zur Verfügung. Der deutsche Wirtschaftsstatistiker Walter Krämer wiederholte dieses Experiment, indem er sich selbst „zum Affen" machte. Seine Börsenerfolge bestätigten das schwedische Resultat.

Rockefeller: Nach einem Tipp seines Schuhputzers (damals ein verbreiteter Job in den USA) verkaufte John D. Rockefeller kurz vor dem Börsencrash 1929 seine gesamten Aktien. Er war damit einer der großen Gewinner der Spekulationsblase. Man schätzt heute, dass damals etwa 10 Prozent aller Aktien auf Kredit gekauft worden waren.

Schwarzer Freitag: Eigentlich war der 24. Oktober 1929, der Beginn des größten Börsencrashs der Geschichte, ein Donnerstag. Durch die Zeitverschiebung erreichte er allerdings erst am Freitag die europäischen Märkte und läutete damit die Weltwirtschaftskrise ein, die bis 1933 dauern sollte. Knapp zuvor sprachen selbst führende Wirtschaftsprofessoren in Börsenjournalen noch von einem „ewigen Wohlstand", da der Dow Jones sich seit Beginn der Zwanzigerjahre fast wie Zauberei auf einen Höchststand von 381 Punkten verdreifacht hatte.

Treppenwitz: Es ist schon ein Treppenwitz der Wirtschaftsgeschichte, dass im „Land der unbegrenzten Möglichkeiten", das seit jeher die Freiheit des Einzelnen gegenüber dem Staat predigt, im Herbst 2008 alle fünf großen Investmentbanken in normale, staatlich kontrollierte Institute umgewandelt werden mussten. Goldman Sachs, Morgan Stanley, Merrill Lynch, Lehman Brothers und Sears Roebuck sind als mächtige, unabhängige Finanzinstitute Geschichte.

Zusammenbruch: Am 24. Oktober 1929 um 11 Uhr vormittags begannen an der Wall Street fast unvermutet die Panikverkäufe. Der Handel brach mehrfach zusammen. Doch erst am Dienstag der Folgewoche kam es zur Katastrophe. Einzelne Aktien hatten bereits 99 Prozent ihres Wertes verloren. Manch ein Anleger soll sich, so die Legende, für den Freitod entschieden haben. Am Tiefpunkt im Jahr 1932 stand der Dow Jones Index auf 41 Punkten, der gleiche Wert wie am 26. Mai 1896! Massenarbeitslosigkeit war eine der Folgen. Die Börsengeschichte musste umgeschrieben werden.

Gebirge

Wie viel Müll findet sich am Mount Everest?

(1) Bei einer Müllentsorgungsexpedition auf dem Mount Everest im Jahr 2000 wurden immerhin 632 Sauerstoffflaschen zusammengeklaubt. (2) Traurige Bilanz: Seit 1953 wird der höchste Berg der Erde statistisch alle drei Wochen bestiegen. Alle vierzehn Wochen stirbt ein Bergsteiger. Die Chancen zu überleben stehen damit schlechter als beim sogenannten Russischen Roulette. Zahlreiche Toten liegen wohl für immer im Eis der Bergriesen. (3) Anmerkung: Die Todesrate am K2 ist noch wesentlich höher.

Annapurna: 1950 begann mit der Erstbesteigung des Annapurna der Sturm auf die vierzehn Achttausender unseres Planeten.
Erstbegeher: Hermann Buhl und Kurt Diemberger sind die einzigen Menschen, die zwei Achttausender erstbegangen haben. Zitat: *„Bergsteiger werden kämpfen. Sie werden Erfolg haben. Sie werden sterben. Und den Gipfeln wird dies alles gleichgültig sein." (Richard Sale, Gletscherforscher)*
Hillary: Der Neuseeländer Sir Edmund Hillary (1919–2008) und der Sherpa Tenzing Norgay (1914–1986) bestiegen am 29. Mai 1953 erstmals den Mount Everest. Die sensationelle Nachricht erreichte England am Vorabend der Krönung Elisabeths II. Anmerkung: Die gesamte Expedition bestand aus 12 Bergsteigern, 40 Sherpa-Führern und 700 Trägern. Hillary und Tenzing wurden schließlich für die Gipfelbegehung ausgewählt.
Hoch und tief: Nur 14 Kilometer trennen den höchsten und den tiefsten Punkt der 48 geografisch zusammenhängenden Staaten der USA: Mount Whitney im Sequoia National Park (4 418 m), Badwater im Death Valley (minus 85 m, also deutlich unter dem Meeresspiegel).
Kätzchen: 1950 folgte ein vier Monate altes Kätzchen einer Bergsteigergruppe bis auf den Gipfel des Matterhorn. Diese nahmen die Katze in ihre Obhut und brachten sie wieder dem Besitzer zurück, dem Koch des Hotels Belvedere. Das Kätzchen wurde auf den Namen „Cervinis" umgetauft (ital. für Matterhorn). [Der Bericht erschien in *The London Times*.]

Muscheln: Schon der griechische Philosoph Xenophanes (um 530 v. Chr.) vermutete, dass Berge, auf denen man Muscheln fand, einst von Meer bedeckt waren. Erst der schottische Geologe James Hutton (1726–1797) konnte diese Theorie fast 23 Jahrhunderte später bestätigen.
Nebel: Der Mount Washington im US-Bundesstaat New Hampshire hat mehr als 300 Nebeltage. Das Hotel auf dem 1917 m hohen Gipfel ist dennoch gut gebucht. In Deutschland ist der Brocken im Harz mit 287 Nebeltagen Rekordhalter. Wie wird ein Nebeltag definiert? Einmal pro Tag muss die Sicht unter einem Kilometer liegen.
Ohne Sauerstoff: Der Südtiroler Reinhold Messner (geb. 1944) ging an die Grenzen der körperlichen Möglichkeiten. Er bezwang innerhalb von 16 Jahren alle vierzehn Achttausender-Gipfel ohne zusätzlichen Sauerstoff.
Österreicher: Fünf Gipfel von Achttausendern wurden zum ersten Mal von österreichischen Expeditionen bezwungen. Der bekannteste dieser österreichischen Erstbesteiger war Hermann Buhl, der am 3. Juli 1953 den Himalaya-Gipfel des Nanga Parbat erklomm und vier Jahre später in einem Team den Broad Peak im Karakorum.
Zugspitze: Der höchste Berg Deutschlands ist von Süden betrachtet um exakt 27 Zentimeter höher als vom Norden anvisiert. Der Grund: Deutschland hat als Normalnullwert (auch: Meeresspiegelhöhe) den „Amsterdamer Pegel", Österreich dagegen den etwas niedrigeren „Triester Pegel", da die nördliche Adria zur Kaiserzeit Teil der Monarchie war. [siehe: Kastner/Folkvord: 88 neue Atlasrätsel]

Geografie-Mix

Was ist ein „schwimmendes Kristallschloss"?

Der irische Mönch Brendan war um das Jahr 800 der Erste, der in seinen Schriften einen Eisberg erwähnte, den er allerdings als „schwimmendes Kristallschloss" beschreibt.

Atacama: Die trockenste Wüste der Erde ist die Atacama, mit im Durchschnitt 0,1 mm Niederschlag pro Jahr. Zeitweise vergehen hunderte von Jahren zwischen kurzen Regengüssen. Vergleichsweise viel Wasser (25 mm pro Jahr) fällt dagegen in der Sahara. Zur Veranschaulichung: Wien hat einen mittleren Jahresniederschlag von 680 mm.
Atlas: Die Bezeichnung von Kartensammlungen geht auf den flämischen Geografen Gerard(us) Mercator (lat. für Kremer, Mercators eigentlicher Name) zurück, der sein berühmtes Kartenwerk nach dem sagenhaften König Atlas benannte, der angeblich den ersten Himmelsglobus schuf. Jedenfalls wurden unsere Kartenwerke nicht nach dem Titanen Atlas benannt, den Zeus dazu verdammte, auf ewig das Himmelsgewölbe – wir sehen darin eher eine Weltkugel – auf seinen Schultern zu tragen.
Beton: Eis hat ungefähr die gleiche Härte wie Beton.
Eisriese: Der bislang gewaltigste Eisberg hatte die Größe Belgiens (rund 30 000 km^2). Er wurde 1956 im Südpazifik gesichtet.
Landhalbkugel: Ein Blick auf den Globus mit dem Zentrum Amsterdam zeigt die größtmögliche Landmasse der Erde (ganz Nordamerika, Europa, Afrika, einen Großteil Asiens und einen Zipfel von Südamerika): 47 Prozent Landanteil!
Ravenna: Die ehemalige Hauptstadt des Weströmischen Reiches liegt wegen der Schlamm- und Schlickbildung des Po heute 8 Kilometer landeinwärts. In der späten Kaiserzeit war Ravenna eine Lagunenstadt und ihr Hafen einer der wichtigsten Flottenstützpunkte des Römischen Reiches.
Temperaturanstieg: Am 22. Januar 1943 stieg die Temperatur in Spearfish, South Dakota, innerhalb von zwei Minuten (von 7:30 bis 7:32 Uhr) von minus 22 °C auf plus 8 °C, also um 30 °C.
Trockenheit: Der Rekord an Trockenheit findet sich in den sogenannten Antarktischen Trockentälern (Dry Valleys). Hier gibt es keinen Schnee und auch kein Eis, und hier fiel bei Temperaturen zwischen –50 °C und –10 °C noch nie ein Tropfen Niederschlag. Wegen der Ähnlichkeit mit den Bedingungen auf dem Mars führte die NASA in diesem Gebiet Tests für die Mission der Viking-Raumsonden durch.

Wasserhalbkugel: Das Zentrum der „Wasserhalbkugel“ liegt südöstlich von Neuseeland. Vom Festland liegen nur die Antarktis, Australien, Teile Südostasiens und der Südzipfel Südamerikas im Blickfeld: 89 Prozent Wasseranteil. Bitte nehmen Sie einen Globus zur Hand!

Länder unter der Lupe – Europa

Wie groß ist der größte Leberknödel?

Österreich: Der größte Leberknödel, immerhin 1800 Kilogramm schwer, wurde am 16. September 1996 in Zams, Tirol, gekocht.

Albanien: Angeblich kennen Albaner 27 Wörter für Schnauzbart.
Belgien: In Flandern fiel 1582 der Weihnachtstag aus. Wegen der Umstellung vom Julianischen auf den Gregorianischen Kalender wurden die Tage vom 22. bis zum 31. Dezember aus dem Kalender gestrichen.
Finnland: Der alljährlich in Sonkajaarvi stattfindende Wettbewerb im Frauen-Tragen geht auf den legendären Räuberhauptmann Ronkainen zurück. Um die Kraft seiner neuen Räubergesellen zu testen, ließ er sie eine schwere Frau über einen Hindernisparcours schleppen.
Irland: (1) Bis zum 18. Jahrhundert waren Pistolenduelle in Irland an der Tagesordnung. Barkeeper händigten ihren Kunden auf Verlangen die unter dem Tresen aufbewahrten Waffen aus. (2) Die O'Connell Bridge in Dublin ist die einzige Brücke der Welt, deren Breite (45 m) die Länge (40 m) übertrifft.
Island: (1) Dieser Inselstaat kennt keine Reptilien und Amphibien, aber auch keine anderen giftigen Tiere. (2) Kein Land der Erde ermöglicht eine bessere Genforschung als diese vor 1100 Jahren von Wikingern besiedelte Insel. (3) In diesem entlegenen Atlantikstaat gibt es in der Tat eine staatlich beauftragte Elfenexpertin, die sogar eine „Landkarte der verborgenen Welt“ (der Elfen, Trolle, Gnome und des übrigen Huldofolks) entworfen hat. Ein Fels in der Stadt Grundarfjörđr, der angeblich von Fabelwesen bewohnt wird, trägt sogar eine Hausnummer: 84. (4) In Island findet sich das einzige

Penis-Museum der Welt (Isländisches Phallusmuseum), allerdings fehlen bis dato menschliche Exponate. [www.phallus.is]

Italien: Ein Gericht stellte 1996 unmissverständlich fest, dass Beamte jeden Morgen ein verbürgtes Recht auf eine Kaffeepause haben.

Japan: Da den Ostasiaten ein Enzym fehlt (Acetaldehyddehydrogenase), werden sie in der Regel schneller betrunken als Europäer.

Liechtenstein: (1) Von den im Jahr des Westfälischen Friedens (1648) bestehenden 343 Einzelstaaten des Heiligen Römischen Reiches Deutscher Nation ist nur Liechtenstein (in unveränderter Form) übrig geblieben. Der Landesname geht auf eine Burg bei Wien zurück, die Landeshymne folgt der Melodie von „God Save the Queen". (2) Neben Usbekistan ist dieser Zwergstaat der einzige, dessen Nachbarn ebenfalls Binnenstaaten sind.

Mongolei: Gegen einen Katzenjammer nach durchzechter Nacht wird traditionellerweise gepökeltes Schafsauge in Tomatensaft empfohlen.

Niederlande: Seit März 2008 dürfen sich Paare in den Abend- und Nachtstunden im Amsterdamer Vondelpark ganz legal dem Sexspiel hingeben. Zwei Einschränkungen: Es sollte kein Müll hinterlassen und ein „Hörabstand" zu Spielplätzen eingehalten werden. Ein Protest der besonderen Art kam von den Hundebesitzern, die ihre Vierbeiner nun an der Leine halten müssen – um die „Zweibeiner" nicht zu stören.

Norwegen: (1) Norwegens Küstenlinie einschließlich aller Inseln beträgt über 54 000 km, das ist länger als der Äquator. (2) Der am häufigsten vergebene Jungenname des Jahres 2007 in Oslo war Mohammed.

Portugal: Mehr als die Hälfte aller Korken der Weltproduktion kommen aus Portugal.

Russland: Die Sowjetunion, der Vorgänger Russlands, legalisierte als erster Staat bereits 1920 die Abtreibung.

Schweden: In Ystad wird alljährlich ein Kuh-Bingo veranstaltet. Dabei werden Wetten abgeschlossen, auf welches der 81 Sektoren eines Feldes eine Kuh zuerst einen Fladen ablegen wird.

Schweiz: (1) Am 16. Juli 1661 wurden in dieser Alpenrepublik erstmals in Europa Banknoten ausgegeben. (2) Sozial lebende Tierarten wie Wellen-

sittiche, Hunde, Pferde, Meerschweinchen oder Kühe dürfen, einem neuen Gesetz entsprechend, nicht mehr als Einzeltiere gehalten werden. Verstöße werden allerdings nicht geahndet. (3) Einem seit 14 Jahren im Land lebenden Tschechen wurde 1983 die Staatsbürgerschaft wegen mangelnder Integration verwehrt. Der Grund: Er brachte beim Antrag seine starke Abneigung gegen Kuhglocken zum Ausdruck.
Vatikan: (1) Die Uniformen der Schweizer Garde wurden von Michelangelo entworfen. (2) Mit 0,44 km^2 ist der Vatikan der kleinste Staat der Erde. Die Einwohnerzahl liegt um die Tausend, die Amtssprache ist Latein. (3) Dieser Staat liegt als einziger innerhalb einer Stadt (Rom).

Länder unter der Lupe – Welt ohne Europa

In welchem Land war der erste Gouverneur ein Pirat?

Bahamas: Der erste Gouverneur der Bahamas, Woodes Rogers, war in seiner früheren Karriere ein Pirat.

Afghanistan: Bushkasi ist ein traditioneller Sport Afghanistans, bei dem ein geköpftes Kalb als „Spielball" von berittenen Sportlern in das gegnerische Tor befördert wird. Wer das Kalb in Besitz hat, wird von den Gegnern mit Peitsche und Tritten attackiert.
Ägypten: Die (heute) 139 Meter hohe Cheops-Pyramide (ursprünglich 146,5 m) war mehr als 4000 Jahre lang, bis zur Errichtung des Zentralturms der Lincoln Cathedral (1584), das höchste Gebäude der Welt.
Australien: Der höchste Berg, Mt. Kosciuszko, und die größte Stadt, Sydney, sind nach Personen benannt, die nie australischen Boden betreten haben.
China: Das Restaurant „Dog-Meat King" in Beijing serviert mehr als 50 Speisen mit Hundefleisch.
Guatemala: Jedes Jahr zu Weihnachten fordert der traditionelle Brauch, mit Pistolen in die Luft zu schießen, wegen der herunterfallenden Kugeln mehrere Todesopfer.

Kongo, Demokratische Republik: Als einziges Land Afrikas hat der Kongo zwei Zeitzonen.
Iran: Traditionell schlecken bei der Hochzeit Braut und Bräutigam Honig von den Fingern des Partners. Dies soll einen süßen Start ins Eheleben sichern.
Japan: Ein kurioses Wort bereichert die japanische Sprache: *tsujigiri*. Die Bedeutung dieses Begriffs: „ein Schwert an einem zufällig Vorbeikommenden ausprobieren". Hintergrund: Ein Samurai hatte das Recht, einen Mann aus dem Volk ohne Begründung zu töten.
Lesotho: Dieses Land hat mit 1380 m den höchsten „tiefsten" Punkt eines unabhängigen Staates der Erde.
Libyen: Dieser Staat Nordafrikas ist der einzige mit einer einfarbigen Flagge: Grün, der Farbe des Propheten.
Malediven: (1) Dieser Inselstaat kennt keine politischen Parteien. (2) Der höchste Punkt der Malediven ragt nur 2,4 m über den Meeresspiegel hinaus. Wegen der dramatischen Klimaerwährmung der Erde (und einem damit verbundenen Anstieg des Meeresspiegels) suchen die Bewohner dieser Insel bereits eine neue Heimat.
Mexiko: Stiche von Skorpionen töten zehnmal mehr Mexikaner als Bisse von Schlangen.
Neuseeland: Gel, Kondome, Öle, Vaseline, Unterwäsche, Kostüme oder auch Schaumbäder können Sexarbeiterinnen von der Steuer absetzen.
Panama: (1) Dieser Staat auf der Landbrücke Mittelamerikas ist der einzige, wo sowohl der Sonnenaufgang im Pazifik als auch der Sonnenuntergang im Atlantik beobachtet werden können. (2) Der Panamahut wird in Ekuador hergestellt. (3) Die Landbrücke Mittelamerikas macht eine Krümmung, die einem verdrehten Band ähnelt. Daher befindet sich ein Schiff, das fünf Meilen vom Panamakanal entfernt ist und in Richtung Westen auf dem Kanal fährt, im Pazifik! Anmerkung: Die pazifische Einfahrt zum Kanal liegt 43 Kilometer weiter östlich als die atlantische.
Paraguay: Als einziger Staat der Erde hat Paraguay eine Flagge mit unterschiedlichen Seiten: Staatssiegel und Schatzsiegel zieren den weißen bzw. blauen Streifen.

Peru: (1) Als einziger Landesname kann „Peru“ auf der oberen Reihe der üblichen Schreibmaschinentastatur eingeben werden. (2) Peru hat Ortschaften, die mit einem Doppel-Q beginnen: Qquea, Qquecquerisca und Qquero.
Saint Lucia: Kein Land der Erde hat mehr Nobelpreisträger pro Kopf als dieser winzige Karibikstaat: 2 auf nur 144 000 Einwohner.
Sri Lanka: 1960 wurde Chandrika Bandanaraike die erste Premierministerin eines unabhängigen Staates.
Taiwan: Seit 1995 dürfen Taiwanesen die Ziffer „4“ aus ihrer Adresse streichen. Das englische Wort „four“ klingt sehr ähnlich wie das chinesische Wort für „Tod“. In Hotels fehlen oft der vierte Stock und die Zimmernummer „4“. Randbemerkung: Kaffeemaschinen für 4 Tassen werden nicht zum Verkauf angeboten.
Thailand: 1985 musste das Lied „One Night in Bangkok“ aus dem Musical „Chess“ gestrichen werden, da nach Regierungsmeinung zu starke „sexuelle“ Assoziationen ein falsches Bild der Thai-Gesellschaft vermitteln würden.
Usbekistan: Dieser Binnenstaat wird von lauter Binnenstaaten, die auf *-stan* (pers. Land) enden, eingeschlossen.

Monetäres

Wann kostete ein Ei 45 Millionen Mark?

Ein Ortsbrief unter 20 g konnte am 1. Oktober 1919, dem Beginn der größten Inflationszeit in Deutschland, für exakt 15 Pfennig versandt werden. Wegen der überzogenen Reparationsforderungen (in Währung und Sachgütern) fiel jedoch in den folgenden drei Jahren das gesamte Wirtschaftssystem Deutschlands wie ein Kartenhaus zusammen, ab dem 1. Januar 1922 mit galoppierender Geschwindigkeit. Ein Ei kostete im September des Hyperinflationsjahres 1923 45 Millionen Mark, ein Pfund Butter sogar 1,5 Milliarden Mark. Menschen waren gezwungen, ihren Lohn fast unmittelbar im nächsten Laden auszugeben, um nicht binnen kurzem die Kaufkraft gegen Null laufen zu lassen. Geld wurde tatsächlich in Schubkarren befördert.

Ortsbrief – Preiserhöhungen ab 1922

1. Januar 1922	125 Pfennig
1. Juli 1922	200 Pfennig
1. Oktober 1922	2 Mark
15. Nov. 1922	4 Mark
15. Dezember 1922	10 Mark
15. Januar 1923	20 Mark
1. März 1923	40 Mark
1. Juli 1923	120 Mark
1. August 1923	400 Mark
24. August 1923	8.000 Mark
1. September 1923	30.000 Mark
20. September 1923	100.000 Mark
1. Oktober 1923	800.000 Mark
10. Oktober 1923	2 Mill. Mark
20. Oktober 1923	4 Mill. Mark
1. November 1923	40 Mill. Mark
5. November 1923	500 Mill. Mark
12. November 1923	5 Mrd. Mark
20. November 1923	10 Mrd. Mark
26. November 1923	40 Mrd. Mark
1. Dezember 1923	100 Mrd. Mark

Baumwolle: Euro-Geldscheine werden aus den kurzen Samenhaaren der Baumwollpflanze hergestellt. Die Klebstoffe sind streng geheim.
Euro: (1) Der Magische Zirkel in Großbritannien stellte den Antrag, die Euro-Münzen größer zu machen, um damit leichter bei Münzvorführungen „arbeiten" zu können. (2) Alle 1-Euro-Münzen, die am 1. Januar 2002 in Umlauf gebracht wurden, würden aufgetürmt eine Höhe von 80 Kilometern erreichen. (3) Euro-Geldscheine überleben einen Waschprozess, nicht jedoch ein Bügeln. Das zumindest zeigen deutsche Testversuche.
Monaco: Neben Andorra ist das Fürstentum der einzige Staat Europas, der keine Einkommenssteuer kennt.
Pengö: Wenn man die Währungsannalen durchforscht, eröffnet ein Blick auf Ungarn im Juni 1946 neue „Zahlendimensionen": Der Goldpengö von 1931 stand auf einem Inflationswert von 130 Trillionen Papierpengö, aus-

geschrieben 130.000.000.000.000.000.000. Papiergeld mit der Einheit 100 Trillionen Pengö (ung. *szazmillio billion*) kam in Umlauf. Regulärer Handel kam in dieser Zeit völlig zum Erliegen.
Sarah Bernhardt: Die legendäre Schauspielerin traute keiner Bank. Ihr Honorar ließ sie sich in Goldmünzen ausbezahlen, die sie in einer abgenutzten Ledertasche mit sich trug. Das übrige Gold wurde in einer Truhe unter dem Bett aufbewahrt.
Scheck: Tausend Jahre vor den ersten Münzen verwendete man in Babylon bereits Schecks auf Lehmtafeln.
US-Kolonien: Niemand in den ersten 13 Kolonien konnte vor der Revolution eine Bank aufsuchen. Grund: Es gab keine. Brauchte man Geld, lieh man es vom Nachbarn aus. Hintergrund ist wohl, dass es auch keine Münze gab, sondern das Geld aus England stammte.

Ortsnamen

Wo steht „St. Marys Kirche im Tal beim weißen Haselstrauch“?

Llanfairpwllgwyngyllogerychwyrndrobwllllantysiliogogogoch … lautet die Antwort. Dies ist der längste, fast unaussprechliche Ortsname Europas, wenn auch der heute offizielle Teil nur mehr aus den ersten zwanzig Buchstaben besteht. Das Walisische, eine gälische Sprache, kennt viele für uns sehr ungewohnte Buchstabenkombinationen. Die Übersetzung lautet: „St. Marys Kirche im Tal beim weißen Haselstrauch, nahe den tosenden Stromschnellen, bei der roten Höhle des Heiligen Tysilio.“

Å: Dieser Ortsname auf den Lofoten (Norwegen), von der Wurzel *å* „Wasser“ abgeleitet, taucht auch in den beiden anderen nordischen Ländern Schweden und Dänemark auf. In letzterem Staat findet sich ein weiterer Einbuchstaber: Ø. Zusammen mit der japanischen Stadt O (Kurzform von Sosei), einer Siedlung U in Mikronesien und dem französischen Dorf Y haben es diese einbuchstabigen Ortsnamen zu einer Eintragung im *Guinness-Buch der Rekorde* gebracht.

Krungthep mahanakorn amornratanakosin mahintarayutthaya mahadilok phopnopparat rajathaniburi romudom rajaniwes mahasatharn amornphimarn avatarn sathit sakkattiya visanukamprasit: Der alte Name Bangkoks umfasst die Rekordzahl von 163 Buchstaben (Leerzeichen zur besseren Lesbarkeit eingefügt): Auf Deutsch hört sich dies ungefähr so an: „*Stadt der Engel, große Stadt und Wohnsitz des Smaragdbuddhas, uneinnehmbare Stadt des Gottes Indra, große Hauptstadt der Welt, geschmückt mit neun wertvollen Edelsteinen, reich an gewaltigen königlichen Palästen, die dem himmlischen Heim des wiedergeborenen Gottes gleichen, Stadt, die von Indra geschenkt und von Vishnukarm gebaut wurde.*" Offensichtlich ist Bangkok das ewige Herz dieses Landes. Da die „Langform" heute jedoch nicht mehr in Gebrauch ist, wird sie offiziell nicht als Ortsname anerkannt und hat damit auch keinen Eintrag im Guinness-Buch der Rekorde erhalten. Bangkok selbst ist das „Land der Olivenbäume" (thai. *bāng* „Land", *kok* „Olivenbaum"), zumindest in der im Westen üblichen Bezeichnung. Der im Land gebräuchliche Name lautet *Krung Thep*, „Stadt der Engel". Auf Autokennzeichen steht sogar *Krungthep Mahanakorn*, die ersten neunzehn Buchstaben des Endlosnamens.

Litauen: In diesem baltischen Staat liegt das geografische Zentrum des Kontinents Europa, wurde von Kartografen festgestellt.

Meerholz: Gemäß dem Französischen Geografischen Institut liegt dieser Stadtteil von Gelnhausen (Hessen) exakt im geografischen Zentrum der Europäischen Union. Meerholz ist also das Herz der EU!

Taumatawhakatangihangakoauauotamateaturipukakapikimaungahoronukupokaiwhenuakitanatahu: Das *Guinness-Buch der Rekorde* deutet den längsten geografischen Namen der Welt (85 Buchstaben) für einen Hügel auf der Nordinsel Neuseelands folgendermaßen: *Der Platz, wo Tamatea, der Mann mit dem großen Knie, bekannt als der Reisende, der Berge durchtrennte, sie erkletterte und auch verschluckte, seiner Geliebten auf der Flöte vorspielte.* Die Maori in Neuseeland sind bekannt für ihre geradezu unglaublich epische Benennung von Naturobjekten.

Staatennamen – Europa

Wo lebten die „tätowierten" Leute?

Großbritannien: Die frühen Bewohner der Insel müssen die Angewohnheit gehabt haben, ihre Körper zu tätowieren, da das griechische Wort ‚prittanoi' mit „tätowierte Leute" übersetzt werden kann.

Deutschland: In den Urkunden Karls des Großen ist von einer „lingua theodisca" die Rede, die eine Art Volkssprache darstellt, als Gegenstück zur „lingua romana", der Sprache Roms. Dem Volk sollten durch eine eigene, verständliche Sprache Recht, Gesetz und Glaubenslehre näher gebracht werden. Gotisch *thiuda*, germ. *þeudo* heißt ganz einfach „Volk". Vom lat. *theodiscus* scheint sich das selten verwendete ahd. *diutisk* herzuleiten, mit dem erstmals um 1090 auch Volk und Land angesprochen wurden. Das englische „Germany" ist unklaren Ursprungs, vielleicht kann es aus dem keltischen *gair* „Nachbar" und *maon* „Leute" abgeleitet werden. Das frz. „Allemand" bezieht sich auf die Alemannen, wortwörtlich heißt dies „alle Männer". Es setzte sich zunächst vorwiegend im heutigen Süddeutschland durch und wurde allmählich zur allgemeinen Bezeichnung für die Bewohner dieser Region. Im Finnischen wird Deutschland als „Saksa", als „Land der Sachsen", bezeichnet, was vom ahd. *sahs* „einschneidiges Schwert, Messer", die bevorzugte Waffe der alten Sachsen, stammt. Im Russischen heißt es „Germaniya", wenn auch der Deutsche als Person *nemets* genannt wird. Die Wurzel *nem* „stumpf" bezieht sich auf die für slawische Ohren „unverständliche" deutsche Sprache. Ein Sammelsurium an Herleitungen, fürwahr!

Finnland: Sehr ausgefallen ist die Erklärung für dieses nordeuropäische Land. Das germanische *finna* oder *fenna* kann mit „Fischschuppen" übersetzt werden. Gemeint ist eine in früherer Zeit alltägliche Kleidung, die die Finnen von anderen Völkern unterschied.

Monaco: Das griechische *monoikos* (frei übersetzt mit „Mönch") war ein Beiname des Herkules, da im 7./6. Jahrhundert vor Christus seine Statue an der Stelle des heutigen Staates stand. Möglich ist auch eine Ableitung vom ligurischen *monegu* „Fels“ oder dem baskischen *muno* „Berg“. Beide Wörter würden die physisch-geografische Lage dieses reichen Zwergstaates genauestens beschreiben, ist doch Monaco, so unglaublich es auf den ersten Blick scheinen mag, ein „Alpenstaat“.

Österreich: Das „östliche Reich“, also Ostarrichi, ist bereits in zwei der Urkunden Ottos III. von 996 und 998 historisch belegt. Österreich ist aber in den meisten Weltsprachen unter der lateinischen Bezeichnung Austria bekannt, zurückzuführen auf ein Diplom des deutschen Königs Konrad III. für das Stift Klosterneuburg bei Wien aus dem 12. Jahrhundert. Dieser Name wird nicht zu Unrecht oft mit „Australien“ verwechselt, da die gleiche Wortwurzel vorgetäuscht wird. Aber nicht „südliches Land“, sondern das lateinische *austar* „östlich“, erweitert um die latinisierte Endung *ia*, ist gemeint. Und das passt auch ganz gut für dieses „Bollwerk“ im Osten.

Zypern: Das lateinische *cyprum* beziehungsweise das griechische *kupros* „Kupfer“ geben diesem Staat als einzigem neben Argentinien den Namen eines chemischen Elements. Der Ursprung liegt wahrscheinlich bereits beim sumerischen Wort für Kupfer, *kabar* oder *gabar*, da ja dieses Halbedelmetall auf Zypern bereits 3000 v. Chr. abgebaut wurde. Auch die Kartendarstellung des Landes auf der Flagge ist in Gelb gehalten, symbolisch für den Kupferreichtum. Der schöne Beiname des Landes lautet „Insel der Aphrodite“, da nach der Mythologie die Liebesgöttin Aphrodite an der Küste Zyperns dem Meeresschaum entstiegen sein soll. Auch der schlanke Mittelmeerbaum Zypresse ist nach dieser Insel benannt.

Staatennamen – Welt ohne Europa

Wo finden wir das „Land der Krabben“?

Kamerun: Als Fernando Póo 1472 den Wuri-Fluss erreichte, wimmelte es nur so von Krabben, sodass er sich sofort für den sprechenden Namen Río dos Camaroes entschied, also „Krabbenfluss“ (portugiesisch camaroes heißt „Krabben“).

Argentinien: 1515 erreichte Juan Diaz de Solis die Mündung des Rio de la Plata (Silberfluss, wegen des silbern glänzenden Wassers) und vermutete große Silbervorkommen im Hinterland des Mündungsgebietes. Freudvoll wählte er daher den Namen Argentinien, vom spanischen Wort *argento* „Silber" abgeleitet (lateinisch: *argentum*).

Äthiopien: Das griechische Wort *aithíopes* bedeutet „verbrannte Gesichter", womit zur Zeit der Namenseinführung alle Afrikaner südlich der Sahara gemeint waren. Frei und modern übersetzt heißt der ostafrikanische Hochlandstaat also schlicht und einfach „Land der Schwarzen".

Australien: (1) Schon der griechische Geograf und Astronom Claudius Ptolemäus hat von einer *terra australis incognita* gesprochen, einem „unbekannten südlichen Land", wohl als Gegengewicht zur Nordhemisphäre. Zwar wurde dann dieser Erdteil auf Grund der bewegten Kolonialgeschichte zwischenzeitlich als Neu-Holland angesprochen, dennoch hat sich im frühen 19. Jahrhundert *terra australis* durchgesetzt und schließlich der heutige Staatsname Australien. Bemerkenswert jedenfalls, und ohne Parallele bei der Bezeichnung von Staaten, dass ein Land bereits viele Hunderte Jahre vor seiner Entdeckung in den Lehrbüchern seinen Namen findet. (2) Das Känguru ziert das australische Wappen auch deshalb, weil dieses Tier nicht rückwärts laufen kann. Ein ungewöhnliches Symbol für den „Fortschritt"!

Brasilien: Wunderschön zu erklären ist der Name des südamerikanischen Riesenstaates. Das portugiesische *pau brasil* bezeichnet den „Brasilbaum" in Bahia, der ein sehr rötliches Holz hat. Und das Wort *brasa* heißt frei übersetzt einfach „Glut". Wahrscheinlich waren hier Klima und Vegetation zu gleichen Teilen an der Namensgebung beteiligt.

Burkina Faso: „Land der ehrbaren Männer" – klingt sehr gut und stammt von den Suahelibegriffen *burkina* „ehrbar", „wert" und *faso* „Land" (seinerseits zusammengesetzt aus *fa* „Vater" und *so* „Dorf"). Offensichtlich handelte es sich um eine patriarchalische Gesellschaft.

Israel: Trotz intensivster Forschung ist bis heute die genaue Ableitung des Namens Israel unklar. Hebräisch heißt *Isrea'el* „der mit Gott ringt", ein Beiname, den Jakob, der mythische Stammvater der zwölf hebräischen Stämme, in einer nächtlichen Begegnung erhielt. Ein geheimnisvoller Fremder attackiert ihn unversehens. Es gelingt Jakob jedoch mit seinen enormen Kräften, den Angreifer abzuwehren. Da wird er plötzlich nach seinem Namen gefragt, und als er antwortet, verkündet ihm der Fremde mit den Worten „Du hast mit Gott gerungen und mit den Menschen und hast obsiegt“ den Ehrennamen „Israel“. Die Silben *is* „Mann“, *rea* „Freund“ und *el* „Gott“ könnten auch mit „Mannesfreund Gottes“ interpretiert werden. Jedenfalls waren die zwölf Stämme von nun an nicht nur durch uralte Blutsbande, sondern auch durch ihren Glauben miteinander verbunden.

Kambodscha: Die Legende besagt, dass der Staatsname auf den frühen Vorfahren Kambu zurückgeht, der durch die Vereinigung mit der Nymphe Mera sein Volk begründet haben soll.

Kanada: Der zweitgrößte Staat der Erde verdankt seinen Namen einem Missverständnis. Das irokesische oder huronische *kanata*, das „Hütte“ oder „Dorf“ bedeutet, wurde von den Entdeckern fälschlicherweise als Bezeichnung des ganzen Territoriums verstanden. Daher darf man ruhig sagen, dass die frühen Eingeborenen unwissentlich diesen Riesenstaat mit einem angestammten Namen versehen haben. Und für sie war es vielleicht auch nicht viel mehr als ein „Dorf“.

Liberia: (1) Neben Äthiopien hält Liberia einen einsamen Rekord in Afrika. Dieser Staat war bereits vor der Wende zum 20. Jahrhundert unabhängig. 1822 wurde durch befreite („*liberated*“), aus den USA zurückgekommene Sklaven ein erster westafrikanischer Staat gegründet. Und bis heute zeigt Liberia seine Verbundenheit mit den USA durch eine an die Stars and Stripes angelehnte Flagge. (2) Außerdem ist dieser afrikanische Staat zwischenzeitlich völlig überraschend unter die Top drei im internationalen Schiffsgüterverkehr aufgestiegen. Der Grund: niedrige Steuersätze.

Mali: Sicherlich ist der Name vom ehemaligen Großreich der Malinke abgeleitet. Dessen größte Ausdehnung wurde bereits im 14. Jahrhundert erreicht. Andererseits bedeutet das Mandingo-Wort *mali* so viel wie „Nilpferd“.

Mongolei: Die „Tapferen”, die „Unbesiegbaren” versteckt sich hinter der mongolischen Wurzel *mengu* oder *mongu*. Und in diesem Fall ist Nomen gleich Omen. Die Horden von Dschingis Chan und Kublai Chan, waren jahrhundertelang der Schrecken der damals bekannten Welt. Seine unglaublichen Reitkünste, gepaart mit Unerschrockenheit und wilder Eroberungslust, machten dieses asiatische Reitervolk tatsächlich für lange Zeit unbesiegbar. Sein Großreich gehörte zu den ausgedehntesten, die die Menschheit je gesehen hat. Umso erstaunlicher ist es, dass in Europa Spuren dieser ehemaligen Großmacht kaum noch vorhanden sind, sieht man vom Faible der Ungarn für den Vornamen Attila ab.

Neuseeland: Der Legende nach erreichte Kupe, ein Maori-Häuptling, das heutige Neuseeland im Jahr 950 in einem Kanu. Er soll das vor ihm liegende Land verklärt mit den Worten *„he ao he aotea he aotearoa“* bezeichnet haben. Die Übersetzung lautet „es ist eine Wolke … eine weiße Wolke … eine lange weiße Wolke.“ Aotearoa, „Land der langen weißen Wolke“, ist heute einer der offiziellen Landesnamen Neuseelands.

Pakistan: Pakistan ist der einzige Staat der Erde, dessen Name ein Akronym, das heißt eine Zusammensetzung aus den Anfangs- und Endbuchstaben, der Namen der folgenden moslemischen Gebiete darstellt: Punjab, Afghanistan, Kaschmir, Iran und Belutschistan. Die Kreation dieses Staatennamens erfolgte durch moslemische Studenten in Cambridge, was vielleicht auch eine gewollte Anspielung auf das iranische Wort *pak* „rein“ erklärt. Die Endung *stan*, die im Iranischen „Land“ bedeutet, erlaubt daher eine Übersetzung des vollen Namens mit „Land der Reinen“.

St. Lucia: Unsicher bleibt, ob Kolumbus auf seiner vierten Reise 1502 St. Lucia betreten hat. Jedenfalls war der 13. Dezember Grund für die Namensgebung nach der hl. Lucia, da der Märtyrerin aus Syrakus, der „Lichtträgerin“ oder auch „der bei Tagesanbruch geborenen“, dieser Kalendertag geweiht ist. Er leitet die heiligen zwölf Nächte ein, in denen die Geister der Finsternis vertrieben werden. Lucia, vom eigenen Gatten als Christin angezeigt und zur Strafe in ein „öffentliches Haus“ gebracht, wurde durch die Kraft und Gnade des Heiligen Geistes so schwer, dass man sie, einem überschweren Felsbrocken gleich, nicht mehr von der Stelle bewegen konnte. In Italien kennt jedes Kind Melodie und Text des der Märtyrerin geweihten Volksliedes „Santa Lucia“.

Salomonen: 1568 glaubte Alvaro de Mendana de Neyra das sagenhafte Goldland des biblischen Königs entdeckt zu haben. So schien ihm die Bezeichnung Salomonen nur allzu passend, um wagemutige Siedler anzulocken. Eigentlich ist der Name aber auf das hebräische Wort *salom* „Friede" zurückzuführen und nicht auf den schnöden Mammon. König Salomo soll ja in seiner grenzenlosen Weisheit den Streit zweier Mütter um ein Kind damit gelöst haben, dass er empfahl, das Kind in der Mitte zu teilen. Die Zustimmung der falschen Mutter zu diesem Urteil entschied diesen Fall auf der Stelle.
Saudi-Arabien: Abd al-Asis Ibn ar-Rahman Ibn Saud (1880–1953) ist der einzige Herrscher des 20. Jahrhunderts, der sich in einem Staatsnamen verewigen konnte. Nach einem Vierteljahrhundert voll erbitterter Kämpfe eroberte er 1924/25 den Hedschas mit den heiligen Stätten Mekka und Medina zurück, ernannte sich bereits im folgenden Jahr zum König und vereinigte schließlich bis zum Jahr 1932 sein Herrschaftsgebiet zum heutigen Saudi-Arabien. Der zweite Teil des Namens richtet sich nach dem Volk der Araber, wobei die Bedeutung traditioneller Weise mit „Zeltbewohner" interpretiert wird.
Singapur: Das Sanskritwort *simhapura* heißt „Löwenstadt", von *simha* „Löwe" und *pur* „Haus", „Stadt" hergeleitet. Doch der Name ist nicht treffend, da einer malaiischen Legende zufolge ein Prinz ein Tier irrtümlicherweise für einen Löwen hielt und daher diese Bezeichnung wählte. Löwen sind in Singapur jedoch gänzlich unbekannt.
Taiwan: Ein überwältigender Anblick muss sich den Seefahrern geboten haben, als sie erstmals die Insel Taiwan ansteuerten. Sonst wäre wohl kaum zu erklären, dass sie dieses Eiland „Terrassenbucht" nannten (chinesisch *tái* „Terrasse", *wan* „Bucht"). Der alte Name Formosa ist ähnlich formvollendet, bedeutet doch das portugiesische *formosa harmoniosa* so viel wie „schöne, harmonische Form". Ob wohl wieder eine Anspielung auf die wundervoll geschwungenen Terrassen gemeint war?
Trinidad und Tobago: Nicht ganz eindeutig lässt sich sagen, ob Kolumbus am Dreifaltigkeitssonntag auf Trinidad („Dreifaltigkeit") landete oder in den drei Berggipfeln einfach ein Symbol für die Heilige Dreifaltigkeit sah.

Die kleinere Insel Tobago verdankt ihren Namen dem haitianischen Wort für „Pfeife". Kolumbus hat in seinem Erstaunen über die Angewohnheit der Einheimischen, getrocknete Blätter der Tabakpflanze zu rauchen, dem sprechenden Namen den Vorzug vor einem weiteren kirchlich motivierten gegeben. Von hier aus ist also das größte Laster unserer Zeit ausgegangen, noch dazu verewigt im Landesnamen eines unabhängigen Staates.

Vereinigte Staaten von Amerika: Kein Irrtum bei der Namensgebung hat einen so nachhaltigen Effekt gehabt wie die „falsche Bezeichnung" auf der Weltkarte des deutschen Kartografen Waldseemüller 1507. Statt Christoph Kolumbus war es der italienische Seefahrer Amerigo Vespucci (1451–1512), der im spanischen Auftrag die Nordostküste Südamerikas bereiste und unter portugiesischer Flagge die brasilianische Küste erkundete. Er brachte wohl im Gegensatz zu Kolumbus seine Überzeugung zum Ausdruck, einen neuen Kontinent entdeckt zu haben, dennoch scheint ihm mit der Namensgebung der gesamten „Neuen Welt" zu viel der Ehre getan. Amerika ist, wie damals für Länder üblich, als weibliche Form zum lateinischen *Americus* gebildet worden.

Unternehmen

Wer verwendet den Slogan „I'm loving it"?

Dieser McDonald's-Werbeslogan von 2006 erschien gleichzeitig mit der umstrittenen Bannerwerbung „I'd Hit it". Letzterer Slangausdruck bedeutet: „Ich würde gerne (mit der betreffenden Person) Sex haben."

Coca Cola: (1) In den ersten Jahren seit seiner Entwicklung 1886 wurde Coca-Cola als Medizin gegen Kopfschmerzen und Melancholie vermarktet. Immerhin enthielt dieses Getränk, das nach der Kolanuss und der Kokapflanze benannt wurde, kokainhältige Substanzen der Letzteren. (2) Im deutschsprachigen Raum werden der Wandel der Zeiten und das jeweilige Lebensgefühl durch die Slogans dieser bekanntesten Marke der Welt doku-

mentiert: 1929 *„Köstlich erfrischend“*, 1935 *„Durst kennt keine Jahreszeit“*, 1955 *„Mach mal Pause“*, 1968 *„Besser geht's mit Coca-Cola“*, 1970 *„Frischwärts“*, 1976 *„Coke macht mehr daraus“*, 1981 *„Zeit für Coca-Cola“*, 1985 *„Coca-Cola is it“*, 1989 *„You can't beat the feeling“*, 1993 *„Always Coca-Cola“*. (3) Coca Cola und Salzstangen sind ein gutes Hausmittel gegen Durchfall und Übelkeit. Der Grund: Flüssigkeit und Salz werden zugeführt und mit dem im Cola enthaltenen Zucker auch eine Menge leicht verdaulicher Kalorien.
McDonald's: (1) Manhattan hat die höchste McDonald's-Dichte weltweit. Alle 400 Meter gibt es eine Filiale. (2) Jeder zweite Amerikaner wohnt nur drei Autominuten von einem McDonald's-Restaurant entfernt. (3) Bei der Eröffnung eines McDrive in Kuwait standen die Menschen in einer elf Kilometer langen Autoschlange. (4) Das größte McDonald's-Restaurant befindet sich ausgerechnet in Peking. 700 Sitzplätze stehen zur Verfügung.
Philip Morris: Kaum zu glauben, aber dieser bekannte Zigarettenhersteller warb freiwillig für den Verzicht auf das eigene Produkt: „Frankly, there is no such thing as safe smoke“ (dt. Offen gesagt, so etwas wie sicheres Rauchen gibt es nicht.) Krebsstatistiken, Tipps zum Aufhören, Gefahrenhinweise, alles kein Problem. Marlboro, das berühmteste Produkt des Konzerns, ist und bleibt eine Kultmarke, vielleicht auch wegen des weithin bekannten Marlboro-Man.

Wirtschafts-Mix

Lassen sich Frösche bei lebendigem Leibe kochen?

Die auf Management-Seminaren oft erzählte Geschichte von Fröschen, die sich in langsam erhitztem Wasser bei lebendigem Leibe kochen lassen, gehört in das Reich der Fabel. Vielleicht nehmen Organisationen ständige, schleichende Verschlechterungen widerspruchslos hin, Frösche jedenfalls versuchen zu entkommen.

Bartsteuer: Peter der Große erhob 1698 eine Bartsteuer in seinem Reich. Kurze Zeit später wurden auch die Rasur mit einer stumpfen Klinge bzw.

das Auszupfen der Barthaare unter Strafe gestellt. Diese diente wohl auch dazu, mit den Bärten das alte Denken abzuschaffen.

Fenstersteuer: Großbritannien verlangte ehedem für Gebäude mit mehr als zehn Fenstern eine doppelte, für mehr als zwanzig Fenster eine vierfache Steuer. Einige Hausbesitzer vermauerten daher die Fenster ihrer Gebäude.

Hutsteuer: In Großbritannien gab es bis 1851 eine Hutsteuer. Der Grund: Hüte wurden seit der Elisabethanischen Zeit importiert, Kappen dagegen von heimischen Firmen hergestellt. Man wollte diese protegieren.

Kühlschränke: Kühlschränke werden auch an die im hohen Norden lebenden Inuit verkauft – allerdings sollen sie verhindern, dass die Nahrung gefriert. Randbemerkung: Die Inuit kennen nur zwei Wurzelwörter für „Schnee": „Qanik", wenn er liegt, und „Aput", wenn er fällt.

Made in Germany: Heute ist dies ein Zeichen für qualitätsvolle Markenware. Ehedem jedoch sollte diese 1887 vom britischen Parlament eingeführte Bezeichnung Großbritannien vor billigeren deutschen Produkten schützen.

Zweideutige Namen

Wer wirbt mit „Fucking in Austria is beautiful"?

Tourismuswerbung der anderen Art betreibt die kleine Gemeinde Fucking in Oberösterreich. Siebenmal ist das Ortsschild von Fucking schon gestohlen worden. Kein Wunder, dass inzwischen eine Satellitenüberwachung für die Sicherheit dieser Blechtafel mit magnetischer Anziehungskraft sorgt. Besonders unter angloamerikanischen Bürgern finden T-Shirts mit der Aufschrift „Fucking in Austria is beautiful" reißenden Absatz. Ursprünglich hieß diese 100-Seelen-Gemeinde übrigens „Vucckingen" und wurde nach einem gewissen Adalpert von Vucckingen benannt.

Hühnergeschrei: In alten Zeiten war mit dem Namen Hunnengeschrage der „Besitz der Hunnen" gemeint. Heute heißt es eben Hühnergeschrei. Erinnert Sie dies an den alten Namen?

Paaren: Die Ortschaft *Paaren* hat jedenfalls nichts mit der Fortpflanzung zu tun. Vielmehr wird dieser Name mit dem polabischen „Ort in sumpfiger Gegend" gedeutet.

DEUTSCHLAND: **Adamshoffnung** (Mecklenburg-Vorpommern, D), **Aebtissinwisch** (Schleswig-Holstein, D), **Aftersteg** (Baden-Württemberg, D), **Altenklitsche** (Brandenburg, D), **Blödesheim** (heute Hochborn, Hessen, D), **Bösgesäß** (Hessen, D), **Branntweinhäuser** (Bayern, D), **Busenberg** (Rheinland-Pfalz, D), **Busenhausen** (Rheinland-Pfalz, D), **Deppenhausen** (Baden-Württemberg, D), **Eichelhardt** (Rheinland-Pfalz, D), **Eiershausen** (Hessen, D), **Eiterfeld** (Hessen, D), **Feuchtwangen** (Bayern, D), **Fickmühlen** (Niedersachsen, D), **Frauenzimmern** (Baden-Württemberg, D), **Gaildorf** (Baden-Württemberg, D), **Geilenkirchen** (Nordrhein-Westfalen, D), **Großeutersdorf** (Thüringen, D), **Großvargula** (Thüringen, D, *Rudolf von Vargula*), **Hammelstall** (Brandenburg, D), **Hier** (Niedersachsen, D), **Hodenhagen** (Niedersachsen, D), **Holzmaden** (Baden-Württemberg, D), **Hundeluft** (Sachsen-Anhalt, D), **Hungriger Wolf** (Hamburg, D), **Hüttengesäß** (Hessen, D), **Jucken** (Rheinland-Pfalz, D, ahd. *jukan* „sprossen, wachsen"), **Katzenbuckel** (Berg in Baden-Württemberg, D), **Katzenhirn** (Bayern, D), **Killer** (Baden-Württemberg, D), **Kleineutersdorf** (Thüringen, D), **Kleinvargula** (Thüringen, D, *Rudolf von Vargula*), **Kotzen** (Brandenburg, D), **Kuhbier** (Brandenburg, D), **Kuhfraß** (Thüringen, D), **Lederhose** (Thüringen, D), **Linsengericht** (Hessen, D), **Meinkot** (Niedersachsen, D), **Moese** (Nordrhein-Westfalen, D), **Niedergottsau** (Bayern, D), **Niederorschel** (Thüringen, D), **Oberhäslich** (Sachsen, D), **Oberhöslwang** (Bayern, D), **Oberkaka** (Sachsen-Anhalt, D), **Orschweier** (Baden-Württemberg, D), **Paaren** (Brandenburg, D, polab. *Ort in sumpfiger Gegend*), **Pißdorf** (Sachsen-Anhalt, D), **Pisser** (Fluss in Niedersachsen, D), **Puffthal** (Bayern, D), **Rammelburg** (Sachsen-Anhalt, D), **Ritze** (Sachsen-Anhalt, D), **Schenkelberg** (Rheinland-Pfalz, D), **Schiffrain** (Baden-Württemberg, D), **Schlitz** (Mecklenburg-Vorpommern, D), **Sexau** (Baden-Württemberg, D), **Titisee** (Baden-Württemberg, D, *Dietrichs See*), **Tittenkofen** (Bayern, D), **Tuntenhausen** (Bayern, D), **Unterhöslwang** (Bayern, D), **Venusberg** (Sachsen und Nordrhein-West-

falen, D), **Vettelschoß** (Rheinland-Pfalz, D), **Vögelsen** (Niedersachsen, D, ugs. *Haubenlerchen*), **Wassersuppe** (Sachsen-Anhalt, D), **Weitengesäß** (Hessen, D), **Wichsenstein** (Bayern, D), **Zizenhausen** (Baden-Württemberg, D)
EUROPA: **Åsbacka** (Schweden), **Brown Willy** (England, cornisch *bron* „Busen", *guennol* „Schwalben"), **Clit** (Rumänien), **Condom** (Frankreich, Personenname *Condomum* und *magus* „Feld"), **Da-Da** (Russland), **Drama** (Griechenland), **Gutvik** (Norwegen), **Harndrip** (Dänemark), **Kakma** (Kroatien), **Klopot** (Polen), **Long Loch** (Schottland), **Morden** (Großbritannien, aengl. *mór* „Sumpfland", *dun* „Hügel"), **Onani** (Sardinien, Italien), **Penistone** (England, kelt. *pen* „Hügel", aengl. *tun* „Anwesen"), **Popovaça** (Kroatien), **Prostiboř** (Tschechien), **Pussy Creak** (Irland), **Rundvik** (Schweden), **Sexfontaines** (Frankreich), **The Bastard** (Großbritannien), **Three Cocks** (Wales, Großbritannien), **Todmorden** (Tal in Großbritannien; aengl. *Totta, gemœre, denu* „Tottas Grenztal"), **Tongue of Gangsta** (Großbritannien), **Vagina** (Russland)
ÖSTERREICH & SCHWEIZ: **Affenhausen** (Tirol, Ö), **Äußere Einöde** (Kärnten, Ö), **Sankt Blasen** (Steiermark, Ö), **Ellenbogen** (Vorarlberg, Ö), **Gail** (Fluss in Kärnten, Ö), **Hosenruck** (Thurgau, CH), **Kleinklein** (Steiermark, Ö), **Lustdorf** (Thurgau, CH), **Mösendorf** (Oberösterreich, Ö), **Oberei** (Bern, CH), **Oberglatt** (Zürich und St. Gallen, CH), **Petting** (Salzburg, Ö), **Unterstinkenbrunn** (Niederösterreich, Ö), **Wastl am Wald** (Niederösterreich, Ö)
ÜBRIGE WELT: **Anus** (Philippinen und Indonesien), **Cunt** (Türkei), **Dikshit** (Indien), **Dildo** (Kanada), **Kizlar Sivrisi** (Türkei, *Jungfrauenspitze*), **Mafia Island** (Tansania), **Pee** (Liberia), **Saint-Louis-du-Ha! Ha!** (Quebec, Kanada), **Sexmoan** (Philippinen), **Shit** (Äthiopien und Iran), **Tampon** (Réunion, Frankreich), **Urin** (Papua-Neuguinea)
USA: **Buddha** (Indiana, USA), **Cheesequake** (New Jersey, USA), **Chicken Thief Flat** (Kalifornien, USA), **Cold Ass Creek** (North Carolina, USA, historisch), **Cripple Creek** (Colorado, USA), **Cut and Shoot** (Texas, USA), **Dead Bastard Peak** (Wyoming, USA), **Dead Mule** (Kalifornien, USA), **Delirium Tremens** (Kalifornien, USA), **Ding Dong** (Texas, USA), **French Lick** (Indiana, USA), **Gaylord** (Michigan, USA), **Git-Up-And-Git** (Kalifor-

nien, USA), **Goodnight** (Texas, USA), **Guano Hill** (Kalifornien, USA), **Hell** (Texas, USA), **Hell-out-for-Noon City** (Kalifornien, USA), **Intercourse** (Pennsylvania, USA), **Knockemstiff** (Ohio, USA), **Looneyville** (Texas, USA), **Murderer's Gulch** (Kalifornien, USA), **OK** (Kentucky, USA), **One Eye** (Kalifornien, USA), **Pee Pee** (Ohio, USA), **Pig's Eye** (Minnesota, USA, hist., heute St. Paul), **Poker Flat** (Kalifornien, USA), **Puke and Shitbritches Creek** (Kalifornien, USA), **Shithouse Mountain** (Arizona, USA, hist.), **Shittimgulch** (Washington, USA), **Sugar Tit (**Kentucky, USA), **Superior Bottom** (West Virginia, USA), **Swastika** (Arizona, USA, hist., heute *Brilliant*), **Tickle Cunt Branch** (Virginia, USA, hist.), **Toad Suck** (Arkansas, USA), **Tombstone** (Arizona, USA), **Two Egg** (Florida, USA), **Two Tits** (Kalifornien, USA, hist.), **Wankers Corner** (Oregon, USA), **Whiskey Dick Mountain** (Washington, USA), **Whiskey Diggings** (Kalifornien, USA), **Who'd A Thought It** (Alabama, USA), **Wynot** (Nebraska, USA), **You Bet** (Kalifornien, USA), **Zzyx Springs** (Kalifornien, USA)

Reisebericht:
Bitte folgen Sie mir auf einer Reise durch kuriose und skurrile Orte. Scheint es Ihnen nicht auch eine **Gabe Gottes** zu sein, dass Sie nicht mit einem **Katzenhirn** geboren wurden und daher auf **Allmosen** [mit Doppel-l] angewiesen sind? Sie wären wohl ein bedauernswerter **Habenichts**, der seinen Lebensunterhalt vielleicht als **Killer** mit **Morden** verdienen müsste, gleichsam als Zubringer für das berüchtigte **Leichendorf**. Aber Achtung, **Siedichum**: Sonst kommt der Mann aus **Bethlehem**, der mit seinem Vater im **Himmelreich** (Sie wissen das ja), und verbannt Sie ganz unvermittelt in die **Höllle**. Dort wird dann alles zur Qual, selbst das **Pissen**. Vergessen muss man die schönen Seiten (pardon: Plätze) des Daseins: **Fickenhof**, **Petting**, **Sexau**, **Sankt Blasen**, **Lustdorf**, **Busenhausen**, ja selbst **Mösendorf**. Mitleid ist in „the **Hell**"(so sagen die Amis) jedenfalls nicht zu erwarten. Das merk dir, du armer **Schwarzer Kater**. OK, wollen wir es genug sein lassen. Der Bericht endet an dieser Stelle mit einem ehrlich gemeinten **Goodnight.**

Der Geist Napoleons
um 1860
Aus: Sarcone/Waeber, Optische Illusionen

Wo versteckt sich Napoleons Geist?

Lösung: Links zwischen den Bäumen

Geschichte & Politik

Werte Leserin, werter Leser!
In diesem Kapitel werden Sie auf eine zeitlose Zeitreise entführt, mit ungewöhnlichen Bildern aus vergangenen Jahrhunderten und Jahrtausenden. Wissen Sie etwa, wie das Gehirn aus einer Mumie gezogen wurde? Oder wie viel der Skalp eines Indianers einbrachte? Haben Sie schon von der irischen Heiligen gehört, die Badewasser in Bier verwandeln konnte? Und kennen Sie die Namen der amerikanischen Präsidenten, die am 4. Juli, dem Unabhängigkeitstag, das Zeitliche segneten. Vielleicht trösten auch Sie sich mit den letzten Worten berühmter Männer und Frauen. Wer äußerte doch so treffend: „Ich werde im Himmel hören."

Wissen Sie's? – So Pi mal Daumen?

A. Gladiatoren: Im Jahr 178 v. Chr. konnte ein freiwilliger Gladiator 2.000 Sesterzen pro Kampf fordern. Wie viel verdiente ein einfacher Legionär pro Jahr?

B. Kolonien: Afrika war im Jahr 1900 zu 90 Prozent kolonisiert. Wie hoch war der Prozentsatz ein Vierteljahrhundert zuvor?

C. Manhatten: Wie viele Dollar erhielten 1626 die Algonquin-Indianer für die Halbinsel Manhatten?

D. Papstwahl: Wie lange dauerte die längste Papstwahl?

E. Römerstraßen: Wie viele Kilometer Straßen bauten die Römer in ihrem Weltreich?

F. Spanische Grippe: Wie viele Millionen Menschen starben 1918 an den Folgen der Spanischen Grippe?

G. Stalin: Wie viele Stalin-Statuen wurden bis 1953 in der Sowjetunion und den übrigen Ostblockstaaten errichtet?

H. USA 1860: Wie viele Staaten gehörten unmittelbar vor dem Bürgerkrieg zu den USA?

I. **Vereidigung:** Wie viele Minuten nach John F. Kennedys Tod wurde sein Vizepräsident Lyndon B. Johnson vereidigt?
J. **Voltaire:** Wie viele Monate saß Voltaire wegen Verspottung des Königshauses hinter Gittern?

Antworten: A: 1.200 Sesterzen/B: 11 Prozent/C: 24 Dollar/D: 31 Monate – Gregor X. Im Jahr 1271)/E: 75.000/F: 20 Millionen (der Weltkrieg forderte „nur“ 14 Millionen Opfer)/G: rund 6.000/H: 33/I: 99 Minuten/J: 11 Monate

Ägypten

Wie wurde das Gehirn aus der Mumie gezogen?

Die ältesten bekannten Mumien (pers. mum „Wachs“) wurden ohne Gehirn einbalsamiert. Dieses wurde durch die Nasenöffnung herausgezogen. Der Grund: Die Leiche ließe sich sonst nicht erhalten. Außerdem hielt man das Gehirn für einen funktionslosen Teil des menschlichen Körpers, ähnlich wie einen Kropf. Als Konservierungsmittel dienten Substanzen wie Bienenwachs, Öl und Salz. Die Einbalsamierung konnte bis zu 70 Tage dauern.

Abu Simbel: Der berühmte Tempel steht heute 60 Meter höher als zur Zeit der Pharaonen. Um ihn vor den Wassermassen des Assuan-Staudamms zu retten, wurde er im vorigen Jahrhundert in 1 050 Sandsteinblöcke zerschnitten und einem Puzzle gleich wieder zusammengesetzt, unweit des alten Standorts.

Cheopspyramide: 234 Meter mal 234 Meter beträgt die Grundfläche dieser größten Pyramide, 139 Meter die (heutige) Höhe. Errichtet wurde dieses antike Weltwunder vor 4 600 Jahren aus rund zwei Millionen jeweils etwa zwei Tonnen schweren Steinquadern. Wollte man diese Pyramide heute mit modernen Hilfsmitteln aus Beton nachbauen, brauchte man etwa sechs Jahre. Ein Nachbau mit antiker Technik scheint finanziell und personell völlig undenkbar, waren doch damals, jedenfalls der Überlieferung nach, mehr als 100 000 Menschen beschäftigt.

Empfängnisverhütung: Ein auf 1800 v. Chr. datierter Papyrus beschreibt eine erste Empfängnisverhütung. Ein Gemisch aus Soda, Honig, Krokodilexkrementen und Gummi musste voll abpfropfend in die Vagina eingeführt werden.

Imhotep: Der Erbauer mehrerer Pyramiden lebte vor 5 000 Jahren und ist der erste namentlich bekannte „Wissenschaftler" der Geschichte. Babylonier, Chinesen und Sumerer hielten ihre großen Architekten anonym. In unserem Jahrhundert hat Imhotep als ein von den Toten wiedererweckter Bösewicht zweifelhafte Berühmtheit erlangt, zum Beispiel im Film „Die Mumie".

Kopfrasur: Im Ägypten der Antike war es üblich, dass Frauen sich einen völlig kahlen Kopf scheren ließen, der dann mit Wachs und Glanzmitteln glatt poliert wurde. Der Mode entsprechend trugen sie jedoch Perücken.

Theben: Ein einziges Haus verschonte Alexander der Große 335 v. Chr. bei der Zerstörung Thebens, die ehemalige Wohnstätte des verehrten Poeten Pindaros.

Amerika

Warum verwendeten die Puritaner Haken und Ösen?

Die Antwort ist simpel: Sie sahen Knöpfe als einen Ausdruck der Eitelkeit an.

Alaska & Louisiana: 1803 und 1867 machten die USA die Einkäufe ihres Lebens, beide Male auf Kosten Großbritanniens. Zuerst wurde Louisiana (damals ein riesiges Territorium westlich des Mississippi-Missouri) für 7 US-Dollar pro km^2 (entspricht heute 250 Millionen US-Dollar) von den Franzosen erworben und später Alaska für 7,2 Mill. US-Dollar (entspricht heute 1,7 Milliarden US-Dollar) von Russland. Beide Verkäufer-Nationen führten gerade Krieg gegen Großbritannien oder standen zumindest im Konflikt mit dieser Weltmacht. Randbemerkung: Louisiana war größer als Deutschland, Italien, Frankreich, Spanien und Portugal zusammengenommen. Die USA konnten ihr Staatsgebiet auf einen Schlag nahezu verdoppeln.

Bill of Rights: Georgia, Massachusetts und Connecticut ratifizierten die Bill of Rights erst zum 150-jährigen Jubiläum im Jahr 1941.

Bisonjagd: In der Frühphase der Kansas Pacific Railroad um 1870 wurden die Lokomotiven angehalten, um den Passagieren die Möglichkeit zu geben, auf vorbeiziehende Bisons zu schießen. Die verendenden Tiere ließ man einfach liegen.

Boston: (1) Als der australische Schwimmstar Annette Kellerman 1909 in oberarmfreiem und über den Knien endendem Badeanzug am Strand von Boston, Massachusetts, erschien, wurde sie wegen „Erregung öffentlichen Ärgernisses" festgenommen. (2) Ähnliches passierte in Boston einem von einer dreijährigen Seereise zurückgekehrten Kapitän, der seine Frau an einem Sonntag in der Öffentlichkeit küsste. Er wurde zwei Stunden lang wegen „unziemlichen Verhaltens" an den Pranger gestellt.

Briefumschläge: Abraham Lincolns berühmte Ansprache „Gettysburg Address" und Scott Keys Hymne „Sternenbanner" wurden auf die Rückseiten von Briefumschlägen geschrieben.

Camp David: Der Landsitz der amerikanischen Präsidenten (ehemals hieß es *Shangri-La*) wurde von Präsident Eisenhower zu Ehren seines Enkels in Camp David umbenannt.

Cowboy: (1) In den Achtzigerjahren des 19. Jahrhunderts war jeder dritte Cowboy entweder „Neger" (damals die offizielle Bezeichnung) oder Mexikaner. (2) Die häufigste Todesursache unter Cowboys in den Jahren zwischen 1850 und 1880 war, dass sie nach einem Sturz vom Pferd mit dem Fuß im Steigbügel hängen blieben und zu Tode geschleift wurden.

Elefant & Esel: Die Maskottchen der Republikaner und der Demokraten wurden durch den deutschen Karikaturisten Thomas Nast geprägt. 1870 zeichnete er im Magazin *Harper's Weekly* einen Esel, der einen Löwen tritt (in Anspielung auf eine Kritik am gerade verstorbenen republikanischen Kriegsminister). Später sprachen die Demokraten dem Esel die Attribute „klug, mutig und liebenswert" zu. 1874 schuf Thomas Nast auch den Elefanten, der sich einem Esel in Löwenkostüm entgegenstellte. Die Republikaner wählten daraufhin das „würdevolle, starke und intelligente" Tier zu ihrem Symbol. Beide Maskottchen begleiten bis heute jede Wahlveranstaltung.

Evolution: Tennessee hob sein Anti-Evolutionsgesetz erst 1968 auf, 43 Jahre nach dem berühmten „Affenprozess" von Dayton, bei dem der Lehrer John Thomas Scopes wegen der Verbreitung der Evolutionslehre zu 100 Dollar Bußgeld verurteilt wurde. Die Stadt Dayton glich damals einem Jahrmarkt, mit mehr als dreimal so vielen Gästen wie Einwohnern.

Feuerwaffen: Im Jahrzehnt des Vietnam-Kriegs (1963–1973) starben in den Vereinigten Staaten fast doppelt so viele Menschen durch Feuerwaffen wie in Südostasien (85 000 im Vergleich zu 47 000).

Franklin: Wohl wegen seines eigentümlichen Sinns für Humor wurde Benjamin Franklin nicht mit dem Verfassen der amerikanischen Unabhängigkeitserklärung betraut. Man fürchtete, Franklin könnte einen Scherz einbauen. Thomas Jefferson schuf stattdessen dieses berühmte Dokument, eine Tatsache, die allerdings erst 1784 durch eine Zeitung bekannt wurde.

Gefängnis: Der Tischler, dem die Ehre zufiel, das erste Bostoner Gefängnis zu erbauen, wurde 1634 auch der erste Häftling. Wegen überhöhter Rechnungslegung der Profitgier beschuldigt, musste Palmer eine halbe Stunde im Gefängnis „schmachten".

Heimstätten: 1862 wurden durch das Heimstättengesetz jedem Siedler, der sich zur Kultivierung verpflichtete, Land in der Größe von 160 Morgen geschenkt. (Anmerkung: 1 Morgen ist zwischen 0,2 und 1,2 Hektar, je nach Region). Es war im Allgemeinen schwer zu bearbeitendes Land.

Luftpost: Präsident George Washington schrieb den ersten Luftpost-Brief der USA, der mittels Ballon befördert wurde. Startpunkt war der Gefängnishof in Philadelphia.

Niagarafälle: Beim Bau der Hängebrücke über die Wasserfälle konnte wegen der reißenden Fluten kein Boot die Kabel über den Fluss ziehen. Die Behörden zahlten einem Jungen, der seinen Drachen von der amerikanischen auf die kanadische Seite fliegen ließ – und damit einen Drachenfaden spannen konnte – fünf Dollar Belohnung.

Östlich: Der östlichste Bundesstaat der USA ist, wenn man die Karte Nordamerikas betrachtet, völlig überraschend Alaska. Die Alëuten reichen nämlich über den 180° Längengrad hinaus. Und dieser markiert die Grenze zwischen östlicher und westlicher Länge.

Panamakanal: Mehr als 260 Millionen Dollar hatten die Franzosen bereits für den Bau des Panamakanals ausgegeben und über 20 000 Menschenleben durch Gelbfieber verloren. 1904 gaben sie den Auftrag zurück – der Kanal schien nicht zu verwirklichen. Doch der amerikanische Militärarzt William Gorgas erkannte die Ursache der Erkrankung am Gelbfieber: Moskitos. Innerhalb eines Jahres konnte ein Impfstoff gefunden werden.

Postwesen: Noch 1890 mussten drei von vier Amerikanern ihre Post von einem Postbüro abholen. Briefträger wurden nur für Orte mit mehr als 10 000 Einwohnern eingestellt.

Sklaven: Bei Amtsantritt von Thomas Jefferson als Präsident der Vereinigten Staaten (1801) waren mehr als 20 Prozent der Einwohner Sklaven.

Unabhängigkeitserklärung: Für den 4. Juli 1776, den in den Vereinigten Staaten so bedeutenden Independence Day, lautet die Eintragung im Tagebuch König Georgs III. wie folgt: „Nothing of importance happened today." (dt. Heute geschah nichts von Wichtigkeit.)

Uncle Sam: Ein Fleischbeschauer aus New York stempelte die für die Armee bestimmte Ware mit den Initialen seines Kosenamens: U.S. (für „Uncle Sam"). Im Bürgerkrieg wurde dann von Karikaturisten die Nationalfigur der Vereinigten Staaten, der Uncle Sam, geschaffen, mit den Zügen des Präsidenten Abraham Lincoln.

Wahlen: Der Anführer der Sozialistischen Partei Amerikas, Eugene Debs, trat fünfmal als US-amerikanischer Präsidentschaftskandidat an, beim letzten Mal während der Verbüßung einer Gefängnisstrafe. Grund: Volksverhetzung.

World Trade Centre: Das Schicksal des World Trade Centre mit dem Anschlag vom 11. September 2001 ist allgemein bekannt. Die Tatsache, dass eine japanische Firma einige Jahre zuvor einen Wahrsager würfeln ließ, in welches Stockwerk man sich einkaufen sollte, bleibt dennoch mehr als prophetisch. Die Firma hatte jedenfalls keine Toten zu beklagen.

Antike

Was bedeutete „Daumen hoch“ im alten Rom?

Vermutlich hat das „Daumen hoch“-Signal im alten Rom genau das Gegenteil von dem bedeutet, was wir heute glauben: Er dürfte das Sinnbild für das Schwert gewesen sein ... und damit verurteilte dieses Zeichen den unglücklichen Gladiator zum Tod. Für Begnadigung wurde der Daumen in die Hand gesteckt, als Zeichen für „das Schwert in die Scheide“. Oder aber die Zuschauer drückten den Daumen auf den Zeigefinger, entsprechend dem modernen Daumendrücken. Jedenfalls bleibt bei dieser Gestik ein gewisser Spielraum für Interpretationen.

Atome: Aristoteles wies Demokrits Vermutung, dass alle Materie aus kleinsten, unteilbaren Partikeln bestehe, zurück. Damit war die Atomtheorie für nahezu zweitausend Jahre auf Eis gelegt.
Eratosthenes: Dieser Gelehrte berechnete als Erster den Erdumfang, die Neigung der Erdachse und die Entfernung von Mond und Sonne. Voraussetzung war, dass Eratosthenes die Entfernung von Alexandria bis Syene kannte. Es wurden daher spezielle „Geher“ ausgebildet, die es schafften, die (wie wir heute wissen) circa 800 Kilometer in gleichmäßigem Schritt zurückzulegen. Eratosthenes ließ an beiden Endpunkten (gleichzeitig) die Winkel zwischen der Horizontalen und dem Mond messen und konnte so mithilfe der Trigonometrie die Entfernung Erde-Mond bestimmen.
Hammurabi: Im vielleicht ältesten, in Stein gemeißelten Gesetzbuch der Geschichte (während der Zeit König Hammurabis von Babylonien, 1792 bis 1750 v. Chr.) wurde für ärztliche Kunstfehler das Abschneiden der Hand angedroht.

Handschlag: Aus Hygienegründen wurde am 6. April 1928 in Rom ein Gesetz verabschiedet, das den Handschlag verbot.

Heirat: In Babylon wurden heiratsfähige Mädchen versteigert und mit dem Erlös der schönsten Mädchen die Mitgift der weniger attraktiven erhöht. Herodot sah dies als den weisesten babylonischen Brauch an.

Kinder: Cäsar bekämpfte das Nachwuchsproblem in Rom auf seine Weise. So durften sich kinderlose Frauen nicht in Sänften tragen lassen und keinen Schmuck tragen.

Kleopatra: Einen ungeheuren Luxus kulinarischer Art soll sich Kleopatra geleistet haben. Sie ließ eine Perle im Wert von 10 Millionen Sesterzen in ein mit Essig gefülltes Gefäß fallen und schlürfte dann genüsslich das aufgelöste Kleinod.

Korinth: Im Tempel der Aphrodite Porne boten mehr als eintausend Liebesdienerinnen ihre Dienste an. Korinth war ein wahrer „Zielhafen" für Seeleute.

Phönizier: Vermutlich war es die Suche nach Zinn, dem ersten Rohstoff, den der Mensch „aufbrauchte", der die Phönizier nach England führte.

Rom: Mit einem Marschgewicht von 40 Kilogramm mussten die römischen Legionäre in den Kampf ziehen. Unter anderem enthielt das Kriegsgepäck einen Wurfspieß, einen Bronzehelm, einen Brustschild, einen rechteckiges Langschild aus Holz mit Eisenbeschlägen und ein 60 Zentimeter langes Schwert.

Schauspieler: Im Rom der Antike war es Senatoren verboten, die Tochter eines Schauspielers oder einer Schauspielerin zu ehelichen. Dieses Verbot betraf selbstverständlich nicht die außereheliche Begegnung.

Schreibrichtung: Im antiken Griechenland wurde mal eine Zeile von rechts nach links, die nächste von links nach rechts geschrieben. In der Fachsprache nennt man das *bustrophedon* („sich wendend wie ein Ochse beim Pflügen").

Sparta: Männer, die mit dreißig Jahren noch nicht verheiratet waren, verloren sowohl das Wahlrecht als auch die Berechtigung, an Festen teilzunehmen, bei denen sich nackte Männer belustigten.

Beinamen

Wieso bekam Heinrich den Beinamen „der Seefahrer"?

Prinz Heinrich der Seefahrer (1394–1460) fuhr nie auf Forschungsreisen. Allerdings ließ er in Sagres, Portugal, ein Institut einrichten, in dem Astronomen, Geografen und Schiffsbauer ihre Kenntnisse austauschen konnten und wo die Entdeckungsfahrten entlang der westafrikanischen Küste vorbereitet wurden.

Barbarossa: Furchterregend muss der schwäbisch-staufische Kaiser Friedrich den Italienern erschienen sein, als er mit mächtiger Statur und rötlich schimmernden Blondbart über die Alpen kam, um gegen den Willen des Papstes und der stolzen oberitalienischen Städte seinen Herrschaftsanspruch durchzusetzen. Fortan nannte man ihn Friedrich Barbarossa („Rotbart", „der Rotbärtige").

Bloody: Letztlich gescheitert ist Bloody Mary (Maria die Blutige) in ihrem fanatischen Bemühen, der Gegenreformation in England zum Durchbruch zu verhelfen. Köpfe rollten, Bärte brannten, doch es wollte nicht gelingen, einen katholischen Erben zu zeugen, und so kam Elisabeth I. auf den Thron. Heute ist Maria die Katholische, wie sie auch genannt wird, kaum mehr als eine Fußnote der Geschichte.

Capet: Hugo Capet, der Begründer der über Jahrhunderte herrschenden Kapetinger, trug den Beinamen „das Mäntelchen". Die Legende besagt, dass er den Mantel des heiligen Martin von Tours besaß, gleichsam eine Reliquie in den damals gottesfürchtigen Zeiten.

Eroberer: Wilhelm der Eroberer (William the Conqueror) besiegte in der legendären Schlacht von Hastings den Angelsachsen Harold und öffnete damit den Normannen die Britischen Inseln. Die Entscheidung brachten wohl die Bogenschützen. Beim Weihnachtsfest empfing William mit päpstlichem Segen die Krone Engellands (wie es damals hieß).

Jasomirgott: Heinrich Jasomirgott, der bayerische, später österreichische Herzog, pflegte seine Reden mit einem kehligen „Jo(ch) so mir Gott" zu bekräftigen. Das fehlende Verb „helfe" dürfte später in Vergessenheit geraten sein und Heinrich seine Wendung eher ohne ehrfürchtigen Blick zum Himmel verwendet haben.

Löwenherz: Der Beiname des englischen Königs Richard Löwenherz hat im Mittelalter die Bedeutung „erbarmungslos", „gnadenlos" getragen, nicht jedoch „furchtlos" und „tapfer". Wegen seiner zahlreichen kriegerischen Erfolge schwang jedoch im Volk bald Bewunderung für den König mit – und so wurde „Löwenherz" zu einem echten Adelsprädikat.

Martell (Hammer): Karl Martell (Karl der Hammer) ging in die Geschichtsbücher ein, weil er die aus Spanien nach Osten drängenden Araber 732 bei Poitiers „zerschmetterte". „Dein Wort ist wie Feuer und wie ein Hammer ...", heißt es ja schon beim Propheten Jeremiah (Jer 23,29).

Maultasch: Margarete Maultasch, die Herrin über Tirol, war leider keine besondere Schönheit. Wie schrieb Lion Feuchtwanger in seinem Roman: Ihre Mundpartie „wulstete sich äffisch vor." Bei einer Reise über den Arlberg fragte ein neugieriges Mädchen seine Mutter, welche der Damen die Frau Herzogin sei, die Lange, die Dürre oder die Maultasch. Es war, wie sich herausstellte, Letzere, und der Beiname blieb für immer hängen.

Ohne Land: John Lackland (dt. Johann ohne Land), der dritte Sohn Heinrichs II., sollte zunächst Irland als Apanage erhalten. Doch die Bewohner der grünen Insel widersetzten sich ganz entschieden, und so blieb letztlich von diesem Vorhaben nichts als der missliebige Beiname. Später wurde John Lackland jedoch Herr über England sowie große Teile Frankreichs.

Schönhaar: Harald Schönhaar, der stürmisch um Gyda, die Tochter des Nachbarkönigs, warb, sollte ihre Hand erst bekommen, wenn das ganze Nordland vereinigt wäre. Er schwor bei Thor und Odin, nicht eher seine blonde Haarmähne zu schneiden, bis er sein Ziel erreicht habe. Und so geschah es dann auch, wenngleich Haralds männliche Schönheit und seine Lendenstärke der Treue zu Gyda, seiner Angetrauten, immer im Weg standen.

Schreckliche: Zar Iwan der Schreckliche war nach dem Tod der Zariza zwischen religiöser Demut und ekstatischem Rausch zerrissen. Zorn und Rachsucht gegen alle und alles prägten fortan seine Herrschaft. Verdächtige, Verwandte, Bojaren, unschuldige Mädchen, sie alle wurden geschändet, gemartert, geköpft, erwürgt, verbrannt und geschunden. Zynischer Kommentar Iwans: „So kommen sie schnell in den Himmel und damit den Engeln näher." Dennoch wurde Iwan Grosnij, in Russland oft auch nur als der „Furchteinflößende" (der mit strenger Hand herrschte) bekannt, mit gewisser Verehrung bestaunt.

Starke: August der Starke hatte eine fast bizarre Vorliebe für Kraftdemonstrationen und frivolste Liebesdienste. So konnte er Hufeisen wie Glas zerbrechen oder metallene Becher zu Klumpen zerquetschen. Und mit seiner Manneskraft zeugte er mit Dutzenden von Tänzerinnen, Gräfinnen, ja sogar Haremsdamen und Ministergattinnen Nachwuchs für sein Land. Eine Wette mit seiner Mätresse Gräfin Cosel, ihre Scham auf einer Münze abzubilden, wurde rücksichtslos gewonnen: Der „Coselgulden" wurde in Umlauf gebracht.

Wahnsinnige: Johanna die Wahnsinnige von Spanien, Gattin Philipps des Schönen, konnte seine Geselligkeit und Sinnesfreuden absolut nicht ertragen. Aus Eifersucht wurden bald Anzeichen einer Schizophrenie. Einmal zerkratzte Johanna einer Hofdame das Gesicht, ein andermal verfiel sie in tierischen Stumpfsinn, wie Chronisten berichten. Im Hofstaat wurden keine weiblichen Wesen gedultet. Zu ganz wunderlichen Handlungen ließ sich Johanna nach dem Fiebertod Philipps hinreißen. Alle paar Tage wurde sein Sarg geöffnet, um nach der Leiche zu sehen. Auf der Flucht vor Seuchen wurde der Sarg mitgeführt und selbst um Nonnenklöster (auch diese Weiblichkeit schreckte Johanna) ein großer Bogen gemacht.

Briefmarken

Wie kommt das Okapi auf die Briefmarke?

Der erst 1901 entdeckte einzige Verwandte der Giraffe, das Okapi, wurde 1932 erstmals auf einer Briefmarke des damaligen Belgisch-Kongo abgebildet. Randbemerkung: Das Okapi kann seine Augen mit der Zunge lecken.

1 franc vermillion

Wappen-9-Kreuzer

Baden 9 Kreuzer

British Guiana

Inverted Jenny

1 franc vermillion: Von dieser Marke existiert ein sogenannter Kehrdruck, bei dem das Motiv auf dem Kopf steht. Vier Exemplare sind weltweit bekannt, wobei ein einziges davon in einem Viererblock enthalten ist. Der Auktionserlös für diese Rarität belief sich im Jahr 2003 auf 924.000 Euro.

Wappen-9-Kreuzer: 1849 entschied sich die österreichische Postverwaltung, dem britischen Beispiel zu folgen und eigene Marken herauszugeben, die Wappen-Kreuzer. Zu einer Besonderheit wurde die 9-Kreuzer der Wappenserie, da man aus Kostengründen nach einer Postgebühr-Änderung aus dem 6-Kreuzer-Wert einfach die „6“ herausschnitt und eine „9“ einsetzte. Beim Druck ergaben sich dabei stets kleine Abweichungen, die diese an sich nicht ganz seltene Marke auf einen Auktionspreis bis zu 2.000 Euro hinauftrieb.

Baden 9 Kreuzer: Der Fehldruck in Grün wurde erst 43 Jahre nach seiner Entstehung bemerkt und zunächst für eine Fälschung gehalten. Heute ist der Baden 9 Kreuzer die seltenste Marke Deutschlands, mit einem Schätzwert um die 1,5 Millionen Euro.

British Guiana: Die Mitte dieser klobig wirkenden Marke ziert ein kaum erkennbares Segelschiff. Kein Wunder, denn die British Guiana 1-Cent wurde sehr eigenwillig in der damaligen Kronkolonie gedruckt. Heute gibt es noch genau ein Exemplar, dessen Wert auf etwa 1,5 Millionen Euro geschätzt wird.

Buthan: Eine Briefmarke dieses Himalaya-Staates ist in Wahrheit eine Schallplatte, die die Hymne des Landes abspielt.

Dag Hammerskjöld: Ein Fehler auf der Druckplatte veranlasste die Postgesellschaft der Vereinigten Staaten,

Mauritius

One Penny Black

Roter Merkur

absichtlich 10 Millionen Fehldrucke der „Dag Hammersköld-Marke“ (ehemaliger UN-Generalsekretär) zu fabrizieren. Man wollte damit Spekulationsgeschäfte unterbinden.

Inverted Jenny: Zur Eröffnung der ersten amerikanischen Flugpostlinie zwischen Washington, Philadelphia und New York erschien 1918 eine eigene Marke. Und diese war gleich ein Fehldruck, da die Curtiss JN-4 („Jenny“) versehentlich auf dem Kopf stand. Aus einem 100er-Druckbogen wurden Einzelstücke herausgeschnitten, aber auch Viererblöcke, von denen einer 2006 für fast 3 Millionen Dollar den Besitzer wechselte.

Mauritius: (1) Eine Einladung zum Maskenball der Lady Gomm, der Gattin des Gouverneurs, sollte mit den „neuen“ Postwertzeichen versehen werden. Alles aus Prestigegründen, versteht sich. Denn die Kosten für die Blaue und Rote Mauritius überstiegen im Jahr 1847 die Einnahmen bei weitem. (2) Es gibt nur einen einzigen Brief (Bordeaux-Brief), der beide Stücke zeigt. Der Weg ging mit einem Segelschiff über London, Boulogne, Paris nach Bordeaux. Zuletzt wurde diese Rarität 1993 für sagenhafte 3,3 Millionen Euro versteigert.

One Penny Black: Wenn auch nicht so selten wie andere Marken, ist auch die One Penny Black als erste Briefmarke der Welt ein Traum jedes Sammlers. Emittiert wurde dieses schlicht in Schwarz gehaltene Stück mit dem Kopf der jungen Königin Viktoria am 1. Mai 1840.

Roter Merkur: Die seltenste Marke Österreichs führte ein neues Postwertzeichen ein: die Zeitungsmarken. Wertangaben fehlen, da die Farben dafür

Schwarze Einser

Tre Skilling Banco

standen. Die meisten Marken wurden beim Öffnen der Postwurfsendungen zerstört. Was erhalten blieb, hat heute einen Schätzwert von um die 70.000 Euro.

Schwarze Einser: Jeder deutsche Markensammler hätte ihn wohl gern in seiner Sammlung, die Nr. 1 unter den Marken des Landes. Die offizielle Bezeichnung lautet: „Freimarke mit Wertziffer im Viereck des Königreichs Bayern von 1849, 1 Kreuzer, schwarz". Ausgabetermin war der 1. November, ein Feiertag. Bis heute ist keine Briefmarke bekannt, die den Poststempel dieses ersten Tages trägt.

Tre Skilling Banco: Nur in einem einzigen Exemplar gibt es die gelbe Tre-Skilling Marke, einen schwedischen Fehldruck. Und es ist ein unglaublicher Zufall, dass dieses Exemplar überhaupt gefunden wurde. Ein Stockholmer Briefmarkenhändler bot 1885 für jede der grünen 3-Skilling Marken sieben Kronen, worauf ein Schüler zu Weihnachten die Papiere seines verstorbenen Großvaters durchwühlte und diese Rarität entdeckte. Zunächst war er sogar enttäuscht, da er glaubte, für die falsche Farbe keine Belohnung zu bekommen. Nun, 1996 erzielte diese Marke bei einer Auktion in Genf bis heute unübertroffene 2,5 Mill. Schweizer Franken (1,8 Mill. Euro). Damit ist die Tre Skilling Banco die teuerste Briefmarke der Welt.

Entdecker

Hat Christoph Kolumbus je nordamerikanisches Festland betreten?

Christoph Kolumbus hat nie in seinem Leben das nordamerikanische Festland betreten. Seine Reisen brachten ihn nur auf die vorgelagerten Inseln Mittelamerikas sowie nach Südamerika. Jedenfalls hat sich die Finanzierung seiner Reisen durch die spanische Krone ausgezahlt, wurde doch allein geschätzte dreihundert Mal so viel Gold in die Heimat geschifft, wie die Investitionskosten für die Entdeckungsfahrt betrugen. Die spanischen Gelehrten, die von seiner Entdeckungsfahrt abrieten, glaubten nicht daran, dass die Erde eine Kugel sei. Sie berechneten vielmehr die Entfernung zwischen Spanien und Indien – in westlicher Richtung – viel besser als Kolumbus und schlossen ganz richtig, dass es unmöglich sei, so weit zu reisen. Wäre Kolumbus nicht zufällig auf Amerika gestoßen, wäre er aufgrund seiner groben Fehlberechnung mit Mann und Maus auf See verkommen. Der große Entdecker glaubte jedenfalls bis an sein Lebensende, Indien auf der Westroute erreicht zu haben.

Cook: James Cook hatte 1768 den offiziellen Auftrag, von Tahiti aus den Venusdurchgang zu beobachten. Erst eine versiegelte Geheimdepesche lenkte seine Reise nach Süden, wo er die „terra incognita“ finden sollte. Cook war erfolgreich: Er entdeckte Australien.

Davis: Vielleicht haben Sie den Namen John Davis noch nie als den eines Entdeckers wahrgenommen. Doch war dieser amerikanische Robbenfänger der erste Mensch, der einen Fuß auf die Antarktis setzte (7. Februar 1821). Das Logbuch des Schiffes wurde jedoch erst 1955 gefunden. Bedauernswerterweise führt eine große Tat nicht immer zu verdientem Ruhm!

Eratosthenes: Schon 230 v. Chr. berechnete der griechische Philosph den Erdumfang relativ genau mit 40 000 Kilometern. Tatsächlich umsegelt wurde die Erde erstmals 1519–1522 unter Juan Sebastian Elcano, einem Mitglied der Expedition von Ferdinand Magellan.

Kolumbus: Auf seiner vierten und letzten Reise verblüffte Kolumbus die Einheimischen in der Neuen Welt mit einer Voraussage einer Sonnenfinsternis. Er allein wusste von den Berechnungen der europäischen Astronomen.

Mongolen: Die ersten Amerikaner, mongolische Völker, kamen über die damals noch intakte Landbrücke zwischen Asien und Amerika nach Alaska und verbreiteten sich von dort über den gesamten Kontinent.

Rossbreiten: Die Zone zwischen dem 25. und dem 35. nördlichen Breitengrad (zwischen dem Westwind- und dem Passatgebiet) war zur Zeit der Entdeckungen für die Segelschiffe überaus gefährlich, da bisweilen anhaltende Flauten herrschten. Mitgeführte Pferde (Rösser) verendeten hier oft, oder sie wurden über Bord geworfen, um den Frischwasserverbrauch zu reduzieren und die Schiffe leichter zu machen.

Exzentritäten

Was war Newtons einziger parlamentarischer Beitrag?

Isaac Newtons parlamentarische Karriere kennt nur wenige Worte, die in der Bitte gipfelten, das Fenster zu öffnen.

Abdul Kassem Ismae: Der Großwesir von Persien (938–995) führte seine aus 17 000 Bänden bestehende Bibliothek stets mit sich. Mehr als 400 Kamele, die darauf abgerichtet waren, eine bestimmte „alphabetische" Ordnung einzuhalten, mussten die Bücher auf allen Reisen mitschleppen. Es dürfte sich um die weitaus größte „bewegliche" Bibliothek der Geschichte gehandelt haben.
Eiffelturm: An der Spitze des Eiffelturms richtete sich der Erbauer Gustave Eiffel ein Liebesnest ein, das höchste je vom Menschen geschaffene. Heute ist dieser Platz für Besucher geöffnet. *Anmerkung:* selbstverständlich nur zur Besichtigung im Rahmen eines Paris-Besuchs.
Eiwurf: Der brasilianische Präsident Fernando Henrique Cardoso ließ durch seine Sicherheitskräfte 1999 den Abstand berechnen, der nötig ist, um vor Eier werfenden Demonstranten geschützt zu sein. Das Resultat: 60 Meter.
Gandhi: In jungen Jahren verbrachte Mohandas Karmachand (der spätere „Mahatma") Gandhi viele Stunden, den Sitz seiner Krawatten und den Schwung seiner Frisur zu überprüfen. Schließlich wollte er damals ein vollendeter „Gentleman" werden. Als Kämpfer für die Unabhängkeit Indiens machte er sich dann von modischen Strömungen völlig frei.
General: Dr. James Barry gab sich als Mann aus und brachte es unter Königin Viktoria bis in den Generalsrang im Militärlazarett, wo „er" vierzig Jahre lang diente. Erst nach „seinem" Tod wurde das wahre Geschlecht enthüllt.

Göttin: Für die mythologische Göttin Nyai Loro Kidul wird in einem Spitzenhotel Javas ständig ein Zimmer mit Bad bereitgehalten.
Ibsen: Der große norwegische Dichter Henrik Ibsen hatte stets einen Skorpion in einem Glas auf seinem Schreibtisch stehen, um daran erinnert zu werden, dass er sein Publikum nicht unterhalten wollte, sondern vielmehr zum Denken „anstacheln".
Nightingale: Florence Nightingale machte ihrem Namen (inhaltlich) alle Ehre, trug sie doch stets eine zahme Eule in der Tasche, selbst während der Phase des Krimkrieges.

Frauenrechte

Können Frauen Mathematik und Philosophie bewältigen?

Nur um den Beweis zu erbringen, dass Mädchen Fächer wie Mathematik und Philosophie bewältigen konnten, gründete Emma Willard 1821 ein Frauen-College in New York.

Akademie: Selbst einer Marie Curie, dem ersten Menschen, der zwei Nobelpreise gewann, wurde die Aufnahme in die Académie Française wegen ihres Geschlechts verwehrt.
Amazonenarmee: Im 18. Jahrhundert stellte König Agadja von Dahomey eine aus 2 500 Frauen bestehende Armee. Alle Kämpferinnen waren offiziell Frauen des Herrschers.
Epikur: Dieser griechische Philosoph, für den das Gute und das Vergnügen eins waren, war der Erste, der Frauen als Schüler annahm.
Gesetz: Bis 1912 wurde in Großbritannien ein Verbrechen einer Ehefrau in Beisein ihres Gatten immer diesem zugeschrieben, da er für die Frau die volle Verantwortung trug.
Indianer: Bei den meisten Stämmen an der Ostküste Nordamerikas entschieden Frauen, ob ein Gefangener getötet oder in den Stamm aufgenommen wurde.

Kriegserklärung: Die erste Frau im US-Repräsentantenhaus, Jeannette Rankin (in ihrem Heimatstaat Montana hatten Frauen seit 1914 das Wahlrecht) stimmte sowohl 1917 als auch (als Einzige) 1941 gegen den Kriegseintritt der USA.
Wahlrecht: Neuseeland ist der erste Staat, der Frauen das Wahlrecht einräumte (1893). Finnland ist das erste europäische Gegenstück (1906). In Brunei und Saudi-Arabien dürfen Frauen bis heute nicht wählen.
Yanomamo: Das Rechtsverständnis dieses Amazonasvolkes erlaubte es einer Frau, bis zur Geburt des ersten Sohnes alle weiblichen Babys zu töten.

Gottesurteil

Wie funktionierte die Feuerprobe?

Der Verdächtige musste entweder in einem aus Wachs gefertigten Hemd durch zwei brennende Holzstöße hindurch gehen oder seine Hand ins Feuer halten. Manchmal wurde auch verlangt, ein glühendes Eisenstück zu halten. Verheilten die Wunden schnell, war die Unschuld bewiesen.

Bissprobe: Ein Stück Brot oder Käse musste unzerkaut hinuntergeschluckt werden. Gelang dies, war man frei. Die wenigsten Verdächtigen überstanden diese perfide Tortur.
Eisenprobe: Über eine Distanz von fünfzehn Fuß musste der (meist die) Verdächtige über glühende Pflugscharen gehen und dabei unversehrt bleiben.
Kaltwasserprobe: Teuflisch und für den Verdächtigen hoffnungslos war dieses Gottesurteil. Wer im Wasser unterging und ertrank, bewies in diesem reinen Element seine Unschuld (denn Hexen gingen nicht unter). Leider ohne auf dieser Welt frei zu werden. Wer dagegen an der Oberfläche trieb, wurde als Schuldiger zum Tode verurteilt.
Kesselprobe: Ein Ring oder ein Stein mussten aus einem mit heißem Wasser oder Öl gefüllten Kessel gefischt werden. Wieder durften keine Wunden entstehen, wollte man nicht als schuldig „gebrandmarkt“ sein.

Kreuzprobe: Hier handelt es sich um eine Form des Zweikampfs, für den allerdings Unfreie und Frauen nicht zugelassen waren. Die Gegner mussten in der Kirche mit ausgestreckten Armen stehen. Wem Gott Recht gab, der konnte diese Stellung länger beibehalten.

Grausamkeit

Wie viel Geld brachte ein Skalp eines Indianers?

Im Jahr 1703 wurden in der damaligen Kolonie Massachusetts für einen Indianerskalp 60 Dollar gezahlt. Mitte des 18. Jahrhunderts stieg der Lohn in Pennsylvania für einen Männerskalp auf 134 Dollar. Für das weibliche Gegenstück konnte man immerhin noch 50 Dollar bekommen.

Blendung: Basilius II. von Konstantinopel ließ 1014 alle 15 000 gefangenen Bulgaren blenden, mit Ausnahme von 150 Mann. Diesen wurde nur ein Auge ausgestochen. Je 100 Geblendete wurden von einem Einäugigen in die bulgarische Hauptstadt zurückgeführt. Als der bulgarische Herrscher seine hilflosen Männer erblickte, erlitt er auf der Stelle einen Schlaganfall.
Chirurgie: Bis zur Mitte des 19. Jahrhunderts gab es keine wirksame Narkose. Die Chirurgie war damals ebenso schmerzvoll und schrecklich wie die Folter.
Eunuchen: Zwischen dem 6. und dem 11. Jahrhundert waren Eunuchen als Gerichtsbeamte in Konstantinopel sehr gefragt. Immerhin konnten sie sich voll für die Rechte des Kaiserhauses einsetzen, da sie sich um keine Nachkommen kümmern mussten. Selbst gut situierte Familien ließen daher oft einen oder zwei ihrer Söhne kastrieren, um ihnen damit eine sorgenfreie Zukunft mit hohem Ansehen zu sichern. Randbemerkung: Im Altertum wurden bei mehren Völkern, z. B. den Hethitern, die für die Beamtentätigkeit vorgesehenen Jungen kastriert.
Freiheitsstrafe: Bis in die frühe Neuzeit gab es in vielen Kulturen kaum je eine Freiheitsstrafe. Entweder man bezahlte eine Geldstrafe, oder das

Urteil lautete auf Verstümmelung (Abhacken von Hand oder Fuß) bzw. Tod. „Fortschrittlichere“ Gesellschaften kannten zumindest den Kerker oder den Pranger.

Hexen: Allein in Deutschland wurden zwischen dem 13. und dem 18. Jahrhundert mindestens 100 000 Menschen Opfer der Hexenverfolgung. 1756 war vermutlich das letzte Jahr, in dem in Europa (in Landshut) eine „Hexe“ hingerichtet wurde. Zwar wurde noch am 4. April 1775 in Kempten im Allgäu einer gewissen Anna Schwegelin wegen Teufelsbuhlschaft der Prozess gemacht, das Urteil jedoch nicht mehr vollstreckt.

Keuschheitsgürtel: (1) Der angeblich seit den Kreuzfahrerzeiten verwendete Keuschheitsgürtel ist ein Phantasieprodukt der deutschen Literatur des 19. Jahrhunderts. Vermutlich sollten Sammler der ausgefallenen Erotik zufrieden gestellt werden. (2) Im viktorianischen England wurden Knaben zum Tragen metallener „Gürtel“ gezwungen, um das schädliche Masturbieren zu unterbinden. (3) Heute gibt es mehr Keuschheitsgürtel denn je, gedacht allerdings zum Zweck der Stimulation.

Kreuzzug: 1209 fiel im Kreuzzug gegen die Albigenser die Stadt Beziers. Die Frage stellte sich, wie man zwischen „verdammten Ketzern“ und „guten Christen“ unterscheiden konnte. Der päpstliche Abgesandte entschied gemäß dem Geist der Zeit: „Tötet sie alle, denn der Herr wird es wissen.“ Mehr als 10 000 Männer, Frauen und Kinder wurden daraufhin niedergemetzelt.

Opiumtrank: Noch im 19. Jahrhundert wurde in England unerwünschten Kindern, für die kein Platz und keine Nahrung vorhanden war, der „Godfrey's Cordial“ verabreicht, ein Trank aus Opium, Sirup und Sassafras. Die Wirkung einer Überdosis war tödlich.

St. Basilius: Iwan der Schreckliche war 1555 vom genialen Bau der St. Basilius-Kathedrale in Moskau so begeistert, dass er die beiden Architekten Postnik und Barma umgehend blenden ließ. Nie wieder sollten sie Schöneres entwerfen dürfen!

Sattelrobben: Im Lauf der Geschichte sind mehr als 60 Millionen Sattelrobben allein im Raum um Neufundland getötet worden. Keine Säugetierart wurde derart hingemetzelt.

Heilige

Welche Heilige vermochte Badewasser in Bier zu verwandeln?

Eine der Wundertaten der Heiligen Brigid, der irischen Nationalheiligen, war es, Badewasser in Bier zu verwandeln. Selbstverständlich war Brigid dazu nur bereit, wenn hoher klerikaler Besuch erwartet wurde.

Heiligsprechung: Während seines Pontifikats sprach Johannes Paul II. mehr als 500 Menschen heilig, das sind mehr, als während des halben Jahrtausends zuvor diese Ehre zuteil wurde.
Johanna von Orleans: Jahre nach dem ersten Erscheinen des Erzengels Michael (Johanna war damals dreizehn Jahre alt) beteuerte die Jungfrau von Orléans vor Gericht: „Alles, was ich getan habe, habe ich auf Befehl der Stimmen getan." Am 30. Mai 1431 wurde Jeanne d'Arc (so ihr „bürgerlicher" Name) verbrannt und die Asche ihres Körpers in die Seine gestreut. Jeder Reliquienkult sollte unterbunden werden. Papst Benedikt XV. sprach die Märtyrerin 1920 heilig.
Matthäus: Die russisch-orthodoxe Kirche ernannte 2001 Matthäus zum Schutzheiligen der Steuerfahnder. Immerhin übte Matthäus den Beruf des Zöllners (Steuerpächters und -eintreibers) aus, bevor er sich Jesus anschloss. Kommentar eines Sprechers dieser Zunft: „Das bedeutet jedenfalls, dass wir am 29. November einen weiteren Feiertag bekommen."
Nikolaus: Nach der Gottesmutter Maria ist Nikolaus von Myra der am meisten verehrte Volksheilige. Die am Vorabend des 6. Dezember auftretende Gestalt mit weißem Bart und in Pelz verbrämtem Kapuzenmantel wurde in dieser Form allerdings erst 1847 vom Maler Moritz von Schwind geschaffen. Ursprünglich trug Nikolaus (in ein Bischofsgewand gehüllt) drei Kugeln auf einem Buch oder hielt drei Brote in der Hand.
Simeon Stylites (der Säulensteher): Volle siebenunddreißig Jahre verbrachte dieser asketische Heilige auf einer Säule in der Syrischen Wüste, mit dem Ziel „dem Himmel näher zu sein". Einmal in der Woche nahm der Säulensteher Nahrung zu sich, die ihm in einem Almosenkorb gereicht wurde.

Herrscher

Welcher Herrscher verlor seine Nase?

Nachdem der Rebellenführer Leontius den byzantinischen Kaiser Justinian II. gestürzt hatte, ließ er ihm die Nase abschneiden. Das Schicksal wiederholt sich bisweilen. Leontius fand in Tiberius II. seinen Bezwinger. Und wieder war es die Nase, die daran glauben musste. Nach einem zehnjährigen Exil kehrte Justinian auf den Thron zurück und rächte sich durch öffentliche Demütigungen und anschließende Hinrichtung an beiden „unrechtmäßigen" Herrschern.

Caligula: Incitatus, das Lieblingspferd des römischen Kaisers, wurde zum Konsul und Mitregenten Roms ernannt. Die Krippe des Pferdes bestand aus Elfenbein, die Tränke war ein goldener Weinpokal.
Franz Ferdinand: Der Erzherzog von Österreich war sehr eitel. Bei großen, offiziellen Festanlässen ließ er sich vom „Hausschneider" in seine Uniform einnähen, damit keine Falte sein Aussehen beeinträchtigen konnte. Beim Mordanschlag am 28. Februar 1914 trug er unglücklicherweise eine solcherart „genähte" Uniform. Bis Scheren herbeigeschafft werden konnten, war der Thronfolger bereits verblutet.
Franz Josef: Kaiser Franz Joseph I. führte seit 29. Januar 1869 den „Großen Titel": Seine Kaiserliche und Königliche Apostolische Majestät Franz Joseph, von Gottes Gnaden Kaiser von Österreich, König von Ungarn und Böhmen, von Dalmatien, Kroatien, Slawonien, Galizien, Lodomerien und Illyrien, König von Jerusalem, Erzherzog von Österreich … (usw.). Gegenüber Monarchen gab sich der Kaiser bescheiden und unterschrieb nur mit „Franz Josef".
Georg I.: Der englische König aus dem Haus Hannover konnte Englisch weder lesen noch sprechen. Er weigerte sich während seiner 13-jährigen Regentschaft, diese „Fremdsprache" auch nur in Ansätzen zu erlernen. Mit seinem Premierminister verständigt er sich ausschließlich in lateinischer Sprache.
Iwan der Schreckliche: Vor seiner ersten Heirat zwang Iwan alle Adeligen seines Reichsgebietes, ihre heiratsfähigen Töchter „zur Begutachtung" nach Moskau zu schicken. Eine Verweigerung dieses Wunsches würde mit

Todesstrafe bedacht. Unter 1 500 Jungfrauen, die jeweils zu zwölft in einem Raum des Serails schliefen, konnte Iwan schließlich wählen. Jede wurde mit einem mit Gold und Edelsteinen besetzten Taschentuch belohnt.

Napoleon: Um seine Unabhängigkeit von der Kirche zu demonstrieren, krönte sich Napoléon Bonaparte selbst zum Kaiser der Franzosen; die Krone ließ er sich von Papst Pius VII. reichen, der sie ihm jedoch nicht aufsetzen durfte. In allen anderen Belangen eiferte Napoleon seinem großen Vorbild Karl dem Großen nach.

Nero: Der berüchtigte römische Kaiser gewährte seiner zweiten Gattin Poppaea 500 Eselinnen, um die Milchversorgung für die von ihr gewünschten Schönheitsbäder sicherzustellen.

Peter der Große: (1) Als Kind wurde Peter Zeuge brutalster Folterungen der Familie seiner Mutter. Lebenslanger Hass auf den Kreml war die Folge. Später, als mächtiger Herrscher und Erbauer der neuen Residenzstadt Sankt Petersburg, ließ der Zar jede Reparaturarbeit an Steingebäuden Moskaus verbieten. Begründung: Jede Maurerhand werde in der neuen Metropole benötigt. (2) Nach der Exekution des Geliebten seiner Frau ließ der Zar dessen Kopf in einem Glas mit Alkohol konservieren und im Schlafgemach der Gattin aufbewahren.

Pippin der Kurze: Der Vater Karls des Großen trug zu Recht seinen Beinamen. Pippin brachte es nur auf eine Körpergröße von 1,40 m. Dennoch pflegte der König ein 1,80 m langes Schwert mit sich zu führen.

Sultan Mohammed VI.: 53 Jahre hatte Mohammed unter Hausarrest gestanden, bevor er 1918 den Thron des Osmanischen Reiches bestieg. Kein ungewöhnliches Schicksal, meinen manche Historiker, stellt doch ein Thronfolger immer eine Gefahr für den jeweiligen Herrscher dar. Zum Schutz des regierenden Sultans blieb der potentielle Nachfolger bis zur Thronbesteigung unter Bewachung.

Vater Friedrichs des Großen: Bestechung, Kauf, Entführung – jedes Mittel war Friedrich Wilhelm I., dem Vater Friedrichs des Großen, recht, um Zweimetermänner für seine Grenadiertruppe zu rekrutieren. Die „langen Kerls“, die Potsdamer Grenadiere, wurden selbst zur Ehe mit „groß gewachsenen Frauen“ gezwungen, um so große Nachkommen zu zeugen.

Historische Splitter

Kam der Zusammenbruch des Ostblocks am 1. 1. 1989 überraschend?

Gemäß einer Studie gab es beim Jahresrückblick um den 1. Januar 1989 weltweit keine Zeitung und kein Magazin, ja nicht einmal einen Astrologen, der den Zusammenbruch des Sowjet-Imperiums für dieses Jahr voraussagte.

Armbrust: Bereits im Mittelalter wurde von den Päpsten versucht, diese Waffe wegen ihrer grausamen Wirkung zu verbannen, es sei denn, es ging gegen Ungläubige. Im 20. Jahrhundert wurden auch das Giftgas (im Ersten Weltkrieg) sowie die Atombombe (im Zweiten Weltkrieg) als „für den praktischen Einsatz zu grausam" eingestuft.

Blutkreislauf: William Harveys Theorie, dass das Blut im Körper zirkuliert und nicht hin- und her pendelt, brachte ihm nur Spott und Hohn ein. Man nannte Harvey den „Zirkulator", was gleichzeitig das lateinische Wort für Quacksalber ist.

Chirurgie: Auf dem vierten Laterankonzil 1215 wurde Ärzten im Dienst der Kirche die Praxis der Chirurgie verboten, da dabei Blut vergossen würde. Gelehrte und die feine Gesellschaft überließen dieses Geschäft fortan dem Barbier und dem Dentisten.

Churchill: Zweimal scheiterte Winston Churchill bei der Aufnahmsprüfung zur Militärakademie Sandhurst. Sein Vater sagte ihm danach erbittert ein „nutzloses" Leben voraus. Tatsächlich nahm Churchill an zahlreichen für das Britische Empire entscheidenden Kriegen teil, z. B. dem Krieg gegen das Reich des Mahdi.

Darwin: Zur Zeit der Veröffentlichung seines Werks *On the Origin of Species* (dt. Die Entstehung der Arten) am 24. November 1859, mit dem Charles Darwin die Evolutionstheorie begründete, war noch kein einziges menschliches Fossil gefunden worden.

Anmerkung: Die bekannte Darwin-Karikatur (siehe Abb. linke Seite) erschien 1871 im *Hornet Magazine*.

Engels: Friedrich Engels, der Mitverfasser des *Kommunistischen Manifests*, lebte „vom Schweiß der Arbeiterklasse", hatte doch seine Familie ein gut gehendes Unternehmen in Manchester.

Galileo Galilei: Während Galileis Prozess 1615 machte Kardinal Bellarmin folgende Feststellung: „Zu behaupten, die Erde drehe sich um die Sonne, ist ebenso völlig falsch, wie zu sagen, dass Jesus nicht von einer Jungfrau geboren wurde." Immerhin: 1992, nach mehr als dreieinhalb Jahrhunderten, rehabilitierte die Kirche den großen Astronomen Galilei.

Große Mauer: Nicht die Hunnen sollten durch die Große Mauer am Eindringen nach China gehindert werden, sondern vielmehr ihre Pferde, die sie erst zu schlagkräftigen Eroberern machten.

Israel: Albert Einstein wurde die Präsidentschaft des Judenstaates angeboten. Er lehnte mit der Begründung ab, keinen Kopf für menschliche Probleme zu haben.

Italien: Die Namen von 73 Parteien standen 1968 auf einem italienischen Stimmzettel. Eine davon nannte sich „Freunde des Mondes". Sie hatte nur einen einzigen Kandidaten aufgestellt.

Ius primae noctis: „Das Recht der ersten Nacht" räumt dem Gerichtsherrn (der meist auch Gutsbesitzer oder Landadeliger war) bei der Heirat von ihm unterstehenden Personen das Recht ein, die erste Nacht mit der Braut zu verbringen. So zumindest wird dies bereits 1250 in einem französischen Gedicht von Verson beschrieben. Später verfestigte sich diese Fiktion, jedoch war das „ius primae noctis" zu keiner Zeit sanktioniert, weder durch den König noch durch die Kirche. Anmerkung: Allerdings wird auch bereits im Gilgamesch-Epos (3. Jahrtausend v. Chr.) das herrschaftliche Recht der ersten Brautnacht erwähnt.

Kannibalismus: Die Fore in Neuguinea sind das letzte Volk, das bis Mitte des 20. Jahrhunderts den rituellen Kannibalismus kannte. Eine durch den Verzehr von Gehirngewebe und Rückenmark hervorgerufene Gehirnkrankheit machte diesem Brauch ein Ende.

Kerzen: Noch im 17. Jahrhundert wurde an herrschaftlichen Höfen für Kerzen mehr Geld ausgegeben als für Lebensmittel.
Kreuzfahrer: Um Tote nach Hause zu bringen, kochte man die Leichen in riesigen Kesseln und entfernte das Fleisch. Die übrig gebliebenen Knochen waren wesentlich leichter zu transportieren. Das Herz wurde zuvor separat bestattet.
Kriege: Historische Recherchen scheinen zu belegen, dass es seit Christi Geburt nur fünf Tage gab, an denen weltweit keine Kriege geführt wurden. (Vielleicht übertrieben, kommt dies der Sache jedoch sehr nahe.)
Kurtisanen: Noch im 16. Jahrhundert überstieg die Zahl der Kurtisanen die der Patrizierfrauen in Venedig um das Zehnfache. Die Namen und Adressen der Damen können selbst heute in einem Buch in San Marco nachgeschlagen werden.
Magna Charta: Dieses bedeutende verfassungsrechtliche Dokument wurde nicht, wie oft zu lesen, von König Johann unterzeichnet, sondern nur mit seinem Siegel versehen. Der Grund ist einfach: Der König konnte weder lesen noch schreiben.
Marx: Karl Marx, der Verfasser der Werke *Das kommunistische Manifest* und *Das Kapital*, war davon überzeugt, dass die wohlhabenden Nationen seine Ideen umsetzen würden. Die geringsten Aussichten sah er für das bäuerlich strukturierte Russische Reich! (Weit über achtzig Prozent waren Bauern.)
Pasteur: Der Erfinder der Pasteurisierung, Louis Pasteur, hatte große Angst vor Schmutz und Infektionen. Daher weigerte er sich, Menschen mit Handschlag zu begrüßen, und wischte akribisch jeden Teller und jedes Glas vor Mahlzeiten aus.
Sektionen: Da Sektionen im Mittelalter als frevlerisch, obszön und grausam angesehen wurden, durfte noch 1395 selbst auf der führenden Universität von Bologna nur eine Sektion pro Jahr vorgenommen werden. Dies auch nur in Form einer dreitägigen Zeremonie vor dem Weihnachtsfest, zusammen mit einer Bußprozession und begleitendem Exorzismus.
Worte: Die 10 Gebote bestehen im Hebräischen aus knapp 300 Buchstaben, die amerikanische Unabhängigkeitserklärung aus knapp 300 Wörtern. …

Eine Verordnung der EG über Karamel-Bonbons aus dem Jahr 1981 bringt es im Vergleich dazu auf mehr als 26 000 Wörter.

Königinnen

Welcher Herrscherin wurden Potemkin'sche Dörfer gezeigt?

Fürst Grigorij Potemkin spiegelte seiner Herrscherin Katharina der Großen bei ihrer Reise durch die russischen Provinzen 1787 ein glückliches Landleben vor. Häuserfassaden wurden getüncht, beste Kleidung getragen und das Volk zum permanenten Lächeln gezwungen. Der Erfolg blieb nicht aus: Katharina war von ihrem eigenen Erfolg beeindruckt. Sprichwörtlich wurden sie auch, die „Potjemkin'schen Dörfer".

Anne Boleyn: Nach der Exekution der zweiten Frau von König Heinrich VIII. wurde ihr Herz gestohlen. Knapp 300 Jahre später fand man es unter einer Kirchenorgel in Suffolk.

Austrichildia: Die Gattin des Frankenkönigs Guntram war an der Ruhr erkrankt. Da sie den Bemühungen ihrer Ärzte nicht traute, rang Austrichildia ihrem Gatten das Versprechen ab, die behandelnden Ärzte auf ihrem Grab zu töten. Und so geschah es dann auch – unter Beiwohnen der übrigen Hofärzte.

Eleonore von Aquitanien: Die englische Königin saß einem ungewöhnlichen mittelalterlichen Liebesgerichtshof vor. Fragen amouröser Liebhaber wurden einer Jury adeliger Hofdamen vorgetragen und mit juridischem Ernst beantwortet. Ein Beispiel: „Ist Liebe in der Ehe möglich?" Die Antwort: „Nein."

Elisabeth I.: Die erste große Königin Englands liebte Bowling, Karten- und Würfelspiele sowie Fechten. Entgegen der puritanischen Haltung des Parlaments, das 1585 in beiden Häusern ein abschlägiges Gesetz verabschiedete, zog Elisabeth ihre Vorlieben durch. Auch Schießwettbewerbe und sonntägliche Theaterbesuche sollten erlaubt sein. Grund: Was gut für eine

Königin ist, muss auch gut für die Untertanen sein. Der *Dictionary of National Biography* macht über Elisabeth I. folgende Eintragung: „Sie fluchte, spuckte ihre Höflinge bei Missfallen an, schlug ihre Hofdamen und küsste jeden nach Gutdünken (frei übersetzt). Anmerkung: Immerhin nahm Elisabeth I. einmal im Monat ein Bad.

Hatschepsut: Die erste Frau auf einem ägyptischen Pharaonenthron ließ sich immer in Männerkleidung, mit Knebelbart und ohne Busen porträtieren.

Marie Antoinette: Beinahe wäre Marie Antoinette zusammen mit Ludwig XVI. die Flucht aus Frankreich gelungen. Bei einem Pferdewechsel in Saint Menehould allerdings hielt es das Herrscherpaar nicht in der Kutsche aus. Die beiden wurden erkannt und umgehend von den Verfolgern zurück nach Paris gebracht. Dort wartete die Guillotine.

Maria Stuart: Im Alter von nur sechs Tagen wurde Maria Stuart Königin von Schottland. Die formelle Krönung in Stirling Castle erfolgte mit neun Monaten.

Viktoria: Als erste Amtshandlung nach ihrer Thronbesteigung ließ Viktoria ihr Bett aus dem Schlafgemach ihrer Mutter zu sich holen.

Letzte Worte

Wer sagte: „Ich werde im Himmel hören"?

Ludwig van Beethoven, der in seinen letzten Lebensjahren bereits völlig taub war. Anmerkung: Bei aller Ehrerbietung, die den Großen der Geschichte entgegengebracht werden muss, dürften die letzten Worte nicht immer ganz korrekt wiedergegeben worden sein. In früheren Zeiten sah man darin ja so etwas wie ein Vermächtnis, und daher wurde bisweilen vermutlich auch ein wenig beim Feinschliff dieser letzten Worte nachgeholfen. Dennoch bleiben die „letzten Worte" ein beeindruckendes Zeugnis großer Gedanken.

Anne Boleyn: „Der Henker ist, glaube ich, ein Fachmann. Und mein Hals ist sehr schlank." (… zur Selbstberuhigung)

Cesare Borgia: „Ich habe für alles in meinem Leben Vorsorge getroffen, nur nicht für den Tod, und jetzt muss ich völlig unvorbereitet sterben."
Charles Stuart: „Der Richtblock hätte ein wenig höher sein können. Nun, man muss sich mit ihm begnügen, wie er ist."
Coco Chanel: „So stirbt man also."
David Hume: „Ich bin in den Flammen." (… ein Atheist in Verzweiflung)
Denis Diderot: „Der erste Schritt zur Philosophie ist der Unglaube." (Philosoph bis zum Ende)
Gaius Julius Caesar: „Auch du mein Sohn Brutus!" (… von seinen Mördern überrascht)
Georges Jacques Danton: „Zeigen Sie meinen Kopf unbedingt dem Mob. Es wird lange dauern, bevor er wieder etwas Ähnliches sieht" (… unter der Guillotine)
Heinrich VIII.: „So, nun ist alles hin – Reich, Leib und Seele."
Heinrich Heine: „Gott wird mir verzeihen – das ist sein Metier."
Jean Paul Sarte: „Ich bin gescheitert."
Johann Wolfgang von Goethe: „Mehr Licht." (… zumindest besteht das Gerücht, dass der Dichterfürst dies gesagt hat)
Ludwig XIV.: „Warum weinen Sie? Ist es, weil Sie mich unsterblich wähnten?" (… zu zwei Bediensteten)
Ludwig XVI.: „Möge mein Blut euer Glück festigen." (… verzeihend oder sarkastisch?)
Marlene Dietrich: „Wir wollten alles, und wir haben es bekommen, nicht wahr?"
Nero: „Welcher Künstler stirbt in mir." (Einbildung oder Einschätzung?)
Oscar Wilde: „Ich sterbe, wie ich gelebt habe – über meine Verhältnisse!"
Otto Lilienthal: „Kleine Opfer müssen gebracht werden."
Pablo Picasso: „Die Malerei muss erst noch erfunden werden."
Sir Walter Raleigh: „Das ist eine scharfe Kur, aber eine sichere für alle Krankheiten." (… beim Befühlen der Schneide seiner Todesaxt)
Thomas Hobbes: „Ich bin dran, einen Sprung ins Finstere zu tun."
Winston Churchill: „Welch ein Narr bin ich gewesen."

Liebhaber und Liebestolle

Wer stand Modell für Aphrodite?

Die vielleicht schönste Hetäre der Geschichte, Mnesarete (ca. 4. Jh. v. Chr., auch als Phryne bekannt), diente als Modell für Praxiteles' Statue der Aphrodite. In einer Gerichtsverhandlung wegen Entehrung der kultischen Eleusinischen Mysterien schien Phrynes Fall verloren. Doch völlig unverfroren entblößte die Schönheit ihre Brüste und stimmte auf diese Weise die Richter gnädig. Freispruch!

König Salomon (10. Jh. v. Chr.): Wenn man den heiligen Schriften Glauben schenken darf, hatte der dritte König Israels 700 Ehefrauen und bis zu 300 Konkubinen. Frauen sowohl aus der Heimat wie auch aus den umliegenden Landen dienten dem unumschränkten Herrscher. [Anmerkung: Es ist eigentlich absurd, bei einer solchen Zahl von „Ehefrauen" zu sprechen.]
Kleopatra (69–30 v. Chr.): Für die Ägypterin war Sex ein Macht- wie ein Vergnügungsmittel. Junge Liebhaber wurden in Dutzenden mit Drogen aufgeputscht, um stärkeres Lustgefühl für Kleopatra (die angeblich keine Schönheit war) zu empfinden. Selbst in den Bordellen Alexandrias ließ sich die Herrscherin unterrichten. Die Legende besagt, dass Kleopatra bis zu 100 Liebhaber in einer Nacht nehmen konnte.
Theodora (ca. 508–548): Durch eine Beugung des Gesetzes schaffte es die Schauspielerin Theodora, den oströmischen Kaiser Justinian I. zu ehelichen. Fortan hielt sie sich an das Gesetz, das unter anderem totale Nacktheit verbot. Die Freizügigkeit gewohnte Theodora trug bei öffentlichen Auftritten ein rotes Band um den Leib – sonst nichts. Bei Picknicktouren öffnete die Herrscherin ihr „Venustor" für bis zu ein Dutzend junger Männer. Am folgenden Tag ließ sie sich von deren Sklaven befriedigen.
Zingua (frühes 17. Jh.): Die vielleicht grausamste Nymphomanin der Geschichte, Königin Zingua aus Angola, veranstalte unter ihren Sklaven Gladiatorenkämpfe. Dem Sieger gebührte eine rauschende Liebesnacht mit der Königin, auf die am Morgen allerdings unausweichlich der Tod folgte. Anleihen bei Scheherazade! Schwangere Frauen wurden aus Eifersucht reihen-

weise hingerichtet. Das Treiben hielt bis zu Zinguas 77. Lebensjahr an, als eine Konvertierung zum Christentum ein völliges Umdenken brachte.

Giovanni Giacomo Casanova (1725–1798): Casanova wurde durch seine Memoiren fast sprichwörtlich. Angeblich verführte er Tausende von Frauen, wobei allerdings nur 116 belegt sind. Casanovas Spezialität: Verführung der Frauen und Töchter seiner Freunde, wenn möglich beide auf einmal. Casanova liebte es, sich mit seiner Gespielin im Badezuber zu vergnügen und dabei Austern zu schlürfen.

Katharina die Große (1729–1796): Sexuell völlig unersättlich, musste Katharina über viele Jahre im Durchschnitt sechsmal am Tag mit Liebhabern versorgt werden. 21 Männer standen offiziell für diese Dienste zur Verfügung. Schlaflosigkeit und ein Hang zum Voyeurismus verstärkten Katharinas Liebesdurst. Der Leibarzt Rogerson und die Vermittlerin Madame Protas untersuchten und probierten alle potenziellen Kandidaten, bevor diese zu Katharina vorgelassen wurden.

Marquis de Sade (1740–1814): Der abartig veranlagte Comte Donatien Alphonse François de Sade (er ließ sich von Bekannten Marquis nennen) war in die berüchtigte Rosa-Keller-Affäre verwickelt. Während einer Orgie in Marseille wurde die Pariser Prostituierte gefoltert und zur Sodomie gezwungen. Vom König unterstützt, sprach das Gericht de Sade frei. Zahlreiche Romane und Theaterstücke, darunter das bekannte Werk „Die 120 Tage von Sodom“, in dem mehr als 600 „instinktive“ Sexvariationen beschrieben werden, machten den Marquis berühmt. (Das Wort „Sadismus“ leitet sich von seinem Namen ab.) 1803 wurde de Sade in eine Irrenanstalt eingeliefert.

König Lapetamaka II (18. Jh.): Der König von Tonga, über achtzig Jahre alt, behauptete gegenüber Captain Cook, dass es seine Herrscherpflicht sei, jede Jungfrau des Landes zu deflorieren. Niemals allerdings schlafe er mehr als einmal mit ein und derselben Frau.

Lola Montez (ca. 1818–1861): Die rassige britisch-irische Tänzerin konnte nach eigenen Aussagen jeden Mann haben. Franz Liszt und Alexandre Dumas der Ältere waren unter ihren Liebhabern. Besonders angetan von den Künsten der Kurtisane war der Bayernkönig Ludwig I., der Lola als Dank zur Baronin Rosenthal und Gräfin Lansfeld erhob. Was waren Lolas Stärken? Nach vertraulichen Aussagen des Königs verbrachte Lola im Liebesspiel wahre Wunder, die in zehn Orgasmen des Monarchen in einer Liebesnacht gipfelten. Als Ludwig aus dem Amt gejagt wurde, musste auch die Geliebte Bayern verlassen. Nach Amerika ausgewandert, nahm sich Lola Montez (mittlerweile sehr gläubig geworden) in ihren späten Jahren der „gefallenen Mädchen" an. Späte Reue?

Gabriele D'Annunzio (1863–1938): Der Dichter, Romanautor und Abenteurer behauptete, „von 1000 Ehemännern gehasst" zu werden. Nun, D'Annunzio hatte eine bizarre Vorstellung von Etikette: Er erschien splitternackt in einem Hotel, schlief auf einem Polster gefüllt mit den Locken seiner Eroberungen, schenkte Wein aus einem „Becher" aus den Schädelknochen einer Selbstmörderin (aus Liebe zu ihm) und nahm selbst Strychnin als Aphrodisiakum. D'Annunzios berühmteste Eroberung war zweifellos die göttliche Schauspielerin Eleonore Duse.

Grigori Rasputin (ca. 1871–1916): Egal ob Bauernmädchen oder Aristokratin, der „Retter" und „Heiler" Rasputin verführte ungeniert jedes weibliche Wesen. Nachdem er durch Linderung der Schmerzen des Zarensohns (dieser war Bluter) Zugang zum Hof hatte, standen hochrangige Damen Schlange, um in Rasputins Schlafgemach („das Heiligste vom Heiligen") eingelassen zu werden.

Mata Hari (1876–1917), Spionin und Mätresse: Die als Margaret Zelle geborene Holländerin Mata Hari vereinigte perfekt beide Fähigkeiten. Der deutsche Kronprinz, der Premierminister der Niederlande, der Herzog von Braunschweig, hochrangige französische Politiker, niemand vermochte Mata Hari zu widerstehen. Das Ergebnis ihrer Spionageaktivitäten: ca. 50.000 alliierte Soldaten verloren ihr Leben. Obwohl Mata Hari Männer verabscheute, genoss sie die sexuelle Erregung – nach eigenen Aussagen selbst in „dienstfreien" Zeiten im Bordell. Schließlich wurde Mata Haris Doppelspiel aufgedeckt und die große Liebhaberin durch ein französisches Erschießungskommando hingerichtet. Vergeblich bemühten sich die verflossenen Empfänger ihrer Gunst um eine Begnadigung.

Mae West (1893–1980): „Ich vollbringe meine beste Arbeit im Bett". Mit diesen Worten leitete Mae West eine Reporterfrage zu ihren Memoiren ein. Ihr Name wurde zum Synonym für den Begriff „Vamp", und Mae West war eine der sexuell aktivsten Frauen ihrer Zeit. In den Memoiren wird von rekordverdächtigen fünfzehn Stunden des ununterbrochenen „Lovemakings" berichtet. Reif für das *Guinness Buch der Rekorde*!
Georges Simenon (1903–1989): Der berühmte Autor des *Kommisar Maigret* will mit 10 000 Frauen geschlafen haben.

Mönche & Priester

Welche weiblichen Geschöpfe dürfen auf dem Berg Athos wohnen?

Der Berg Athos mit seinen berühmten Klöstern ist nicht nur für Frauen, sondern auch für weibliche Tiere verboten. Eine Ausnahme macht die Ziege, die als Milchlieferantin dient.

Berg Sinai: Erstaunt mussten Besucher des griechisch-orthodoxen Klosters St. Katharina am Fuß des Berges Sinai 1946 zur Kenntnis nehmen, dass die dort lebenden Mönche nichts vom Zweiten Weltkrieg wussten. Einige hatten nicht einmal vom Ersten Weltkrieg gehört. Seliges Mönchstum!
Friedhof: 2001 lehnte die israelische Fluggesellschaft El Al aus Sicherheitsgründen ein Ansuchen streng gläubiger Juden ab, sich beim Überfliegen von Friedhöfen in Ganzkörpertaschen einzippen zu dürfen. Damit hätten sie nach eigenem Verständnis die religiösen Regeln umgangen. Diese besagen nämlich, dass Priester keine Friedhöfe betreten dürfen. Und der „direkte Kontakt" im Luftraum über Friedhöfen wurde als Teil dieser Grabstätten empfunden.
Kirchen: Noch im Hochmittelalter war der Priester einer der gesuchtesten Berufe. Immerhin gab es in manchen Städten (etwa Norwich, Lincoln oder York) auf je 200 Einwohner eine Kirche.

Luther: Der große Reformer empfahl, zweimal in der Woche den Liebesakt zu vollziehen. Mehr sei bloße Lust, weniger eine unzureichende Chance, Nachwuchs zu zeugen. Wörtlich: „In der Woche zwier, schadet weder dir noch ihr."

Mendel: Der Begründer der Vererbungslehre, der österreichische Mönch und spätere Abt Gregor Mendel, wollte eigentlich eine Universitätskarriere einschlagen. Doch fiel er dreimal durch, wegen „Mangel an Klarheit des Wissens". Seine späteren Experimente zur Vererbungslehre wurden von einem Schweizer Botaniker mit kurzer Stellungnahme abgeschmettert. Und letztlich wurde zu seinen Lebzeiten niemand auf die schließlich veröffentlichten Arbeiten aufmerksam. Erst 16 Jahre nach Mendels Tod erkannte man die Bedeutung der Ideen dieses Mönchs.

Toulouse: Im Mittelalter war die Abtei dieser französischen Stadt gemäß königlichem Dekret ein städtisches Bordell, dessen Erträge der lokalen Universität zugute kamen.

Venedig: Im 18. Jahrhundert war Venedig ein sündiger Ort. So wird von Abbé Gironi berichtet, der nach erfolglosem Glückspielabend aller Kleider beraubt, sprich: nackt, in sein Kloster zurückkehren musste. Nonnen stritten sich zu dieser Zeit tief dekolletiert und mit Perlen behangen um das Recht, dem päpstlichen Nuntius „in allen Belangen" gefällig sein zu dürfen. Ergänzung: Patrizierfrauen sahen es als Schmach an, keinen Kammerdiener als Liebhaber zu „besitzen".

Nachrichten

Wie schnell erreichte Neil Armstrongs Funkspruch vom Mond die Erde?

Da der Computer an Bord der Apollo 11 wirre Daten ausspuckte, mussten die Astronauten die Mondlandung per Handsteuerung durchführen. Armstrongs Funkspruch „That's one small step for a man, one giant leap for mankind" („Das ist ein kleiner Schritt für einen Menschen, ein riesiger Sprung für die Menschheit") brauchte exakt 1,3 Sekunden, um in jedem Haushalt empfangen zu werden.

Isabella: Erst fünf Monate nach der Entdeckung Amerikas erfuhr Königin Isabella, die die Reise finanzierte, von diesem Ereignis.
Lincoln: Europa erfuhr zwei Wochen nach der Ermordung Abraham Lincolns von dieser Schandtat.
Naked News: Der gleichnamige kanadische Nachrichtensender hat wahrlich „nichts zu verbergen". Mit jeder Nachricht entblättern sich Moderatorinnen und Moderatoren um ein Kleidungsstück mehr. Beim Wetterbericht fallen die letzten Hüllen – egal wie die Vorhersage auch sein mag.
Radiomeldung: Orson Welles Radiostück *The War of the Worlds* (Krieg der Welten) vom 30. Oktober 1938, knapp nach 8 Uhr abends, führte zu einer nie gesehenen Panik in den USA. Eingekleidet in die Abendnachrichten und einen belanglosen Wetterbericht, tönten plötzlich völlig unerwartet die drohenden Worte Orson Welles' aus den Radiolautsprechern: „Ladies and gentlemen, I have a great announcement to make. The strange object that fell on Grovers Mill, New Jersey, earlier this evening was not a meteorite. Incredible as it seems, it contained strange beings who are believed to be the vanguard of an army from the planet Mars. [... Ich muss eine ernste Ankündigung machen. Das seltsame Objekt, das am frühen Abend auf Grovers Mill, New Jersey, fiel, war kein Meteorit. Wenn es auch völlig unglaublich scheinen mag, so entstiegen diesem Objekt seltsame Wesen, vermutlich die Vorhut einer Armee vom Planeten Mars.] ... Es folgten dramatische Interviews mit Augenzeugen, die besorgte Stimme des von einem Schauspieler gedoubelten Präsidenten mit dem Aufruf, Ruhe zu bewahren, und zuletzt das erstickte Schreien eines Live-Reporters, der offensichtlich gerade in einem Angriff der Marsianer sein Leben aushauchte. Panik, verstopfte Straßen, Massenflucht und endlose gerichtliche Klagen waren die Folge. Die positive Seite: Orson Welles wurde weltberühmt, und der Radiosender CBS boomte wie nie zuvor.

Österreich

Wer war die erste „Miss Universe"?

Das „Neue Wiener Tagblatt" beschreibt die erste Miss Austria (im Jahr 1929), die Wienerin Lisl Goldarbeiter, nachdem sie sich gegen ihre 1283 Mitbewerberinnen durchgesetzt hat, wie folgt: „Das Bild eines italienischen Renaissancemeisters – so erschien uns das Antlitz Lisl Goldarbeiters. Von klassischer Schönheit ihre Gesichtszüge, blau die Augen, die ernst und klug zu blicken wissen, die Nase zart und gerade, halblang das schöne braune Haar." Keine Spur von der später so freizügigen Präsentation der Kandidatinnen. Am 12. Juni wird Lisl Goldarbeiter in Galveston, Texas, zur ersten „Miss Universe" gewählt. Die Tragik der Geschichte: Wegen ihres Lispelns konnte die Wienerin in der gerade dem Stummfilm entwachsenen Filmbranche nie wirklich Fuß fassen.

300 Jahre Wiener Zeitung: Johann Baptist Schönwetter gibt 1703 mit Erlaubnis Seiner Majestät Kaiser Leopolds I. sein „Wiennerisches Diarium" heraus, das fortan an den Posttagen Mittwoch und Samstag erscheint. Hintergrund für den Zeitpunkt der Herausgabe dieser ältesten deutschsprachigen Tageszeitung der Welt ist die Errichtung des sogenannten Linienwalls, für die alle männlichen Einwohner zwischen 18 und 60 Jahren rekrutiert werden müssen. In einer Zeit ohne Presse, Radio oder gar Fernsehen keine einfache Sache. Ab 1708 trägt dieses Blatt den kaiserlichen Adler im Titelkopf, 1780 erfolgt die Umbenennung in „Wiener Zeitung". Die einzige Unterbrechung (fünfeinhalb Jahre) fällt auf die Zeit nach dem Anschluss Österreichs ans Großdeutsche Reich. Fortan erscheinen amtliche Bekanntmachungen im „Völkischen Beobachter". Ergänzung: Die schwedische „Post och Inrikes Tidningar" gibt es bereits seit 1645.

Die Couch: Ein Geschenk einer gewissen Madame Benvenisti an den damals fast mittellosen Sigmund Freud veranlasst den Psychoanalytiker, das Liegemöbel als Hilfe zur „freien Assoziation" zu verwenden. Um jede Ablenkung der Patienten zu vermeiden, nimmt Freud am Kopfende der Couch Platz. Bei seiner Flucht aus Österreich im Jahr 1938 besteht Freud darauf, die Couch ins Londoner Exil mitzunehmen. 50 Jahre im Dienst der Psychoanalyse – die Couch wurde zu einer Art Ikone. Sigmund Freud hat nicht zuletzt auch wegen dieses „Berufssymbols“ in den Vereinigten Staaten bis heute einen geradezu unglaublich starken Einfluss.

Ekstase: „Ein erotisches Spiel ungehemmter Naturtriebe“ – so lautet 1933 der Werbeslogan für den neu angelaufenen Film „Ekstase“ mit der 19-jährigen Hedwig Maria Kiesler in der Hauptrolle. Alle Vorstellungen sind ausverkauft, und einige müssen in angeheizter Stimmung beim Abspielen der Nacktszenen sowie der Großaufnahmen des ekstatischen Gesichts der Schauspielerin sogar unterbrochen werden. Der Grund: erstmals wird im Kino ein weiblicher Orgasmus angedeutet. Die Story handelt von einer jungen Ehefrau, die einem Naturburschen verfällt, jedoch nach dem dramatischen Selbstmord des gehörnten Gatten selbst geläutert ist. In Amerika wird der Streifen für mehrere Jahre zensiert, in Italien sogar als „sittenverderbendes Machwerk“ nach Einspruch von Papst Pius XI. total verboten. Die spätere Hollywood-Karriere der nunmehrigen Hedy Lamarr bleibt von dieser „Jugendsünde“ überschattet. Noch 1966 stuft ein Richter den Film „Ekstase“ als pornografisch ein.

Mailüfterl: Dieser liebliche Name benennt den ersten voll mit Transistoren arbeitenden Computer Europas, der im Mai 1958 in Betrieb genommen wird. Mit dreieinhalb Meter Breite, zwei Meter Höhe und zwanzig Zentimeter Tiefe ziert dieses 1-Tonnen-Monstrum den 3. Stock des Technischen Museums in Wien. Die Daten: 3 000 Transistoren, 5 000 Dioden, 15 000 Widerstände, 5 000 Kondensatoren, 20 Kilometer Draht.

Sparbuch Seiner Majestät: Das erste in Österreich eröffnete Sparbuch (Einlagsbuch Nr. 1) wird am 4. Oktober 1819 auf den Namen Marie Schwarz ausgestellt. Der Wohltäter ist kein Geringerer als Seine Majestät Kaiser Franz I. Nachdem der Pfarrer Johann Baptist Weber einen „Verein für Menschenfreunde“ und in der Folge eine Spar-Casse gegründet hat, entscheidet der Kaiser, an seinem Namenstag hundert „würdigen Kindern der unteren Klassen“ ein Sparbuch mit jeweils 10 Gulden Einlage zu schenken. Dank an Seine Majestät – selbst nach fast zwei Jahrhunderten!

Päpste

Über welchen toten Papst wurde posthum Gericht gehalten?

897 wird über den bereits seit einem Jahr toten Papst Formosus drei Tage lang Gericht wegen Verletzung der Kirchenrechte gehalten. Der tote Formosus muss dabei voll bekleidet auf einem Stuhl im Gerichtssaal Platz nehmen. Anschließend wird sein bereits fast zerfallener Leichnam vom aufgeschaukelten Mob durch die Straßen Roms gezerrt und dann im Tiber versenkt.

Ablass: Martin Luther verurteilte vor allem den „Peterskirchen-Ablass", der zur Domfinanzierung diente. Der Grund: Auch Tote konnten „spenden" und sich damit aus dem Fegefeuer freikaufen. Reue war keine Voraussetzung für den Sündenerlass.

Gregor XII.: Dieser Papst war der letzte, der sein Amt vor seinem Tod übergab. Man schrieb das Jahr 1415.

Johanna: Seit Jahrhunderten sind zahlreiche Geschichten über Päpstin Johanna bekannt, die angeblich – mit großem Fragezeichen – 855 als Nachfolgerin Leos IV. für zwei Jahre die Papstwürde innehatte. Bis heute behaupten Anhänger dieser These, dass der berühmte Stuhl mit dem Loch in der Mitte (*stella stercoraria*), auf dem frischgewählte Päpste bis ins 16. Jahrhundert hinein nackt Platz nehmen mussten, dazu diente, deren Männlichkeit zu überprüfen.

Johannes Paul II.: (1) Der reisefreudigste Papst der Geschichte machte exakt 100 Auslandsreisen, auf denen er 129 Länder besuchte. (2) Bei seinem Besuch auf den Philippinen 1995 kamen mehr als vier Millionen Menschen zur Messe, ein historischer Rekord! (3) Johannes Paul war der erste nicht-italienische Papst seit 1523.

Renaissance: Die Kirche missbilligte zwar während der Renaissance die Astrologie als Ketzerei, allerdings hinderte dies Papst Julius II. nicht daran, den Tag seiner Krönung im Jahre 1503 nach astrologischen Berechnungen festzulegen.

Savonarola: Unter dem Borgia-Papst Alexander VI. (1492–1503) hatten Korruption und Sittenverfall aus Florenz ein wahres Sodom gemacht.

Girolamo Savonarola, der sittenstrenge Dominikanermönch, rief von der Kanzel seinem Papst zu: „Nachts geht Ihr zur Konkubine – und, noch schlimmer, mit den Knaben –, und am Morgen darauf zum Sakrament." Savonarolas Forderung: „Die Kirche muss gegeißelt und erneuert werden." Das Ende ist bekannt. Savonarola starb auf dem Scheiterhaufen. Seine Asche wurde in den Fluss Arno gestreut. Der Prediger hatte es vorausgesehen: „... Und was das Feuer nicht verzehrt und der Wind nicht fortbläst, wird ins Wasser geworfen."
Unfehlbarkeit: Auf dem 1. Vatikanischen Konzil (1869/70) wurde unter Papst Pius IX. das Unfehlbarkeitsdogma beschlossen. Der Papst hat seither in Fragen der Glaubens- und Sittenlehre den Anspruch der Unfehlbarkeit.

Tabak

Wann gab es das erste Tabakverbot?

Sofort nach Einführung des Tabaks ließ der englische König Jakob I. ein Pamphlet gegen den Tabakgenuss verfassen. Vergeblich, wie wir aus der Geschichte wissen!

Biberhoden: Diese wurden in früheren Zeiten nordamerikanischem Tabak beigemengt, um den Geschmack zu versüßen.
Eton College: Schüler der Nobelschule in England wurden früher aus gesundheitlichen Gründen dazu angehalten, jeden Morgen eine Ration Tabak zu rauchen. Wer sich widersetzte, musste mit einer Prügelstrafe rechnen.
Heilwirkung: Im 16. Jahrhundert wurde Tabak als Heilkraut empfohlen, vor allem bei Zahn- und Kopfschmerzen. Aber auch Arthritis, Magenschmerzen und schlechter Atem wurden mit Tabak behandelt. Heute verwenden einige Naturvölker Lateinamerikas Tabak nach wie vor als Medizin.
Marlboro-Mann: Marlboro (nach dem Tabak produzierenden County Marlboro in South Carolina) wurde von Philip Morris in den 1920ern als leichte Damenzigarette lanciert. Als sich in den Fünfzigern die Angst vor

von Zigaretten verursachtem Krebs auszubreiten begann, brauchte er eine „gesündere“ Zigarette, die sich als Filterzigarette eignete. Der Verkauf litt jedoch unter dem alten femininen Image – bis eine Reklameagentur 1955 den Marlboro-Mann erfand, was den Verkauf explodieren ließ. Danach war Marlboro Inbegriff der maskulinen Zigarette. Die Erfolgsgeschichte endete erst, als zwei Marlboro-Männer selbst an Lungenkrebs starben. Einer von ihnen, Warren McLaren, hatte zuvor noch an einer Kampagne gegen das Rauchen mitgewirkt, die Witwe des Zweiten, David McLean, einen Prozess gegen die Firma angestrengt, da ihr Gatte in seinen Fotositzungen angeblich zum Rauchen von Zigaretten gezwungen war.
Massachusetts: In der frühen Kolonialepoche (Gesetz von 1646) war Rauchen in Massachusetts nur ab einer Zone von fünf Meilen außerhalb der Stadt erlaubt. Der plausible Grund: Feuergefahr.
Snooker: Mithilfe der Sponsoren aus der Tabakindustrie (Embassy, Benson & Hedges u. a.) wurde der Billardsport Snooker innerhalb weniger Jahre zur erfolgreichsten TV-Sportart bei der BBC.
Todesursache: Experten schätzen, dass durch Tabakkonsum hervorgerufene oder zumindest verstärkte Erkrankungen im Jahr 2030 die häufigste Todesursache sein werden.
Zigarette: Ein Erwachsener könnte theoretisch eine ganze Zigarette verspeisen, ohne sterben zu müssen, obwohl darin 12 Milligramm Nikotin enthalten sind. Übelkeit wäre aber wohl unvermeidlich. Jedenfalls ist diese Tatsache aus medizinischer Sicht (zumindest im Normalfall) richtig.

Todesstrafe

Warum wurde eine Kuh gehenkt?

1760 wurde eine Kuh in Paris wegen angeblicher Zauberei gehängt.

Christie: Der Massenmörder John Christie war an der Abschaffung der Todesstrafe in England indirekt beteiligt. 1950 beschuldigte er bei einer falschen Zeugenaussage John Evans, dieser habe Frau und Kinder umgebracht. Trotz verzweifelter Beteuerung seiner Unschuld endete Evans am Galgen. 1953 wurde Christie des mehrfachen Mordes überführt. Vermutlich ging auch die Evans-Familie auf sein Konto.

Delikte: Manche Staaten kennen eine Reihe von Delikten, die mit der Todesstrafe geahndet werden können. Beispiele: Bankraub (Saudi-Arabien), Menschenhandel (China), Vergewaltigung (China, Saudi-Arabien, USA), Drogenhandel bzw. Drogenbesitz (Indonesien, Malaysia, Singapur, Thailand), Korruption (China), Ehebruch (Afghanistan, Iran, Saudi-Arabien).

Elektrischer Stuhl: (1) 1889 erfand Thomas Edison den elektrischen Stuhl. Allerdings wollte er damit nur die Vorteile des Gleichstroms demonstrieren. Sein Kontrahent Westinghouse propagierte die Verwendung von Wechselstrom, woraufhin Edison in Experimenten Tiere mit Wechselstrom tötete, um zu demonstrieren, wie gefährlich dieser sei. Der erste elektrische Stuhl kam von Westinghouse, doch die erste Hinrichtung war ein Desaster, weil die Spannung zu niedrig war. (2) Sehr bald wurde dieses Gerät allerdings „entfremdet". Der abessinische Kaiser Menelik II. war von dieser Exekutionsmethode so angetan, dass er drei Stühle orderte. Jedoch gab es damals in Abessinien (heute Äthiopien) keinen Strom. Zweite Entfremdung: Einer der Stühle diente als Thronsessel.

Hängen: In Persien durften nur Männer gehängt werden. Frauen wurden bei ähnlichen Delikten am Scheiterhaufen erdrosselt.

Schmerzvoll: Die Steinigung ist gemäß Harold Hillmans klassischem Bericht von 1993 die schmerzvollste Art der heute noch immer möglichen Hinrichtungsarten.

Vermummung: In Großbritannien konnte man im Jahr 1500, dem Beginn der Neuzeit, für acht Verbrechen gehängt werden: Hochverrat, Verrat (Töten eines Ehemanns), Mord, Diebstahl, Raub, Einbruch, Vergewaltigung und Brandstiftung. Bis zum 19. Jahrhundert weitete sich die Liste der Kapitalverbrechen gehörig aus. Unter anderem fielen darunter: Wildern, Vermummung während der Verbrechensbegehung, Fälschung, Münzfälschung usw. 1810 gab es in Großbritannien 222 Kapitalverbrechen.

Universität

Welches ist die „weitläufigste" Universität der Erde?

Keine Frage, die University of Alaska. Sie erstreckt sich mit allen ihren Universitätsgebäuden immerhin über vier Zeitzonen, von Kitchikan (nahe British Columbia) bis zu der Aléuten-Insel Adak. Die Gesamtdistanz entspricht der Entfernung London-Moskau.

Ehrendoktor: Die Holzpuppe Charlie McCarthy erhielt von der Northwestern University den Ehrendoktortitel. Sie wurde vom Bauchredner Edgar Bergen gemanagt. Die Idee dahinter: vermutlich Publicity und damit verbunden Sponsoringgelder.
Heinrich II.: Ohne es zu ahnen, begründete Heinrich II. das englische Universitätswesen. Da er über den König von Frankreich erzürnt war, befahl er den englischen Studenten in Paris, nach England zurückzukehren. Die meisten ließen sich an der „Ochsenfurt" (so der Name von Oxford) nieder.
Zölibat: Der Asket Robert von Arbrissel schlief regelmäßig zusammen mit Nonnen, um seine völlige Leidenschaftslosigkeit zu testen. (Anmerkung: Ähnliches wird auch von Gandhi behauptet.) Bis ins späte 19. Jahrhundert mussten Dons (Professoren) in Oxford und Cambridge zölibatär leben. Man nahm bis dahin an, dass Geschlechtsverkehr die Denkfähigkeit des Menschen beeinträchtige.

US-Gesetze – Staaten

Wo dürfen Schaufensterpuppen öffentlich nicht umgekleidet werden?

Georgia: Es ist illegal, eine Schaufensterpuppe umzukleiden, ohne die Jalousien zugezogen zu haben. (Anmerkung: Auch hierzulande wurden früher dazu die Schaufenster verhängt.)

In vielen Staaten der Erde überdauern einmal verabschiedete Gesetze den Wandel der Zeiten praktisch unbeschadet. Besonders krass ist die Rechtsprechung in den USA, wo es wegen der starken Unabhängigkeit der einzelnen Staaten eine Art „Kuriositätenkabinett“ gibt. Alle unten stehenden Beispiele beruhen auf tatsächlichen Fällen, die irgendein Bürger erfolgreich vor den Richtertisch gebracht hat. In den Vereinigten Staaten gilt eben das Motto: Wo ein Kläger, da ein Fall. Die großen Gewinner sind die Anwälte, die horrende Schadenersatzsummen und Schmerzensgelder aus der Verliererpartei herauszupressen versuchen.

Alabama: Fahrzeuge dürfen nicht mit verbundenen Augen gefahren werden.
Alabama: Frauen ist der Besitz von Sexspielzeug verboten.
Alabama: Das Ringen mit Bären ist gesetzlich untersagt.
Alabama: Am Sonntag ist das Dominospiel streng verboten.
Alaska: Es ist verboten, einen Bären zu wecken, um ein Foto zu machen. Die Jagd auf Bären ist dagegen erlaubt.
Alaska: Es ist untersagt, lebende Elche aus fliegenden Flugzeugen zu stoßen.
Arizona: Piloten dürfen während des Fluges nicht gurgeln.
Arizona: Ein Esel darf nicht in einer Badewanne schlafen.
Colorado: Jemand, der Grippe hat, darf kein Pferd reiten.
Connecticut: Es ist illegal, die Straße auf Händen gehend zu überqueren.
Florida: Wird ein Elefant an einer Parkuhr festgebunden, ist die normale Gebühr für Pkws zu entrichten.
Florida: Wer beim Geschlechtsverkehr beobachtet wird und nicht die Missionarsstellung einnimmt, macht sich strafbar. (Jüngst gab es wieder zahlreiche Fälle.) Ebenfalls untersagt ist das Küssen der Brüste von Frauen.
Florida: Es gilt als Verbrechen, öffentlich nackt zu duschen.
Florida: Es ist strafbar, nur mit Badehose oder Bikini bekleidet öffentlich zu singen.
Florida: Ohne schriftliche Erlaubnis der Eltern dürfen keine Harry Potter-Bücher aus Schulbibliotheken entliehen werden. (Grund: Christliche Eltern haben Einwände gegen die im Buch exzessiv beschriebenen magischen Rituale erhoben.)

Florida: Alleinstehende Frauen, egal ob ledig, geschieden oder verwitwet, dürfen am Sonntag nicht mit dem Fallschirm springen.
Florida: Donnerstag nach 18.00 Uhr sind in Florida ein beabsichtigter wie auch ein unbeabsichtigter Furz strafbar.
Hawaii: Wer sich in der Öffentlichkeit außerhalb des Strandbereichs in einer Badehose zeigt, muss mit Bestrafung rechnen.
Illinois: Es ist streng verboten, Hunden, Katzen und anderen Haustieren brennende Zigarren zu geben.
Indiana: Baden im Winter ist verboten.
Iowa: Küsse dürfen bei Strafandrohung eine Maximaldauer von fünf Minuten nicht überschreiten.
Kalifornien: Es ist illegal, Kinder am Überspringen von Pfützen zu hindern.
Kalifornien: Mausefallen dürfen nur von Personen mit gültiger Jagderlaubnis aufgestellt werden.
Kansas: Alle Fußgänger, die nachts einen Highway überqueren, müssen ein Rücklicht tragen.
Kansas: Die Misshandlung der Schwiegermutter ist kein Grund für eine Scheidung.
Kentucky: In diesem Staat gilt jedermann als nüchtern, solange er sich auf den Beinen halten kann.
Kentucky: Offene Eistüten dürfen nicht in der Hosentasche transportiert werden.
Kentucky: Verborgene Waffen, die am Körper getragen werden, dürfen nicht länger als 1,80 m sein.
Kentucky: Ohne Begleitung einer Frau darf kein Mann einen Hut käuflich erwerben.
Louisiana: Es ist Bankräubern verboten, nach dem Überfall mit einer Wasserpistole auf die Kassierer zu schießen.
Louisiana: Ein Biss mit seinen natürlichen Zähnen wird als „einfaches Vergehen" verurteilt, ein Biss mit den dritten Zähnen dagegen als „schweres Vergehen".
Massachusetts: Schnarchen ist bei offenen Schlafzimmerfenstern verboten.

Massachusetts: Für Spitzbärte ist gemäß einem alten Gesetz eine Tagesgebühr zu entrichten.
Massachusetts: Taxifahrer dürfen während der Dienstzeit auf den Vordersitzen ihrer Fahrzeuge nicht beim Liebesakt erwischt werden.
Massachusetts: Niemand darf seine Füße zur Abkühlung aus dem Fenster baumeln lassen.
Massachusetts: Trauernden ist es während der Totenwache untersagt, mehr als drei Sandwiches zu essen.
Michigan: Es ist verboten, Tiere oder dergleichen an Feuerhydranten anzubinden. (Was mit „dergleichen" wohl gemeint ist?)
Mississippi: Das Rasieren auf der Hauptstraße ist verboten.
Missouri: Feuerwehrleute dürfen Frauen nur dann aus brennenden Häusern retten, wenn diese vollständig bekleidet sind.
Nebraska: Eltern, deren Kinder beim Gottesdienst rülpsen, können festgenommen werden.
New Jersey: Während der Fischfang-Saison ist es Männern untersagt zu stricken.
New Mexico: Sex im Auto ist nur hinter zugezogenen Vorhängen erlaubt.
New York: Selbstmörder, die vom Dach eines Gebäudes springen, können zum Tode verurteilt werden.
New York: Wer sich auf der Straße in eindeutiger Weise nach Frauen umdreht, zahlt zur Strafe 25 Dollar. Bei wiederholtem Vergehen droht beim Verlassen des Hauses die Verpflichtung, Scheuklappen zu tragen.
North Carolina: Paare dürfen nur dann in einem Hotelzimmer schlafen, wenn die Betten einen Mindestabstand von 60 cm haben.
North Dakota: Beim Schlafen Schuhe zu tragen wird gesetzlich verfolgt.
Ohio: Es ist verboten, mit Schlangen nach Personen zu werfen.
Ohio: Fische dürfen nicht ertränkt werden.
South Carolina: Jeder pflichtbewusste Bürger muss zum sonntäglichen Gottesdienst eine Schusswaffe mitbringen.
Texas: Nur wer eine Gebühr von 5 Dollar entrichtet hat, darf öffentlich barfuß gehen.

Utah: Es ist illegal, vom Rücken eines Pferdes aus zu angeln.
Vermont: Frauen brauchen für Zahnkronen oder Brücken die schriftliche Genehmigung ihres Ehemannes.
Vermont: Dieser Staat verbietet es, unter Wasser zu pfeifen.
Virginia: Es ist gegen das Gesetz, eine Frau zu kitzeln.
Washington D.C.: Beim Geschlechtsverkehr ist nur die Missionarsstellung erlaubt. Alle anderen Positionen stehen unter Strafe.
Wyoming: Frauen müssen in Bars einen Mindestabstand von 1,50 m zum Tresen einhalten. Nur Männern ist es erlaubt, direkt an der Bar zu trinken.

US-Gesetze – Städte

Wo dürfen Lehrer mit Schusswaffen im Unterricht erscheinen?

Texas/Harrold: Lehrer dürfen mit Schusswaffen in den Unterricht kommen. Unbedingte Voraussetzung ist allerdings ein Waffenschein. Dieses Gesetz wurde erst im Frühjahr 2008 erlassen. Anmerkung: Über Folgewirkungen gibt es leider noch keine aussagekräftige Statistik.

Arizona/Phoenix: Das Begraben eines toten Tiers im Recycling-Container ist verboten.
Arizona/Tombstone: Männer und Frauen über 18 Jahren ist es gesetzlich untersagt, den Mund zu einem Lächeln zu öffnen, wenn dabei mehr als ein fehlender Zahn sichtbar wird.
Arkansas/Little Rock: Das Flirten auf offener Straße wird mit 30 Tagen Gefängnis bestraft.
Colorado/Denver: Es ist verboten, den Staubsauger an die Nachbarn auszuleihen.
Colorado/Logan County: Männer dürfen ihre schlummernde Liebste nicht mit Küssen belästigen.
Delaware/Lewis: Es ist verboten, figurbetonende Hosen zu tragen.
Illinois/Urbana: Monstern ist es verboten, das Stadtgebiet zu betreten.

Illinois/Chicago: Menschen, die als unansehnliche oder ekelerregende Objekte bezeichnet werden könnten, dürfen nicht die Wohnung verlassen.
Illinois/Oblong: Es ist jungvermählten Paaren am Hochzeitstag verboten, miteinander zu schlafen, wenn sie sich auf einem Jagd- oder Angelausflug befinden.
Indiana/Gary: Es steht unter Strafe, innerhalb von vier Stunden nach Genuss von Knoblauch ins Theater zu gehen.
Iowa/Ames: Nach dem Geschlechtsverkehr darf ein Ehemann, der seine Frau noch im Arm hält oder neben sich liegen hat, nicht mehr als drei Schluck Bier zu sich nehmen.
Iowa/Fort Madison: Die Feuerwehr muss zuerst fünfzehn Minuten Brandbekämpfung üben, bevor sie zu einem Brand ausrücken darf.
Kalifornien/Los Angeles: Bürger dieser Stadt dürfen lebende Kröten nicht abschlecken.
Kalifornien/Pasadena: Sekretärinnen dürfen nicht allein mit ihrem Chef im Zimmer sein. (Gefahr: Sexual harassment, dt. sexuelle Belästigung)
Kalifornien/Ventura County: Ohne die Einwilligung der Besitzer ist es Hunden und Katzen verboten, sich zu paaren.
Maryland/Halethrope: Ein Kuss in der Öffentlichkeit darf maximal eine Sekunde dauern.
Massachusetts/Salem: Selbst verheiratete Paare dürfen in einem Hotelzimmer nicht nackt schlafen.
Michigan/Clawson: Bauern ist es nicht erlaubt, mit Schweinen, Kühen, Pferden oder Ziegen Unzucht zu betreiben (... was immer darunter zu verstehen ist).
Michigan/Flint: Tief sitzende Jeans dürfen nicht in der Öffentlichkeit getragen werden. Eine Verwarnung wird ausgesprochen, wenn die Unterhose „blitzt", eine Geld- oder Gefängnisstrafe verhängt, wenn der Allerwerteste sichtbar wird.
Michigan/Kalamazoo: Tänzer dürfen einander nicht in die Augen starren.
Nebraska/Lehigh: Es ist verboten, die Löcher aus den Doughnuts zu verkaufen.

Nebraska/Hastings: Ehemänner müssen beim Sex Nachthemden tragen.

Nebraska/Omaha: Friseurinnen dürfen einem Mann nicht die Brusthaare rasieren.

Nevada/Las Vegas: In der Spielerstadt ist es verboten, sein Gebiss zu verpfänden.

New Jersey/Creskill: Katzen müssen drei Glocken tragen, um den Vögeln ihr Kommen anzukündigen.

New Mexico/Carrizozo: In dieser Stadt ist es Frauen streng verboten, mit unrasierten Beinen in der Öffentlichkeit zu erscheinen.

New York/Greene: Während eines Konzerts Erdnüsse essend rückwärts zu gehen ist verboten.

New York/New York: Bis heute müssen in dieser Weltstadt vor dem Rathaus Pfosten angebracht werden, um den Reportern die Möglichkeit zu geben, ihre Pferde anzubinden.

New York/New York: Bürger dieser Stadt dürfen nicht mit dem Daumen an der Nasenspitze und „wiggling fingers" gegrüßt werden.

Ohio/Oxford: Frauen dürfen sich nicht vor Bildern, die Männer zeigen, ausziehen.

Oklahoma/Harthohome City: Es ist verboten, hypnotisierte Personen in Schaufenstern auszustellen.

Oregon/Willowdale: Ehemänner dürfen beim Sex nicht fluchen oder ihrer Frau Obszönitäten ins Ohr flüstern.

Pennsylvania/Columbia: Es ist verboten, Flugschülerinnen mit einem Staubwedel unter dem Kinn zu streicheln, um ihre Aufmerksamkeit zu erregen.

Rhode Island/Newport: Pfeifenrauchen ist nach Sonnenuntergang verboten.

South Dakota/Sioux Falls: Paare dürfen im Hotelzimmer bei Kurzübernachtungen nicht in einem Bett schlafen. Auch ist Sex auf dem Boden zwischen den mindestens 60 cm voneinander stehenden Betten gesetzlich untersagt.

Tennessee/Dyersburg: Frauen dürfen Männer nicht zum Rendezvous einladen.

Texas/San Antonio: Der Gebrauch von Augen und Händen beim Flirten ist verboten.
Utah/Tremonton: Hat eine Frau mit einem Mann im Krankenwagen Sex, muss ihr Name zur Strafe in der Lokalzeitung veröffentlicht werden. Der Mann geht straffrei aus.
Washington/Seattle: Sex mit Jungfrauen vor der Ehe ist verboten – Hochzeitsnacht mit eingeschlossen!
Wyoming/Newcastle: Es ist Paaren verboten, sich in einem Kühlhaus zu lieben.

US-Präsidenten – 18. und 19. Jh.

Welche US-Präsidenten starben am an einem 4. Juli?

*Drei der ersten fünf Präsidenten, **John Adams** (1797–1801), **Thomas Jefferson** (1801–1809) und **James Monroe** (1817–1825), starben am 4. Juli, dem amerikanischen Unabhängigkeitstag, Adams und Jefferson sogar im selben Jahr: 1826. Angeblich waren Adams' letzte Worte: „Jefferson lebt noch." Sein Nachfolger war jedoch schon einige Stunden tot. **Calvin Coolidge** (1923–1929) dagegen wurde als einziger US-Präsident am 4. Juli geboren.*

1754 wurde **George Washington** (Präsident 1789–1797) das Offizierspatent in der regulären britischen Armee verweigert. Washington wurde zeitweise Pflanzer, nur um später als General die Briten aus den Kolonien zu vertreiben. Zur Zeit der Amtsübernahme durch Washington war kein Staatsoberhaupt eines größeren Landes der Welt ungekrönt. **Martha Washington**, die Präsidentengattin, lieferte mit ihrem Tafelservice das Silber, aus dem die ersten US-amerikanischen Münzen hergestellt wurden.
Länger als alle anderen Präsidenten der USA diente der 6. Präsident, **John Quincy Adams** (1825–1829), in Staatsämtern, nämlich 55 Jahre. Sein Sieg gegen Andrew Jackson widerlegte die Vorhersage der ersten Meinungsumfrage der Geschichte.

Direkte Verwandtschaftsgrade zwischen US-Präsidenten reichen von Vater-Sohn (**John Quincy Adams/John Adams**, **George Bush/George W. Bush**), Großvater-Enkel (**William H. Harrison/Benjamin Harrison**) bis zum Vetterngrad (**Theodore Roosevelt/Franklin D. Roosevelt**). Entfernt verwandt waren auch **John Tyler** und **Harry S Truman**. Trumans Großvater väterlicherseits war ein Nachfahre von Tylers Bruder.

Martin van Buren (1837–1841), der 8. Präsident der USA, war der erste, der in den unabhängigen Vereinigten Staaten von Amerika geboren wurde.

1841 war das Jahr der drei Präsidenten. Nach dem Ende von Martin van Burens Amtszeit übernahm für 32 Tage **William H. Harrison** das Amt, um schließlich nach seinem überraschenden Tod durch **John Tyler** (1841–1845) ersetzt zu werden. Harrison hatte seine zweistündige Inaugurationsrede ohne Hut und Mantel bei starkem Schneefall gehalten und sich dabei eine Lungenentzündung zugezogen, an der er wenig später starb.

Der einzige Junggeselle, der das Präsidentenamt innehatte, war **James-Buchanan** (1857–1861). Seine Nichte Harriet Jane übernahm die Rolle der First Lady.

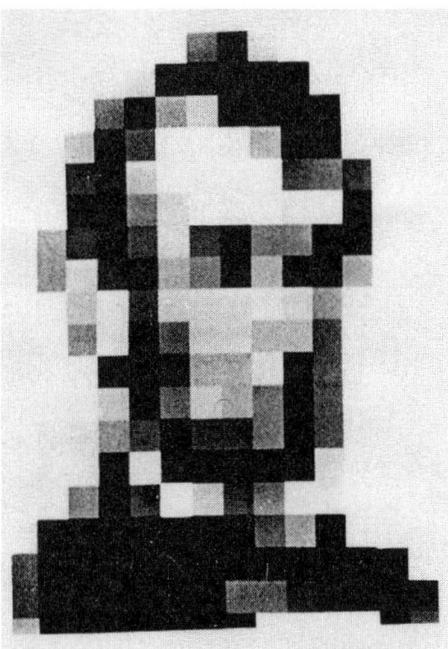

Abraham Lincolns (1861–1865) Porträt, das ihn als humanen und würdigen Menschen zeigt, gilt als das bekannteste aller amerikanischen Präsidenten und wurde selbst als optische Illusion verwendet (Abbildung). Lincoln hatte am Vorabend seiner Wahl zum Präsidenten der Vereinigten Staaten einen gespenstischen Traum. Er sah zwei Bilder von sich selbst, ein bleiches über einem lebendigen ruhend. Seine Gattin deutete dies leider völlig korrekt. Lincoln werde für zwei Amtsperioden gewählt, werde aber die zweite nicht überleben. Seine berühmteste Rede, die „Gettysburg Address“, wurde von der *Chicago Tribune* mit den Worten „silly, flat and dishwatery utterances“ abgelehnt (wörtlich: dumm, flach und „Abwaschwasser-Äußerungen“.)

Der Nachfolger Lincolns, **Andrew Johnson** (1865–1869), hatte nie eine Schule besucht. Er konnte nicht schreiben und nur mit Mühe lesen. In seiner Frau fand er jedoch eine überaus geduldige Lehrerin.

Rutherford Hayes (1877–1881) verbot während seiner Amtszeit im Weißen Haus den Genuss von Wein und Spirituosen. Seine Bediensteten würzten hinter seinem Rücken ein fruchtsaftartiges Gebräu aus Limonadensaft, Eiweiß und Zucker mit Alkohol. Der Name: Römischer Punsch, im Jargon „Lebensrettungsstation“.

Eines der bestgehüteten Geheimnisse war eine Krebsoperation am Mund, der sich **Grover Cleveland** (1885–1889, 1893–1897) 1893 unterziehen musste. Nicht einmal der Vizepräsident erfuhr von der Operation, die an Bord einer Jacht durchgeführt wurde.

Benjamin Harrison (1889–1893) war der letzte Präsident mit einem Vollbart.

William McKinley (1897–1901), nach dem der in Alaska gelegene höchste Berg der USA (6 195 m) benannt ist, musste einen Globus zu Hilfe nehmen, als ihm Admiral George Dewey die Eroberung der philippinischen Hauptstadt Manila telegrafierte. McKinley gab freimütig zu: „Ich hätte nicht auf 2 000 Meilen gewusst, wo diese verdammten Inseln liegen.“

US-Präsidenten – 20. und 21. Jh.

Nach welchem US-Präsidenten ist der Teddybär benannt?

*Der Teddybär wurde nach dem amerikanischen Präsidenten **Theodore „Teddy“ Roosevelt** (1901–1908) benannt. Der Legende nach weigerte sich Roosevelt bei einem erfolglosen Jagdausflug 1902 ein ihm vor die Büchse gesetztes Bärenbaby zu töten. Eine andere Version berichtet von einer Geburtstagsparty für*

Roosevelts Tochter, bei der das entzückte Kind einen Steiff-Bären spontan nach ihrem Vater „Teddy" taufte. Einer dritten Version zufolge versprach Roosevelt, keine Bärenjungen (mehr) abzuschießen. Die Spielzeugbären wurden daher sozusagen als Dank nach ihm benannt. Nach der Ermordung McKinleys 1901 kam Roosevelt als jüngster Präsident aller Zeiten ins Weiße Haus.

Woodrow Wilson (1913–1921) war der letzte Präsident, der nicht einmal von seiner eigenen Mutter gewählt werden konnte (wie diese in einem Zeitungsinterview bestätigte). Der Grund: Frauen erhielten in den USA erst im Jahr 1920 das Wahlrecht.
William Howard Taft (1909–1913) war der schwergewichtigste Präsident der amerikanischen Geschichte. Er wog über 160 Kilo. Nachdem er im Weißen Haus sogar in der Badewanne stecken geblieben war, musste eine Spezialwanne angeschafft werden.
Mit der Präsidentschaft von **Herbert Hoover** (1929–1933) wurde erstmals ein Telefon im Präsidentenbüro installiert. Immerhin war diese Erfindung bis dahin bereits mehr als ein halbes Jahrhundert alt.
Franklin Delano Roosevelt (1933–1945) war der einzige Präsident der USA, der es, kriegsbedingt, auf mehr als zwei Amtszeiten brachte; seine vierte Amtszeit endete vorzeitig durch seinen Tod am 12. April 1945. Seine Präsidentschaft dauerte somit ungefähr so lange wie die Herrschaft des verhassten Diktators Adolf Hitler.
Das „S" im Namen von **Harry S Truman** (1945–1953), als Präsident für die Atombombenabwürfe auf Hiroshima und Nagasaki verantwortlich, steht für „nichts". Harrys Eltern wollten keinen der beiden Großväter, deren Namen mit „S" begannen (Shipp, Solomon), bevorzugen.
Der einzige Dr. phil. (in den USA: PhD) der amerikanischen Präsidentengeschichte war **Woodrow Wilson** (1913–1921), der in Princeton Geschichte, Rechts- und Politische Wissenschaften gelehrt hatte. In den USA werden „Eggheads" seit je her eher scheel angesehen.
Die Eisenhowers waren die politisch wohl inaktivste Familie, die je einen Mann ins Weiße Haus schickte. Bevor der überaus populäre Kriegsheld

Dwight D. Eisenhower (1953–1961) republikanischer Kandidat wurde, hatte seine Frau nie an einer Wahl teilgenommen. Bei Dwight Eisenhower selbst fehlt ebenfalls eine Eintragung in irgendein Wählerverzeichnis. Beide Parteien, Republikaner wie Demokraten, buhlten um den Kriegsveteranen. Randbemerkung: Der vormalige Fünfsternegeneral Eisenhower trug zeitweise, so wird berichtet, einen Pyjama mit fünf aufgenähten Sternen.

John F. Kennedy (1961–1963) hielt 1961 eine vom Tempo her atemberaubende Rede: 327 Wörter in der Minute – Rekord für eine öffentliche Ansprache! Anmerkung: Zur Zeit der Ermordung Kennedys [er war der vierte ermordete Präsident] gab es in den USA kein Bundesgesetz, das die Tötung eines Präsidenten explizit verbot.

Gerald Ford (1974–1977) hält einen für ihn betrüblichen Rekord. Er ist der einzige Präsident, der niemals gewählt wurde. Durch Richard Nixons Watergate-Affäre wurde er als Vizepräsident automatisch dessen Nachfolger. Im ersten eigenen Wahlkampf unterlag er überraschend dem Erdnussfarmer Jimmy Carter, Gouverneur von Georgia.

Alle Vorgänger **Jimmy Carters** (1977–1981) wurden zu Hause geboren. Carter war der erste Präsident, der in einem Krankenhaus das Licht der Welt erblickte (1. Oktober 1924). Jimmy Carter hat übrigens Kernphysik studiert und auf U-Booten gedient.

Mit **George Bush** (1989–1993) und **George W. Bush** (2001–2009) hatten zum zweiten Mal (nach John Adams und John Quincy Adams) Vater und Sohn das Präsidentenamt inne. Beide Bushs führten einen Krieg gegen dasselbe Land (Irak).

Bill Clinton (1993–2001) konnte sich trotz seiner delikaten Affäre mit Monica Lewinsky im Amt halten – und so nebenbei im Popularitätsbarometer der Amerikaner höchste Zustimmung erreichen.

Barack Obama (2009–), Sohn eines schwarzen Kenianers und einer weißen US-Amerikanerin, wurde am 4. November 2008 zum ersten dunkelhäutigen Präsidenten in der Geschichte der Vereinigten Staaten gewählt. Als unmittelbare Reaktion auf diese Wahl führte Kenia, die Heimat von Obamas Vater, einen neuen Feiertag ein.

Weltkriege

Wann kapitulierte der letzte Soldat des Zweiten Weltkriegs?

Bei der Kapitulation Japans am 14. August 1945 war Hiroo Onoda ein 23-jähriger Leutnant, der auf einer Pazifikinsel unweit der Philippinen im Einsatz stand. Alle Flugblätter, die das Ende des Krieges ankündigten, hielt Onoda für amerikanische Propaganda. Und so machte er unerschrocken 29 Jahre weiter, lebte von Bananen und Kokosnüssen, gelegentlichen Beutetieren und zufälligen Diebstählen. Seine Kleidung, bald mehr als Lumpen zu bezeichnen, flickte Onoda notdürftig aus Zeltplane mit einem Stück Draht. Tropische Ameisen, Tausendfüßler, Schlangen und Skorpione ertrug er stoisch, allein im Dschungel der Tropen ausharrend. Die rettende Begegnung fand 1974 mit einem trampenden Studenten statt, der von dem Fall wusste und Onoda mit den Worten ansprach: „Onoda-san, der Kaiser und das Volk Japans sorgen sich um dich." Onoda kamen plötzlich Zweifel, doch verlangte er nach seinem Vorgesetzten. Dieser, inzwischen im bürgerlichen Beruf Buchhändler, wurde eingeflogen und von Onoda militärisch begrüßt, mit zusammengeschlagenen Hacken: „Leutnant Onoda meldet sich zum Dienst!" Damit war der Zweite Weltkrieg auch für Hiroo Onoda vorbei. Es war der 10. März 1974, 3 Uhr nachmittags, Onodas 52. Geburtstag.

Alamogordo: Das Atombomben-Testgelände in Alomogordo, New Mexico, war während des Zweiten Weltkriegs absolutes Sperrgebiet. Selbst Portiere und Putzfrauen wurden speziell ausgesucht – und zwar nach ihrer nicht vorhandenen Fähigkeit des Lesens und Schreibens. Analphabetismus sollte verhindern, dass vielleicht achtlos herumliegende Papiere und Pläne schnell überflogen werden könnten.
Autobahn: Der Startschuss zum Autobahnzeitalter in Deutschland erfolgte nicht auf Hitlers Befehl. Vielmehr wurde bereits 1921 in Berlin die AVUS eingeweiht und 1926 eine Autobahn Köln-Düsseldorf geplant.
Bombenangriff: Der knapp bevorstehende Brandbombenangriff auf Tokio im März 1945 wurde von Generalmajor Courtis LeMay als „splendid show"

(dt. hervorragende Show) bezeichnet. Das Resultat: rund 180 000 Tote. Im Vergleich dazu forderte der Atombombenabwurf auf Hiroshima „nur" 80 000 Opfer.

Bumerang: Während des Ersten Weltkriegs verwendete die australische Armee sogenannte Handgranaten-Bumerangs. Diese flogen selbstredend niemals zum Werfer zurück. Genauso wenig übrigens wie die als Jagdgeräte verwendeten „Krummhölzer". Es gibt jedoch in Australien zahlreiche Bumerang-Wettbewerbe: einhändiges Trickfangen, Ausdauerwerfen, Doppelwurf, Langzeitflug, Jonglieren oder Weitwurf.

Büstenhalter: Während des Ersten Weltkriegs wurden Frauen dazu ermuntert, das Korsett gegen einen Büstenhalter zu tauschen. Damit sollte kriegswichtiges Metall gespart werden. Berechnungen zufolge konnten damit zwei Schlachtschiffe gebaut werden.

Grippe: 14 Millionen Menschen starben während des Ersten Weltkriegs auf den Schlachtfeldern, 20 Millionen in der großen Grippeepidemie am Ende des zweiten Jahrzehnts des 20. Jahrhunderts.

Kehlkopfkrebs: Der Krebsforscher Otto Warburg durfte, obwohl er Jude war, im Dritten Reich weiter praktizieren. Denn Hitler hatte panische Angst vor Kehlkopfkrebs. Randbemerkung: Hitler war überhaupt sehr hypochondrisch veranlagt.

Krabben: Im Pazifikkrieg verwendeten japanische Soldaten Krabben in getrockneter und pulverisierter Form, die bei Wasserzusatz ein schwaches, blaues Licht spendeten.

Mein Kampf: Adolf Eichmann, einer der Hauptorganisatoren des Holocaust, behauptete bei seinem Prozess in Jerusalem, Hitlers *Mein Kampf* nie gelesen zu haben.

Papagei: Während des Ersten Weltkriegs wurden Papageien auf dem Eiffelturm gehalten, um vor anfliegenden Flugzeugen zu warnen. Die Vögel haben ein Gehör, das die damaligen technischen Fähigkeiten bei weitem übertraf.

Stalin: Einen Austausch seines in deutsche Kriegsgefangenschaft geratenen Sohns Jakob lehnte Stalin herrisch ab. Jakob sollte nie mehr in seine Heimat zurückkehren.

Grande Dame durch das Künstlerauge

aus: Sarcone/Waeber, Optische Illusionen

Sehen Sie die Dame von vorne oder von hinten?

Kunst & Kultur

Werte Leserin, werter Leser!
„Kunst & Literatur“ – ein Kapitel, das nicht frei von Überraschungen ist, wie Sie sich wohl denken können. Oder haben Sie schon einmal die Frage überlegt, wer auf dem „brennenden Kuchen“ erschien? Es gibt eine schier unendliche Vielfalt von Themen in diesem Kapitel. Einige wenige Beispiele: Wofür brauchen wir die Koschenille-Schildlaus? Wie verspeist man Frankfurter Würstchen (pardon: Wiener Würstchen, wie man in Deutschland sagt)? Begehen Lemminge Massenselbstmord? Auch diese Frage aus der Tierwelt hängt ganz stark mit der Kunst zusammen, wie Sie sofort herausfinden werden. Apropos: Was ist überhaupt als künstlerisch zu bezeichnen? Sie sind der Maßstab!

Wissen Sie's? – So Pi mal Daumen?

A. **Angst und Glück:** Über welches dieser beiden Themen werden mehr Artikel geschrieben. Und um wie viel Mal mehr?

B. **Comics:** Seit wann erscheint der älteste heute noch existierende Comic-Strip?

C. **Dracula:** Wie viele Filme gibt es über Bram Stokers Dracula?

D. **Fernsehen:** Wie lange dauerte die längste Sendung der Geschichte des TVs?

E. **Film:** Wie viele Minuten dauerte der erste (erzählende) Film der Filmgeschichte?

F. **Haftentschädigung:** Wie hoch war die bislang höchste Haftentschädigung wegen Mordes? (in Dollar)

G. **Kolosseum:** Aus wie vielen Bögen bestand das unterste Geschoss des im Altertum intakten Kolosseums?

H. **Krone:** Wie viel Gramm wiegt die englische Krönungskrone?

I. **Quo Vadis:** Wie viele Kostüme wurden für den Hollywoodfilm „Quo Vadis?" geschneidert?

J. **Verlobung:** Wie viele Jahre dauerte die längste Verlobung?

Antworten: A: Angst, 8-mal mehr/B: 1897 – Katzenjammer Kids, ursprünglich im New York Journal erschienen/C: 160/D: 163 Stunden und 18 Minuten (19.–26. Juli 1969 Apollo-11-Mission im Australischen TV/E: 10 Minuten – The Great Train Robbery (Der große Eisenbahnraub), ein Western)/ F: 1.935 Millionen Dollar/G: 80/H: 2240 g/I: 32000/J: 67 Jahre – Octavio Guillen und Adriana Martinez aus Mexiko

Aberglaube

Was bedeutet ein Storch auf dem Dach?

Ein wenig Aberglaube steckt in fast jedem von uns, so meinen zumindest Psychologen. Das ist verständlich, wird dadurch doch das Gewissen beruhigt.

GUTES OMEN, wenn …

- **Fledermäuse** in der Dämmerung fliegen
- ein **Hirsch** zu Neujahr röhrt
- ein **Hufeisen** gefunden wird
- uns **Marienkäfer** zufliegen
- die **Nachtigall** singt
- man **Nasenkitzeln** verspürt
- **Regen** bei einer Beerdigung fällt
- man etwas zu **Scherben** zerbricht (außer Glas von einem Spiegel)
- man einen **Schornsteinfeger** berührt
- man eine **Spinne** am Abend sieht
- ein **Storch** auf dem Dach nistet
- ein **vierblättriges Kleeblatt** gefunden wird
- man eine **Weiße Maus** sieht

BÖSES OMEN, wenn ...

- man eine **Begegnung** mit einem Kopflosen hat
- **Gelbe Blumen** bei einer **Hochzeit** geschenkt werden
- **Geburtstage** auf den 1. März, 1. April, 1. August, 1. September oder 1. Dezember fallen
- eine **Kerze** bläulich brennt
- ein **Kirschbaum** zweimal blüht
- ein **Komet** erscheint
- eine **Kröte** auf der Schwelle des Hauses sitzt
- man unter einer **Leiter** durchgeht
- **Salz** verschüttet wird
- eine **schwarze Katze** von links kommt
- eine **Sonnen**- oder **Mondfinsternis** eintritt
- ein **Spiegel** zerbrochen wird
- man eine **Spinne** am Morgen sieht
- ein **Storch** vorzeitig seinen Dachhorst verlässt
- **Zahl 13**: In japanischen Flugzeugen werden Sitzreihen mit dieser ominösen Zahl ausgelassen. Das Gleiche trifft auf die Zimmer in Hospitälern zu.
- **Zahl 17**: Bis heute fehlt in italienischen Hotels die Zimmernummer 17. Der Grund dafür: Mischt man die Ziffern der römischen Zahl XVII zu VIXI, wird damit die schreckliche Bedeutung „ich habe gelebt" zum Ausdruck gebracht.
- **Seefahrt**: Wegen der vielen Gefahren auf früheren Seefahrten entstanden ganz besondere Formen des Aberglaubens: Pfeifen an Bord war nicht erlaubt (es könnte Sturm heranpfeifen). Am Mast zu kratzen sollte in einer Flaute günstigen Wind bringen. Münzen, die bei Fahrtbeginn über Bord geworfen wurden, sollten gute Fahrt gewähren, eine am Klüverbaum angenagelte Haifischflosse Kraft und Schnelligkeit auf das Schiff übertragen. Katzen an Bord brachten Glück, Frauen dagegen Krankheit und Seenot. Die Seelen von toten Seeleuten wohnen in Albatrossen, Möwen und Sturmvögeln. Der Klabautermann, ein kleiner Kobold, der unsichtbar an Bord des Schiffes seinen Schabernack trieb, wurde als Schutz gesehen.

Abracadabra-Therapie: Sie wurde früher als Beschwörungsformel gegen Fieber, Schüttelfrost, Zahnschmerzen und zur Wundheilung eingesetzt. Ein elfzeiliges Amulett, mit jeweils um einen Buchstaben gekürzter Zauberformel, sollte die Krankheiten zum Verschwinden bringen.

A B R A C A D A B R A
A B R A C A D A B R
A B R A C A D A B
A B R A C A D A
A B R A C A D
A B R A C A
A B R A C
A B R A
A B R
A B
A

Beatles

Wer erschien auf einem brennenden Kuchen?

Der Name von Lennons Schülerband ‚The Quarry Men' aus dem Jahr 1957 wurde mehrmals geändert. Nach dem Vorbild der Buddy-Holly-Band ‚The Crickets' (Die Grillen) benannte man sich zunächst in ‚The Silver Beatles' um, später dann in ‚Beatles'. Das Wort verbindet die Schreibung für den Musikstil „Beat" und für „Käfer" (beetles). Lennon selbst gibt im Musikmagazin Mersey Beat eine andere Erklärung: „Many people ask what are Beatles? Why Beatles? Ugh, Beatles, how did the name arrive? So we will tell you. It came in a vision – a man appeared on a flaming pie and said unto them ‚From this day on you are Beatles with an «A»'. ‚Thank you, Mister Man', they said, thanking him." [„Viele Leute fragen, was sind ‚Beatles'? Warum Beatles? Heh? Beatles? Wie seid ihr auf den Namen gekommen? Also werden wir es Ihnen sagen. Der Name entstand in einer Vision – Ein Mann erschien auf einem brennenden Kuchen und sprach zu ihnen: ‚Von diesem Tag an seid ihr Beatles, und zwar mit «A».' ,Vielen Dank, Herr Mann', sagten sie, ihm dankend."]

Nummer 1: Die Pilzköpfe aus Liverpool haben einen einzigartigen Siegeszug durch die britischen und amerikanischen Hitparaden angetreten. 20 Titel waren in Großbritannien die Nummer 1, 13 davon auch in den USA. Ein Rekord für die Ewigkeit, besonders wenn man bedenkt, mit welcher Vehemenz sich die Elterngeneration gegen diese „Wilden" zur Wehr setzte. Vergeblich! Die Beatles wurden zur Legende. Die vollständige Liste lautet: *Please, Please Me (1963), From Me To You, She Loves You, I Want To Hold Your Hand, Can't Buy Me Love, A Hard Day's Night, I Feel Fine, Ticket To Ride, Help!, Day Tripper, We Can Work It Out, Paperback Writer, Yellow Submarine, Eleanor Rigby, All You Need Is Love, Hello Goodbye, Lady Madonna, Hey Jude, Get Back, Ballad of John And Yoko (1969). Anmerkung: Alle Nr.-1-Hits fielen in die Zeit zwischen 1963 und 1969.*

Berühmtheiten

Welcher Dichter trank täglich fünfzig Tassen Kaffee?

Balzac: *Erst im Alter von vier Jahren sah Balzac zum ersten Mal seine wohlhabende Mutter. Später pflegte der Literat mit der ungewöhnlichen Arbeitszeit (Mitternacht bis spätnachmittags) täglich bis zu fünfzig Tassen starken Kaffees zu trinken.*

Bradley: Der königliche englische Astronom James Bradley lehnte 1742 eine Gehaltserhöhung ab, da er befürchtete, dass eine zu lukrative Stelle in Zukunft nur mit Politikern und Adeligen besetzt werden würde.
Brahe: Schon als Neunzehnjähriger verlor Tycho Brahe bei einem Duell seine Nase. Für den Rest seines Lebens musste er eine Metallprothese tragen.
Chaplin: Im Alter von fünf Jahren musste Charlie Chaplin für seine Mutter, eine Sängerin, einspringen, die während einer Vorstellung ihre Stimme ver-

loren hatte. Er sang ein bekanntes Lied und wurde mit einem Münzregen belohnt. Seelenruhig unterbrach der kleine Charlie seine Darbietung, um das Geld aufzusammeln. Er erntete eine Lachsalve, und sein Weg als Komödiant war damit vorgezeichnet.

Demosthenes: Der große Redner war einst als Stotterer bekannt. Mit eiserner Disziplin übte der Grieche, mit Kieselsteinen im Mund zu sprechen. Er tat dies zudem am Meeresufer, um lauter reden zu können.

La Fayette: Der berühmte Gefährte George Washingtons teilt einen Vornamen mit seiner Gattin: Marie. (Er hieß Marie Joseph.)

Lomonossow: Hätte er im Westen gelebt, wäre Michail Lomonossow als Universalgenie in die Geschichte eingegangen. Der Chemiker und Begründer der russischen Wissenschaft beobachtete als Erster die Atmosphäre der Venus, schrieb die erste Geschichte Russlands, zeichnete die erste exakte Karte des Landes, verfasste eine russische Grammatik, war Mitbegründer der Universität von Moskau und schrieb so nebenbei Gedichte und Dramen.

Monroe: Die Sexgöttin war 1947 die erste Artischocken-Königin von Castroville, dem selbsternannten Artischocken-Zentrum der Welt. Man sieht, vieles beginnt mit kulinarischen Freuden.

Nelson: (1) Horatio Nelson, der große englische Seeheld, konnte zeitlebens die Seekrankheit nicht überwinden. Er teilt dieses Schicksal mit etwa fünf Prozent aller Menschen. (2) Als Nelson am 21. Oktober 1805 auf dem Achterdeck seines Flaggschiffs fiel, war er von seinem langen Kriegsleben bereits schwer gezeichnet: Er hatte in Korsika ein Auge eingebüßt, seinen rechten Arm in der Schlacht von Teneriffa verloren, und zudem plagten ihn heftige Malariaschübe. Sein Leichnam wurde in einem Fass Rum konserviert.

Radetzky: Nicht nur der Radetzkymarsch machte Joseph Wenzel Graf Radetzky von Radetz (1766–1858) unsterblich, sondern auch seine 72 Jahre im Dienst der österreichischen Armee, davon mehr als die halbe Zeit im Rang eines Feldmarschalls.

Vidoc: Der Begründer der Sûreté, der französischen Kriminalpolizei, war in seinem früheren Leben Staatsfeind Nummer 1 gewesen. Eugène François Vidoc narrte jahrelang die Polizei, wurde dann deren Spitzel, schließlich

Detektiv und letztlich ungemein erfolgreicher Verbrechensbekämpfer in der neuen Organisation.

Wallenstein: Ganz im Geist seiner Zeit ließ sich der große Feldherr von Johannes Kepler (damals Hofmathematiker auf dem Hradschin) sein erstes Horoskop erstellen. Ganz richtig wurde Wallenstein als „ein Mensch mit großem Ehrgeiz und Machtstreben" eingeschätzt.

„Berühmtheiten", die es nie gab

Wie nahm die Welt „Lady Chatterley" auf?

1928 von D.H. Lawrence verfasst, stand „Lady Chatterley's Lover" sofort auf dem Index und wurde wegen angeblicher Obszönität fast weltweit verboten. Bereits im Erscheinungsjahr 1928 wurde dieser erotische Roman in England und den USA (wo das Verbot bis 1959 galt) als pornografisch verurteilt. Heute urteilt man anders: „Lady Chatterley" machte die Sexualität öffentlich!

Venus & Amor: Antike – Die Venus wurde im 5. Jh. von Augustinus als von Natur aus sündig verdammt und konnte diesen Ruf bis in die Neuzeit hinein nicht mehr ablegen; Amor, das römische Gegenstück des Eros, wird meist als verspielter Kindgott dargestellt, der seine Liebespfeile schickt.

König Artus: 7. Jh., walisische Erzählungen – Tief im Bewusstsein der Engländer verankert. Jahrhundertelang leiteten englische Könige ihren Thronanspruch von einer Blutsverwandtschaft mit dem legendären König Artus her.

Ödipus: um 425 v. Chr., Sophokles – Sigmund Freud schuf, auf diese Sage anspielend, den Begriff des Ödipuskomplexes. Freud behauptet, dass jeder Junge zwischen drei und sechs Jahren intensive Gefühle für seine Mutter entwickelt und feindselige Empfindungen gegen seinen Vater.

Wilhelm Tell: 13. Jh., Schweiz – Viele glauben, dass Tell tatsächlich gelebt hat. Doch gibt es keine Chronik, die dies bestätigen kann. Die Spielkartenfirma Piatnik, Wien, gibt Schnapskarten heraus, die Tell als Eichel-Ober zeigen.

Rattenfänger von Hameln: 14. Jh., Deutschland – Das Manuskript war bis 1936 verschollen. Die bis heute sehr populäre Geschichte ist ein Versuch, das Verschwinden von hundertunddreißig Bürgern aus Hameln am 26. Juni 1284 zu erklären.

Romeo und Julia: 1597, William Shakespeare – Romeo ist sechzehn, Julia erst dreizehn … und doch ist dies die berühmteste Liebesgeschichte der Weltliteratur.

Hamlet: 1603, William Shakespeare – „Sein oder Nichtsein, das ist hier die Frage." (To be or not to be: that is the question). Ein ewiges Problem: Soll man das irdische Leid ertragen oder sich das Leben nehmen und auf ein besseres nach dem Tod vertrauen. Vielleicht ist dies die meistzitierte Zeile der gesamten Weltliteratur.

Robinson Crusoe: 1719, Daniel Defoe – Defoe beschreibt Robinsons eingeborenen Gefährten Freitag als guten, ehrenhaften und moralischen Menschen … und ist damit seiner Zeit weit voraus.

Santa Claus: 17. Jh., Holland (Sinte Klaas) – Santa Claus hat seinen Ursprung in Nikolaus von Patara, dem Bischof von Myra (Ende 3., Anfang 4. Jh. in der Türkei). Er durfte auch in den kommunistischen Ländern auftreten und ist nach „Forbes" der wahrlich reichste Amerikaner mit „unerschöpflichen" Mitteln.

Faust: 1808, Johann Wolfgang von Goethe – Alles beginnt im Himmel, mit einer Wette zwischen Gott und Mephistopheles; Hexen-Einmaleins: „Du mußt verstehn!/Aus Eins mach Zehn,/Und Zwei laß gehn,/Und Drei ist gleich,/So bist du reich!/Verlier die Vier!/Aus Fünf und Sechs -/So sagt die Hex -/Mach Sieben und Acht,/So ists vollbracht:/Und Neun ist Eins,/Und Zehn ist keins./Das ist das Hexen-Einmaleins!"

Frankensteins Monster: 1818, Mary Wollstonecraft Shelley – „Frankenstein" entstand aus einem Wettkampf von Geschichtenerzählern; dieser Roman stand am Beginn des Horror- und Science-Fiction Genres.

Alice im Wunderland: 1865, Lewis Carroll – Die Wissenschaftler der Quantenmechanik suchten bei *Alice in Wonderland* und *Alice hinter den Spiegeln* (*Through the Looking Glass*) Anregungen für ihre Phantasie.

Dracula: 1897, Bram Stoker – *Dracula* gehört zu den meistübersetzten Büchern aller Zeiten; *Transsylvanien*, der Ort der Handlung, wurde fast zu einem geflügelten Wort. Fürst Vlad III. Drăculea (1431–1476), wegen seiner Blutrünstigkeit auch „der Pfähler" (rumänisch Tepes) genannt, dürfte Stoker zumindest stark inspiriert haben.

Tarzan: 1912, Edgar Rice Burroughs – *Tarzan of the Apes* (*Tarzan bei den Affen*) fiel in eine Zeit der Diskussionen um Darwins Theorie über die Verwandtschaft des Menschen mit dem Affen; Johnny Weissmüller wurde als Schwimm-Olympiasieger der berühmteste Tarzan der Filmgeschichte. Legendär der Tarzanschrei: Der Pariser Philippe Pujol schaffte einen 47-Sekunden Schrei, der Eingang ins Guinness-Buch der Rekorde fand.

Bambi: 1923, Felix Salten – Ein Protest der *American Rifle Organisation* gegen die Darstellung der Jäger blieb erfolglos; Salten schuf auch die Geschichte der Wiener Dirne *Josefine Mutzenbacher*.

Big Brother: 1949, George Orwell – „Big Brother is watching you": ein Slogan aus Orwells „1984", der für den totalitären Überwachungsstaat steht, der nicht einmal vor intimsten Geheimnissen Halt macht.

James Bond 007: 1952, Ian Fleming – Biografische Details wurden erst 1973 von John Pearson in „James Bond: The Authorized Biography" enthüllt. Bond wurde demzufolge am 11. November 1920 in Wattenscheid im Ruhrgebiet geboren, als Sohn des schottischen Ingenieus Andrew Bond und der Schweizer Bergsteigerin Monique Delacroix.

Barbie: 1959, Ruth Handler – Mehr als eine Milliarde Barbies wurden im letzten halben Jahrhundert produziert und verkauft, eine Erfolgsstory ohne Parallele auf dem Puppenmarkt. In Palo Alto gibt es eine Barbie Hall of Fame mit mehr als 20 000 Exponaten. Ein Grund für die Erfolgsstory: Diese Puppe entspricht erstmals dem neuen Ideal der schlanken Models.

Norman Bates: 1959, Alfred Hitchcock – Der rational nicht begreifbare Norman Bates in Hitchcocks „Psycho" schafft eine neue Figur des Killers, einen Psychopathen mit gespaltener Persönlichkeit. Die knapp 45 Sekunden dauernde Duschszene wurden in fast 80 Einstellungen über eine Woche lang gedreht.

Bibel

Welche zwei Schöpfungsgeschichten bietet die Bibel?

Schöpfungsgeschichte: *Das erste Buch der Bibel, die Genesis, bietet zwei sehr unterschiedliche Schöpfungsgeschichten an. In Gen. 1,1–2,4a werden Frauen und Männer am 6. Tag gemeinsam geschaffen, beide nach dem Bild Gottes, und beide gleichzeitig mit dem Vieh, dem Gewürm und den wilden Tieren. In Gen. 2,4b–25 dagegen erschafft Gott den Menschen aus der Erde des Ackerbodens, lässt erst dann die Tiere des Feldes und die Vögel des Himmels folgen, und vollendet schließlich durch Schaffung der Frau aus einer der Rippen Adams sein Werk. Wie lange Gott für seine Schöpfung braucht, wird in dieser Fassung verschwiegen.*

Adams Frau: Der rabbinischen Tradition nach hatte Adam zwei Frauen, Eva und Lilith. Als Königin der Nacht symbolisiert Lilith die dunklen Träume und die Doppelgesichtigkeit der menschlichen Seele. Mit ihrer Leidenschaft und Sinnlichkeit steht sie zudem in starkem Gegensatz zur hausbackenen, mütterlichen Eva. In der Bibel wird Lilith nur ein einziges Mal erwähnt, und zwar beim Propheten Jesaja (Jes. 34,14).
Adams Rippe: Da nach der Schöpfungsgeschichte Eva aus einer Rippe Adams geformt wurde, glaubte man bis ins Mittelalter, dass Männer eine Rippe weniger hätten als Frauen.
Apfel: Die verbotene Frucht, die Adam und Eva das Paradies kostete, wird in der Bibel nirgendwo als Apfel bezeichnet. Es ist nur von den „Früchten der Bäume" die Rede. Im Nahen Osten gab es zudem zur Zeit der Urtexterstellung gar keine Äpfel. Viel wahrscheinlicher könnten es Feigen gewesen sein, da sich Adam und Eva nach dem Genuss der verbotenen Frucht ja auch mit Feigenblättern bedeckten. Die Mythen der Kelten und Griechen jedoch, die einen starken Einfluss auf das Denken der Menschen hatten, sahen den Apfel als Symbol der Liebesgöttin, und daher wurde diese Frucht wohl von späteren, der freien Liebe feindlich gesinnten Autoren als verbotene Frucht interpretiert.

Arbeit ist köstlich: Ins damalige Weltbild passend, wurde diese Kurzform von Luthers Übersetzung leider ins völlige Gegenteil verkehrt. In Psalm 90 heißt es: „Unser Leben währet siebenzig Jahre, und wenn's hoch kommt, so sind's achtzig Jahre, und wenn's köstlich gewesen ist, so ist's Mühe und Arbeit gewesen." Neuere Übersetzungen lassen keine Deutung offen: „... und ihr Gepräge ist Mühsal und Trug." „... und selbst das Köstliche daran ist nur Elend und Trug." „... das Beste daran ist nur Mühsal und Beschwer."

Buch Daniel: Isaac Newton betrachtete seine umfangreiche Interpretation des Buches Daniel als sein bedeutendstes Werk. Wie sollte der große Mathematiker hier wohl irren! Heute ist Newton ausschließlich wegen seiner naturwissenschaftlichen Werke berühmt.

Gotische Übersetzung: Das einzig bemerkenswerte Werk, das je in Gotisch erschien, ist die Bibelübersetzung von Bischof Ulfilas, der in Konstantinopel zum Christentum bekehrt und 341 n. Chr. geweiht wurde. Ulfilas musste angeblich sogar einige Buchstaben des gotischen Alphabets selbst erfinden.

Gottesbeweis: Jeder Versuch eines Gottesbeweises ist strenggenommen bereits ein Grenzfall zur Blasphemie, weil er voraussetzt, es könne Gott auch nicht geben.

Krippe: Wenn wir auch alle mit der Weihnachtskrippe vertraut sind, so sagt die Bibel nirgends, dass Jesus in einer Krippe gelegen habe oder dass Tiere bei seiner Geburt dabei gewesen seien. Erst Franz von Assisi dürfte 1223 in einer Höhle bei Greccio das Vorbild für unsere Weihnachtskrippe geschaffen haben.

Maria: Keine Frau zierte öfter die Titelseite des Magazins *Time* als die Jungfrau Maria. Vielleicht zeigt auch diese Auszeichnung die tiefe Verwurzelung der Religion in der amerikanischen Gesellschaft.

Menschheitsgeschichte: Unsere Geschichte begann mit Diebstahl (Apfel), Mord (Kain an Abel) und Inzest (zum Beispiel vergewaltigt Amnon seine Schwester Tamar, 2. Sam. 13,13).

Namen: Bemerkenswert ist, dass fast jeder der Tausenden von Namen im Alten Testament eine Art Original darstellt. Nie wird ein Sohn nach seinem Vater benannt.

„Unter Schmerzen sollst du Kinder gebären“: Diese Bibelstelle veranlasste heftige Proteste der Kirchenleute (alle männlich), als in der ersten Hälfte des 19. Jahrhunderts erstmals Narkose eingesetzt wurde, um die Geburtsschmerzen zu lindern. Die Kritiken verstummten, als Königin Viktoria 1853 ihr siebentes Kind in „chloroformiertem“ Zustand gebar. Niemand wagte es, die königliche Entscheidung zu kritisieren.

Bücher

Warum heißt es fast sprichwörtlich: „Ich habe meinen Eukild studiert“?

Mehr als 1000 Auflagen seines Monumentalwerks „Die Elemente“ seit der Erfindung des Buchdrucks machen Euklid zum erfolgreichsten Schriftsteller aller Zeiten. Nur die Bibel kann eine größere Zahl von Editionen verbuchen. Lange Zeit war der Ausspruch „Ich habe meinen Euklid studiert“ ein Synonym für „Ich beherrsche die Geometrie“. Dabei war Euklid eigentlich in erster Linie ein Sammler der mathematischen Arbeiten anderer, die er jedoch in eine noch nie gesehene logische Reihenfolge brachte.

Alice in Wonderland: (1) Königin Viktoria war derart begeistert von Lewis Carrolls *Alice in Wonderland*, dass sie ein signiertes Exemplar seines nächsten Buches erbat. Der Titel: *Syllabus of Plane Algebraical Geometry* (Lehrbuch der einfachen algebraischen Geometrie). Anmerkung: Lewis Carroll war von Beruf Lehrer. (2) Nach eigenen Angaben schrieb Carroll während seiner 37-jährigen Karriere als Schriftsteller insgesamt knapp 99 000 Briefe.
Aschenputtel: (1) Vor allem durch Walt Disneys *Cinderella* (Aschen-Ella)-Version ist dieses Märchen weltbekannt. Gleichzeitig dürfte das Thema des von der Stiefmutter unterdrückten Waisenkinds, das schließlich von einem Prinzen „erlöst“ wird, in seinen über 400 Variationen das älteste Märchen der Welt sein. Komplett erhaltende Texte aus dem China des 9. Jahrhunderts erzählen von einem Mädchen Ye-Xian. (2) Die Schuhe von Cinderella waren

nicht aus Glas, sondern vielmehr aus Eichhörnchenpelz (frz. *vair*). Charles Perrault, der im 17. Jahrhundert eine populäre Version schrieb, verwechselte das Wort *vair* mit *verre* (Glas).

Busch und Marx: Praktisch zeitgleich schrieben Wilhelm Busch (in Niedersachsen) und Karl Marx (in London) ihre großen und einflussreichen Werke: *Max und Moritz* bzw. *Das Kapital*. Zumindest gilt dies, wenn man auf das Erscheinungsjahr blickt: 1865 (*Max und Moritz*), 1867 (erster Band: *Der Produktionsprozess des Kapitals*).

Brüder Grimm: Eine Analyse der ungefähr 200 Märchen der Brüder Grimm zeigt Folgendes: Es gibt 16 schlechte Mütter oder Stiefmütter, denen 3 Väter (Stiefväter) gegenüberstehen. 23 Hexen (weiblich), doch nur 2 Hexenmeister bevölkern das Grimm-Märchenreich. 13 junge Frauen töten oder gefährden ihre Männer, wohingegen nur 1 Mann seine Braut in Gefahr bringt.

Guinness: Aus einer launigen Diskussion zwischen dem Chef der irischen Guinness-Brauerei, Sir Hugh Beaver, mit einigen Freunden entstand 1951 die Idee zum Buch der Weltrekorde. Um was ging es damals? Um die bedeutende Frage, welcher wohl der schnellste Vogel Europas sei. Am 27. August 1955 erschien die erste Ausgabe der „Guinness World Records". Heute erscheint dieses Buch in mehr als 100 Ländern mit einer Auflage jenseits der 100 Millionen.

Gutenberg-Bibel: Mit der Gutenbergbibel wurde die Geburtsstunde der Buchdruckkunst gefeiert. Gleichzeitig war, glaubt man Experten, mit diesem fast 1300 Seiten zu 42 Zeilen umfassenden Werk auch bereits der Höhepunkt des Buchdrucks erreicht. Heute existieren noch 48 Exemplare. Kein Wunder, dass die Gutenberg-Bibel zu den teuersten Büchern der Welt gehört. Für die Herstellung dieses Buches musste sich Gutenberg allerdings schwer verschulden und schließlich nach Richterspruch seine Werkzeuge und die Druckerpresse verkaufen und auf eine namentliche Nennung im Buch verzichten.

Innerer Monolog: Der endlos lange Innere Monolog der Molly in „Ulysses" wurde von James Joyce aus Liebesbriefen seiner Lebensgefährtin Nora Barnacle zusammengetragen.

Kinderbuch: 1646 veröffentlichte der puritanische Prediger John Cotton das erste Kinderbuch in den USA. Der vielsagende Titel (übersetzt): *Geistige Milch für die Babys von Boston, gesaugt aus den Brüsten beider Testamente für die Nahrung ihrer Seelen.* (*Spiritual Milk for Boston Babes in Either England Drawn from the Breasts of Both Testaments for Their Souls' Nourishment*)
Kochbuch: Fannie Farmer schrieb das berühmteste, millionenfach verkaufte Kochbuch Amerikas. Allerdings musste sie 1896 dem Verlag Little Brown & Co. die Druckkosten für 3000 Exemplare ersetzen, da der Verleger kein Risiko eingehen wollte.
Plinius der Ältere: Der große Vielschreiber der Antike verfasste eine Naturenzyklopädie in 37 Büchern, eine allgemeine Geschichte Roms in 31 Büchern, eine Geschichte der Kriege Roms in 20 Büchern, eine lateinische Grammatik in 8 Büchern und ein Handbuch der Rhetorik in 6 Büchern. Außerdem war Plinius General, Admiral und Statthalter verschiedenster römisch besetzter Gebiete. Sein Forscherdrang wurde ihm schließlich zum Schicksal. Plinius ging an Land, um die Eruptionen des Vesuvs 79 n. Chr. zu beobachten, und unterschätzte dabei die Ausbruchszeit. Es gab keinen Weg zurück.
Religion: Bis um das Jahr 1875 war selbst in Großbritannien, der Wiege des modernen Romans, die Zahl der Bücher über Religion deutlich höher als die Zahl der veröffentlichten Romane.
Säuregehalt: Alte Bücher, die kaum je auf säurefreiem Papier gedruckt wurden, müssen irgendwann fast zwangsläufig zerfallen. Dafür sorgt die im Papier enthaltene Säure. Mit modernen Scannern wird der Inhalt abgetastet und für kommende Generationen gerettet.

Etikette und Mode

Wie trauerte man unter Königin Viktoria?

Der Tod des Prinzgemahls Albert veranlasste Königin Viktoria, einen amtlichen Trauerstandard einzuführen, der ganz bewusst nach außen hin bekundet werden musste. Dabei war weniger die persönliche Befindlichkeit entscheidend, sondern vielmehr die familiäre Nähe und die damit verbundene gesellschaftliche Norm. Ältere Kinder mussten mit ihren Eltern trauern, was so viel bedeutete wie, über einen längeren Zeitraum Schwarz (in allen Schattierungen) zu tragen. Die Dienerschaft wurde nur bei älteren Familienmitgliedern zur Trauer verpflichtet. Die Trauerphasen bei Todesfall: Ehemann: 2–3 Jahre, Ehefrau: 3 Monate, Elternteil oder Kind: 1 Jahr, Geschwister oder Großeltern: 6 Monate, Tanten oder Onkel: 3 Monate, Nichten oder Neffen: 2 Monate, Großtanten oder Großonkel: 6 Wochen, Cousins oder Cousinen: 3–6 Wochen. Ganz streng handhabte Königin Viktoria ihre persönliche Trauer. Sie trug die letzten 40 Jahre ihres Lebens ausschließlich Trauerkleidung und ließ zudem jeden Tag auf dem Bett des Prinzgemahls in Schloss Windsor frische Abendkleidung für den Toten bereitlegen.

Anorak: 1996 präsentierte die schwedische Designerin Ann-Kristin Antman einen aus Lachshaut gefertigten Anorak, der durch ein Bad in menschlichem Urin wasserdicht gemacht wurde. Anmerkung: Durch Wasserbäder kann der Geruch zum Verschwinden gebracht werden. Das Inuit-Wort *annuraaq* bedeutet übrigens einfach „Kleidungsstück“.

Busen: Ein hoher, frei liegender Busen sowie bis an die Handgelenke reichende Ärmel waren in der Tudorzeit das konventionelle Zeichen für Jungfräulichkeit.

Gesichtsmaske: Am 1. Oktober 1760 starb Lady Coventry an einer Bleivergiftung, die sie sich beim Auflegen einer Gesichtsmaske zugezogen hatte. Das erste Opfer des Kosmetikwahns!

Glattrasur: Vermutlich ist der spärliche Bartwuchs Alexanders des Großen für die neue Mode der Bartrasur entscheidend gewesen. Alexander verbot Bärte mit der Begründung, dass diese im Nahkampf zu leicht zu „fassen“ seien. Schon hundert Jahre nach Alexanders Tod übernahmen die Römer diesen Brauch.

Gummischuhe: Hunde tragen beim Polizeieinsatz in Düsseldorf blaue Gummischuhe (sogenannte Dog Boots) zum Schutz vor Glasscherben, Steinen und Split.

Lotusfuß: Früher wurden die Füße chinesischer Mädchen absichtlich verstümmelt (durch Brechen und Bandagieren am normalen Wachstum gehindert), um die Idealmaße von etwa zehn Zentimetern Länge (dem Durchmesser des „Goldlotus“, einer Münze) sicherzustellen. Infolgedessen konnten die Mädchen nur unsicher und unter Schmerzen gehen. Der Trippelschritt wirkte auf Männer sexuell attraktiv und zeigte zudem, dass ein Mädchen aus wohlhabender Familie kam. Bei den Mandschu, die China seit 1644 beherrschten, war dieser Brauch verpönt. Offiziell verboten wurde die Verstümmlung der Füße erst 1911.
Schuhe: Philip der Schöne gab das Verbot aus, mehr als vier Gewänder zu besitzen. Nicht bezog er dieses Verbot jedoch auf das Schuhwerk. Daher trugen Fürsten als Statussymbol Schuhe mit 60 cm langen Spitzen, der niedere Stand kam immerhin auf 30 cm. In der Schlacht von Nikopolis (1396) sollte sich dies als verhängnisvoll erweisen. Die von den Gegnern gedemütigten Kreuzfahrer mussten in Panik die Spitzen der Schuhe abschneiden, um überhaupt davonlaufen zu können.
Taschentuch: (1) Das französische Königshaus bestimmte, dass ein Taschentuch quadratisch zu sein hatte. (2) Noch im 15. Jahrhundert war die Verwendung des Taschentuchs dem Adel vorbehalten, der damit seine „noble“ Stellung unterstrich.

Farben

Wofür brauchen wir die Koschenille-Schildlaus?

Koschenille oder Purpurrot sind die anderen beiden gebräuchlichen Namen für eines der intensivsten Färbemittel, das die Natur je hervorgebracht hat: Karminrot. Gewonnen wird dieser jahrhundertelang von den Spaniern streng gehütete Schatz der Inkas und Azteken aus dem Blut der Koschenille-Schildlaus. Sobald der Schutzpanzer des winzigen Tierchens zerdrückt wird, bildet sich ein kräftig dunkelroter Fleck. Die moderne Kosmetik hat der Schildlaus viel zu verdanken.

Alpaca: Die Wolle dieses Lamas kann zweiundzwanzig natürliche Farbtöne haben, ein Rekord in der Tierwelt.

Blau: Ein neugeborenes Kind erkennt die Farben Rot und Grün, nicht jedoch Blau. Die Jungenkleidung erfreut damit zu allererst die Eltern – was durchaus in Ordnung geht.

Magenta: Cyan (Blau), Magenta, Yellow (Gelb) und Key (Schwarz) füllen als Patronen unsere Tintenstrahldrucker. Aus diesen vier „Grundelementen" mischt der Drucker jede beliebige Farbe. Dabei ist Magenta keine Spektralfarbe, kann also keiner Wellenlänge zugeordnet werden. In der Natur ist bislang kein magentafarbenes Pigment bekannt, und damit spielte Magenta in der Malerei nie eine Rolle. Umgangssprachlich wurden lange die Bezeichnungen Purpur und Pink verwendet. *Anmerkung:* Diese Farbe wurde 1859 erstmals künstlich nach der Schlacht von Magenta hergestellt und ist auch nach diesem Ort benannt.

Ocker: Die älteste Farbe der Menschheit, frei aus dem Griechischen mit „blassgelb" zu übersetzen, wurde bereits in den Wandmalereien des Neolithikums verwendet. Die ganze Nordspitze Australiens ist eine einzige Ockermine.

Purpur: Der Erzbischof von Zypern darf Dokumente traditionell als Einziger mit purpurfarbener Tinte unterzeichnen.

Rosa: Die rosa Farbe der Flamingos ist auf den karotinhaltigen Farbstoff gewisser Krebse und Algen zurückzuführen, die den Vögeln als Nahrung dienen. Manche Bräunungspillen enthalten übrigens dieselben Substanzen. Anmerkung: Das Gleiche gilt auch für Zuchtlachse, die einen entsprechenden Farbstoff in die Nahrung gemischt bekommen.

Rot: Bis zum 17. Jahrhundert war man in England überzeugt, dass die Farbe Rot Kranken helfen kann. Patienten wurden daher zur Fiebersenkung in rote Nachthemden gesteckt und fast ausschließlich mit roten Gegenständen umgeben.

Ultramarinblau: Ein Halbedelstein, der Lapislazuli, bildet die zerriebene Grundlage dieses edlen Blautons. Die italienischen Maler schufen im 16. Jahrhundert den Namen „ultramarin", der so viel wie „von weit her" bedeutet, anspielend auf die wenigen Lagerstätten in Chile, Sambia, Sibirien und vor allem Afghanistan.

Film

Welcher Regisseur spielt in fast jedem seiner Filme eine Statistenrolle!

In allen Filmen der letzten dreißig Jahre seiner Karriere hat Alfred Hitchcock einen Kurzauftritt als Statist (engl. Cameo appearance). Einmal, in „Lifeboat" – der Film spielt auf einem kleinen Rettungsboot – auf der Titelseite einer Zeitschrift. Fans lauern auf den großen Moment der „Erscheinung" des Regisseurs.

Basic Instinct: Im Befragungsraum verschwindet Sharon Stones Zigarette plötzlich, um dann wieder aufzutauchen und neuerlich zu verschwinden. In einer anderen Szene kleidet sich Sharon Stone um, wobei sich gleichzeitig ihre Frisur ändert.
Gandhi: Der 1982 von Richard Attenborough gedrehte Film „Gandhi" benötigte für die Beerdigungsszene – im Film selbst dauert diese ganze 125 Sekunden – 300 000 Komparsen, ein Drittel davon sogar bezahlt. Heute helfen Computersimulationen bei der Schaffung dieser Massenszenen.
Gladiator: In der Szene „Schlacht von Karthago" stürzt ein Wagen um. Sobald sich der Staub legt, kann man auf der Hinterseite einen Gaszylinder erkennen.
King Kong: Im Dänischen steht „kong" für „König". Daher lief der Film unter dem Titel „Kong King".
Oscar: Angeblich stammt der Name der etwa 30 cm hohen Statue von einer Bemerkung der Sekretärin Margret Herrick, die eine Ähnlichkeit mit ihrem Onkel Oscar zu erkennen glaubte.
Päpstliche Segnung: (1) Die Filmversion von Lew Wallace' 1880 veröffentlichtem Roman *Ben Hur* wurde 1959 zu einem mit 11 Oscars ausgezeichneten Kassenschlager. (2) Das Buch selbst war der erste von einem Papst

gesegnete Roman. (3) In diesem Film wurde auch erstmals mit der Blue-Screen-Technik gearbeitet.

Rocky Horror Picture Show: Die Ereignisse um Brad und Janet finden, so der Sprecher, im November 1974 statt. Im Hintergrund hört man jedoch im Radio Richard Nixons Abschiedsrede vom August dieses Jahres.

Snow White and the Seven Dwarfs (Schneewittchen und die sieben Zwerge): Die englischen/deutschen Name der sieben Zwerge (*Bashful/Pimpel, Doc/Chef, Dopey/Seppel, Grumpy/Brummbär, Happy, Sleepy/Schlafmütze, Sneezy/Hatschi*) wurden aus einem großen Topf ausgewählt. Unter anderem: *Awful, Baldy, Biggo-Ego, Biggy, Biggy-Wiggy, Blabby, Burpy, Busy, Chesty, Cranky, Daffy, Dippy, Dirty, Dizzy, Doleful, Flabby, Gabby, Gloomy, Goopy, Graceful, Helpful, Hoppy, Hotsy, Hungrey, Jaunty, Jumpy, Lazy, Neurtsy, Nifty, Puffy, Sappy, Sneezy-Wheezy, Sniffy, Scrappy, Shifty, Silly, Snoopy, Soulful, Strutty, Stuffy, Sleazy, Tearful, Thrifty, Tipsy, Titsy, Tubby, Weepy, Wistful, Woeful*. Randbemerkung: Die Brüder Grimm haben den Zwergen keine Namen gegeben.

Spider-Man: Nachdem Spider-Man zwei der vier Belästiger Mary Janes durch zwei Fensterscheiben geworfen hat, wendet er sich den anderen beiden zu. Die Kamera schwenkt dann nochmals auf die Fenster … und die Scheiben sind inzwischen wieder völlig intakt.

Das Schweigen der Lämmer: Hannibal Lecter spricht in der Filmversion genüsslich davon, eine „Menschen-Leber mit Bohnen und einem netten Chianti" zu verspeisen. In Thomas Harris' Roman trinkt er allerdings statt Chianti Amarone.

Handicap & Prominenz

Warum heißt die Blindenschrift auch Braille-Schrift?

Bereits mit drei Jahren erblindete Louis Braille (1809–1952) – und schuf in der Folge die bis heute verwendete Blindenschrift. Diese funktioniert mit Punktmustern, die von hinten in das Papier gepresst und damit für den Leser „fühlbar" werden.

Beethoven, Ludwig van (1770–1827): Bereits mit 46 Jahren war Beethoven völlig taub. Er konnte daher seine berühmte 9. Symphonie niemals selbst hören. (Brief vom 29. Juni 1801 an den Jugendfreund Franz Georg Wegeler: „... nur meine Ohren, die sausen und brausen Tag und Nacht fort. Ich kann sagen, ich bringe mein Leben elend zu; seit zwei Jahren fast meide ich alle Gesellschaften, weil's mir nun nicht möglich ist, den Leuten zu sagen: ich bin taub. ... Sollte mein Zustand fortdauern, ... will ich ein halbes Jahr ein Bauer werden; vielleicht wird's dadurch geändert. Resignation! ...")

Bernhardt, Sarah (1844–1923): Für viele ist die „göttliche" Diva die größte französische Schauspielerin aller Zeiten. Sarah Bernhardt stand trotz einer Beinamputation im Jahr 1914 bis knapp vor ihrem Tod auf der Bühne.

Borges, Jorge Luis (1899–1986): Der große argentinische Schriftsteller war bereits in frühen Lebensjahren nahezu blind.

Chang und Eng Bunker: Obwohl sie am Brustbein zusammengewachsen waren, erreichten Chang und Eng Bunker das Alter von 62 Jahren und heirateten sogar zwei Schwestern. Chang war Vater von 7 Kindern, Eng hatte sogar 11. Bekannt wurden die beiden als Siamesische Zwillinge.

Keller, Helen (1880–1968): Seit dem zweiten Lebensjahr taubblind, schrieb Helen Keller in späteren Jahren nicht nur Bücher, sondern wurde auch zur Aktivistin für Frauenrechte. Ihre Freunde konnte Helen an deren Geruch identifizieren. In „Meine Welt" drückt Helen Keller dies so aus: *Zuweilen, wenn es windstill ist, sind die Gerüche so gruppiert, dass ich den Charakter einer Landschaft wahrnehme, eine Heuwiese, einen Dorfladen, einen Garten, eine Scheune ein Bauerngehöft mit offenen Fenstern, ein Fichtenwäldchen gleichzeitig ihrer Lage nach erkenne.*

Roosevelt, Franklin D. (1882–1945): Nach seiner Erkrankung an Kinderlähmung war Roosevelt seit seinem 39. Lebensjahr von der Hüfte abwärts gelähmt. Er setzte dennoch seine politische Karriere fort und wurde viermal hintereinander zum Präsidenten der Vereinigten Staaten gewählt.

Toulouse-Lautrec, Henry (1864–1901): Eine seltene Wachstumsstörung ließ den großen Künstler mit verstümmelten Beinen aufwachsen. Toulouse-Lautrec schuf mit seinen Steindruck-Plakaten für das Moulin Rouge unvergängliche Kunstwerke.

Karikatur & Cartoon

Wer findet die unendliche Zahl von „Ninas“?

Mehr als drei Jahrzehnte lang versteckte der berühmte Gesellschaftskarikaturist Al Hirschfeld den Namen seiner Tochter Nina in seinen aus wenigen Strichen kreierten Schwarzweiß-Meisterwerken. Immerhin setzte die amerikanische Luftwaffe das Auffinden dieser Hinweise als Testsuchübung für Bomberpiloten ein. [www.alhirschfeld.com]

Donald Duck: (1) Der mittlere Name des Erpels ist Fauntleroy. (2) Zur 200-Jahr-Feier der Verfassung spazierte der Präsident des Obersten Gerichts, Warren Burger, Arm in Arm mit Donald Duck durch Disney World, wo die Festivitäten begannen. Die Ente war endgültig gesellschaftsfähig!
Gelb: „The Yellow Kid“ war 1895 (5. Mai) die erste Comicfigur in Farbe: Er trug ein gelbes, zerschlissenes Hemd. Nur diese Farbe konnte auf dem Papier der Tageszeitung *New York World* gedruckt werden.
Good Artist: Der „gute Zeichner“ der Duck-Geschichten war lange Zeit unbekannt. Nur am Stil konnte Carl Barks, der immerhin von 1943 bis 1966 die Eröffnungsgeschichte von „Walt Disney's Comics and Stories“ zeichnete, identifiziert werden. Walt Disney verbot seinen Zeichnern bis zuletzt die Nennung ihres Namens. Fans rückten den „Good Artist“ schließlich ins Licht der Öffentlichkeit.
Homer Simpson: Im Wahlkampf um die Präsidentschaft 2008 schaltete sich auch Homer Simpson, das Familienoberhaupt, mit den Worten „It's time for a change“ ein. Er wollte Barack Obama unterstützen, scheiterte jedoch an der Wahlmaschine, die jeden seiner Stimmversuche für McCain wertete.
Mickey Mouse: (1) Der offizielle Geburtstag von Mickey und Minnie Mouse ist der 28. November 1928, also der Tag, an dem erstmals *Steamboat Willie* lief. (2) Walt Disneys Frau mochte den ursprünglichen Namen Mortimer nicht, daher wurde diese Figur kurzerhand umbenannt. (3) Die Ohren Mickeys sind immer perfekte Kreise, egal aus welcher Perspektive man auch darauf schaut. (4) In Frankreich heißt die Maus *Michal Souris*, in Finnland

Mikki Hirri, in Italien *Topolino*, in Japan *Ma-u-su*, in Mexiko *Raton Mickey* und in Spanien *Miguel Rantoncito*. (5) 1932 gewann die Maus einen Sonder-Oscar, und 1935 wurde Mickey vom Völkerbund mit einem speziellen Orden geehrt.

Peanuts: Die seit 1950 (damals unter dem Namen Li'l Folks) erscheinende Erfolgsstory von Charles Schulz lässt nur ein einziges Mal, 1954, Erwachsene auftreten. Diese auch nur bis zur Hüfte, eben aus dem Blickwinkel eines Kindes. Die in der Handlung immer wieder auftauchende Lehrerin wird nie in Wort oder Bild gezeigt.

Popeye: (1) Der sich mit Spinat stärkende Seemann war die erste Cartoon-Figur, der eine Statue errichtet wurde (1937). Dies geschah in der Spinatstadt Crystal City in Texas. (2) Popeye hat seinen Geburtstag am 17. Januar 1929.

Superman: Diese Figur wurde 1938 von Jerry Siegel und Joe Shuster erfunden. Obwohl Superman eine Ikone des 20. Jahrhunderts wurde, brachte er den beiden Künstlern genau 130 Dollar ein. Für diesen bescheidenen Betrag verkauften die beiden Zeichner in den Vierzigerjahren die Rechte an dieser Comicfigur.

Kulinarisches

Wie verspeist man Frankfurter Würstchen?

Am 15. Mai 1805 erfand der Wiener Fleischhauermeister Johann Georg Lahner die Frankfurter Würstchen (bzw. Wiener Würstchen), die er nach seinem Metzgerlehrort Frankfurt benannte. Der Kaiser persönlich machte sie zur Leibspeise und damit salonfähig. Außerhalb der Kaiserstadt heißen sie daher überall (ganz zu Recht) Wiener Würstchen. Wie nun sind sie zu verspeisen? Mit Messer und Gabel oder „einfach so", mit den Fingern. Fürstin Pauline Metternich entschied diese weltbewegende Frage bereits vor fast 200 Jahren mit einem herzhaften Biss in die elegant kredenzten Würstchen. Das silberne Besteck schien der Lady offensichtlich mehr als unpassend. Vergessen Sie bei Ihrem nächsten Ballbesuch nicht die nötige Etikette.

Apfelsorten: Weltweit sind mehr als 7 500 Apfelsorten bekannt. Die Top-10 der wirtschaftlichen Bedeutung: 1. Golden Delicious, 2. Red Delicious, 3. Jonathan, 4. Jonagold, 5. Gala, 6. Granny Smith, 7. Elstar, 8. Braeburn, 9. Cox Orange, 10. Schöner aus Bokoop.

Bier: 1632 war die Hochblüte der „Biermedizin". Jedes Kind im Hospital von Norwich, England, erhielt eine Wochenration von neun Litern Bier. Anmerkung: Der Alkoholgehalt war allerdings geringer als beim heutigen Getränk.

Bockbier: Diese Bezeichnung hat mit Ziegenböcken absolut nichts zu tun. Vielmehr versteckt sich in dem Namen die Stadt Einbeck („Ainpöckhisch Bier"), von wo es der Braumeister Elias Pichler 1614 in das bayerische München brachte: Die Dialektfärbung „Oabockbier" ließ den Anlaut als Artikel erscheinen. Schon war die wahre Herkunft vergessen.

Brötchen: Vor nicht allzu langer Zeit waren in Brötchen chinesische Haare als Zusatz enthalten. Der Grund: In kleinen Dosen (auf 100 Kilogramm Mehl 1 Gramm „Haar") machte das darin gespeicherte Cystein, eine Aminosäure, den Teig geschmeidiger. Seit 2001 untersagt eine EU-Richtlinie die Verwendung von menschlichem Material als Cysteinquelle. Die große Frage lautet: Nimmt man jetzt Tierhaare?

Fastfood: Wenn auch der moderne Begriff erst in den Fünfzigerjahren in den USA entstand, so sind Fastfood-Buden bereits in Pompeji nachgewiesen. Der Grund: Die damaligen Wohnstätten hatten meist keinen Herd.

Haifischflossensuppe: Haie, denen der Fanghaken aus dem Maul gerissen und denen bei lebendigem Leib die Flossen abgeschnitten werden, müssen qualvoll verenden. Sie werden einfach wieder ins Meer zurückgeworfen, wo sie schwimmunfähig und ohne Chance, Nahrung aufzunehmen, langsam zum Meeresboden sinken, wenn sie nicht das Glück haben, von anderen Jägern verspeist zu werden.

Kaffee: Nicht Wien mit seinen berühmten Kaffeehäusern war die erste Stadt, die den „Türkentrank" genoss, sondern vielmehr Venedig (um 1530). Auch London, Oxford und Paris wurden um fast ein halbes Jahrhundert vor Wien beglückt. Wien wurde nach der Belagerung 1683 zur „Kaffeestadt", nachdem die flüchtenden Türken Säcke mit Kaffee zurückgelassen hatten.

Kaffeeernte: Für einen Kilo Kaffee braucht man die gesamte Jahresernte eines Kaffeebaumes, da sich der Ertrag durch den Röst- und Mahlvorgang auf ein Sechstel verringert.

Muscheln: Eine alte Weisheit besagt, dass Muscheln hauptsächlich in den Monaten mit „r" (September bis April) gegessen werden sollten. Begründung: Im Mai laichen die Muscheln, was den Geschmack beeinträchtigen dürfte, und während der Sommermonate filtern sie viele Giftstoffe aus dem durch Algen bereicherten Meer.

Obst: Obstschalen mögen appetitlich aussehen, doch bei der falschen Mischung verdirbt die Pracht rasch. Der Grund: Äpfel dünsten Ethylen aus, und dieses beschleunigt den Reifeprozess der anderen Obstsorten und „tötet" diese damit schnell ab. Sogar Schnittblumen haben neben Äpfeln eine kürzere Lebensspanne, und Kartoffeln können zu keimen beginnen.

Pils: Ein gutes Pils sollte in drei Minuten servierfertig sein. Für Kenner im Detail: Das Glas schräg halten und das Bier langsam aus dem Zapfhahn vom Rand ins Glas rinnen lassen, bis das halbe Glas gefüllt ist. Dann eine Minute stehen lassen, gefolgt von einem vorsichtigen Nachzapfen (ohne dass der Hahn ins Bier eintaucht), und wieder eine Minute Pause. Nun folgt das „Sahnehäubchen": Bei halb geöffnetem Zapfhahn wird eine Schaumkrone aufgesetzt. Für circa eine Viertelstunde darf das Pils nun bei vollem Prickeln genossen werden.

Schokolade: Die religiöse Gemeinschaft der Quäker hat uns neben dem Glauben auch den Genuss der Schokolade gelehrt. 1847 kreierte die Quäker-Firma J. S. Fry die Schokoladetafel, 1868 brachte Cadbury die erste Pralinenschachtel auf den Markt. Schokolade gibt es viel länger. Laut Wolfgang Schievelbusch, „Das Paradies, der Geschmack und die Vernunft" wurden Doktorarbeiten darüber geschrieben, ob Klerikern der Genuss von Schokolade erlaubt sei.

Seeigel: Roh oder in Salzwasser gekocht, sind die fünf Geschlechtsdrüsen des Seeigels vor allem in Mittelmeerstaaten eine Delikatesse, als Vorspeise, wohlgemerkt. In Japan werden die rohen, nur kurz erhitzten Eier unterschiedlicher Seeigelarten als Spezialität angeboten (Sashumi).

Kultur-Mix

Wie wurde man zum Eunuchen?

Um sicherzustellen, dass nicht einmal eine Rest-Erektionsfähigkeit (potentia coeundi) bleibt, wurden den Haremswächtern im Orient früher sowohl Hoden als auch der Penis entfernt.

Happy Birthday to You: Aus dem 1893 von den Kindergärtnerinnen Mildred und Patty Hill verfassten „Good Morning to All" entstand Anfang des 20. Jahrhunderts das weit verbreitete „Happy Birthday to You". Dieses wurde jedoch urheberrechtlich geschützt und bringt dem Konzern AOL Time Warner bis heute jährlich zwei Millionen Dollar an Tantiemen. Theoretisch könnte für alle öffentlichen „Aufführungen", selbst in einem Gasthaus, ein Verwertungsbeitrag verlangt werden. Bitte denken Sie bei Ihrer nächsten Geburtstagsfeier an diese Auflagen.
Klopfen auf den Tisch: Mit den Füßen trommeln, scharren, klopfen, zischen – alle diese Kundgebungen waren im akademischen Milieu für Beifalls- wie Missfallenskundgebungen üblich. Seit dem 19. Jahrhundert gilt das Klopfen auf den Tisch als Beifall für eine gute Vorlesung. Vielleicht geht dies auf die frühmittelalterliche Gerichtssprechung zurück, wo die Anwesenden ihre Zufriedenheit mit dem Urteil durch ein Klopfen auf ihre Schilde zum Ausdruck brachten.
Leichnam: Die Parsen legten ihre Toten auf Plattformen, „Türme des Schweigens" genannt, wo sie von Geiern gefressen wurden. Dieser Brauch hängt mit dem Glauben zusammen, dass eine Seele umso früher erlöst wird, je früher der Leichnam vom Fleisch befreit ist.
Mythen und Märchen: Viele Kulturen kennen sehr ähnliche Mythen und Märchen. Carl Gustav Jung schrieb, „sie alle steigen aus dem kollektiven Unbewusstsein der Menschheit empor". Jung ging so weit zu behaupten, dass unser Gedächtnis gleichsam kein unbeschriebenes Blatt sein kann.
Nobelpreis: Bis zum Jahr 2003 war die Zahl der Frauen, die den Nobelpreis gewannen, geringer als die Zahl der Wissenschaftler am Trinity College,

Cambridge (30 zu 31). Dennoch ist Marie Curie (Chemie und Physik) neben Linus Pauling (Chemie und Friede) der einzige Mensch, der diesen Preis in verschiedenen Kategorien gewann. Pauling allerdings erhielt ihn zweimal ungeteilt.

Prawda: Die erste Ausgabe der *Prawda* vom 5. März 1917 dürfte in der Sowjetunion nicht aufzutreiben gewesen sein. Daher musste von der Stanford University eine Mikrofilmkopie angefordert werden.

Stille Nacht: Bei der ersten Aufführung dieses Weihnachtsliedes 1818 in der Dorfkirche von Oberndorf fiel die Orgel aus, da die Blasbälge von Mäusen zerfressen waren. *Stille Nacht, heilige Nacht* konnte nur mit Gitarrenbegleitung uraufgeführt werden.

Taj Mahal: Das berühmte Mausoleum in Agra stand 1830 vor dem Abriss. Die Marmorplatten sollten unter englischen Adeligen versteigert werden. Kurz vor dem Demontagebeginn allerdings kam ein Stopp, da die ersten Auktionsergebnisse indischer Marmorfassaden weit unter den Erwartungen geblieben waren.

Weihnachtsmann: Seit 1931 wirbt Coca-Cola mit dem rot gekleideten Weihnachtsmann, sodass vielfach geglaubt wird, Coca-Cola habe „Santa Claus“ erfunden. Richtig ist, dass diese Figur schon vier Jahre zuvor in ihrem heutigen Gewand auftrat und bereits zu Beginn des 19. Jahrhunderts als „Sinter Klaas“ von Holland nach Amerika kam. Jedenfalls erscheint der Weihnachtsmann heute immer im Coca-Cola-Rot.

Literarische Splitter

Wer war „Frankensteins Monster“?

Eigentlich ist die Figur Frankenstein im Roman Mary Shelleys ein junger, netter Student der Naturwissenschaften an der Ingolstädter Universität, jedenfalls nicht Frankenstein, das Monster. Der von ihm geschaffene Kunstmensch darf allerdings uneingeschränkt als Frankensteins Monster bezeichnet werden. Randbemerkung: Die Idee entstand auf einer Reise vierer Freunde durch die Schweiz. Dabei wurde vereinbart, dass jeder eine Geistergeschichte schreiben sollte. Nur Mary Wollstonecraft, die Gattin Percy. B. Shelleys, vollendete dieses Vorhaben.

Beecher Stowe: Nach Erscheinen ihres kritischen Romans *Onkel Toms Hütte* musste Harriet Beecher Stowe viele Schmähungen und Drohungen über sich ergehen lassen. Unter anderem fiel aus einem per Post erhaltenen Päckchen das abgetrennte Ohr eines Sklaven.
Buchstabe E: 1939 veröffentlichte Ernest Vincent Wright seinen Roman *Gadsby*. Das Besondere daran: Der Buchstabe E fehlt vollkommen. 1969 folgte George Perecs mit *La Disparition* diesen Vorgaben. Auch alle Übersetzungen sind so genannte Leipogramme, also Texte, in denen ein Buchstabe fehlt: *Anton Voyls Fortgang* (Deutsch), *A Void* bzw. *A Vanishing* (Englisch), *El secuestro* (Spanisch), *Försvinna* (Schwedisch).
Cyrano de Bergerac: Der Mann mit der großen Nase beschrieb im 17. Jahrhundert als Erster die beste Methode, das Weltall zu erobern: Er empfahl, Raketen zu bauen!
Faulkner: Nachdem William Faulkner nicht einmal einen High School-Abschluss hatte, verdingte er sich zeitweise als Postangestellter. Angewidert vom Vekauf von 2-Cent-Marken kündigte er … und bekam 1949 den Nobelpreis für Literatur.
Flaubert: Die berühmte Liebesgeschichte Gustave Flauberts, *Madame Bovary*, wurde wegen des darin beschriebenen Ehebruchs als Pornografie verdammt und von einem Gericht zensuriert.
Kafka: Wahrscheinlich haben Franz Kafkas düstere Werke *Der Prozeß* und *Das Schloß* mit seiner Arbeit in der Arbeiterunfallversicherung in Prag zu tun. Die Atmosphäre in diesem Institut war für Kafka mehr als drückend.
Kipling: (1) In Ermangelung von Bargeld schenkte Rudyard Kipling der Hebamme seines ersten Kindes das Manuskript seines *Dschungelbuchs*. Jahre später konnte die Dame so viel Erlös erzielen, um den Rest ihres Lebens in Komfort zu verbringen. (2) Einige Jahre zuvor war Kipling als Reporter des *San Francisco Examiner* mit den Worten „I'm sorry, Mr Kipling, but you just don't know how to use the English language" entlassen worden.

Mann: Zwischen dem Erscheinen der ersten Episoden der Kurzgeschichte *Die Bekenntnisse des Hochstaplers Felix Krull* und dem vollen Roman beschäftige sich Thomas Mann ganze 32 Jahre mit anderen Arbeiten. Dennoch ist absolut kein Stilbruch erkennbar.
Melville: Aus Enttäuschung über den kommerziellen Fehlschlag seines Meisterwerkes *Moby Dick* gab Herman Melville das Schreiben auf und wurde Angestellter bei der New Yorker Zollbehörde.
Nabokov: Offensichtlich war Vladimir Nabokov sehr von seinem Namen angetan. In Anagrammform taucht er in seinen Romanen immer wieder auf: Vivian Darkbloom, Vivian Bloodmark, Vivian Calmbrod, Vivian Damor-Blok und Baron Klim Avidov.
Rilke: Während der ersten sechs Jahre seines Lebens wurde Rainer Maria Rilke von seiner Mutter wie ein Mädchen behandelt und „Sophie“ gerufen. Grund war wohl der Schmerz über den Tod seiner Schwester.
Verne: Jules Vernes Bestseller *In 80 Tagen um die Welt* (1880) regte zu Nachahmungen an, wie etwa die „echte“ Reise um die Erde, bei der die Reporterin Nellie Bly den Romanhelden immerhin um ganze acht Tage schlug. Dass Nellie Bly als Frau allein unterwegs war, führte in der damaligen Zeit jedoch zu einem Skandal. Die späte Rache der Gesellschaft: Nellie Bly wurde 1922 in einem namenlosen Grab beigesetzt.
Wells: Im Roman *The World Set Free* aus dem Jahr 1914 beschreibt H.G. Wells eine Atomwaffe. Der von ihm gewählte Name: Atombombe.

Maler

Welcher berühmte Maler verkaufte zeitlebens nur ein einziges Bild?

Vincent van Gogh, dessen Gemälde regelmäßig Rekorderlöse bei Auktionen erzielen, verkaufte in seinem Leben nur ein einziges Bild. So zumindest lautet die verbreitete Ansicht. Vermutlich dürften es allerdings doch zehn Bilder gewe-

sen sein, von denen allerdings nur der Verkauf des Gemäldes „Roter Weinberg" an die Malerin Anna Boch (1890) für 400 Francs dokumentiert ist.

Paul Cézanne: Wie manche Meister vor und nach ihm, wurde auch Cézanne wegen geringen Talents von der „Schule der Schönen Künste" abgewiesen.
Marcel Duchamp: Nach einer heftigen Diskussion um sein Werk einer Nackten, die eine Treppe herabstieg, gab Duchamp die Malerei zugunsten des Schachspiels auf. Fünfmal vertrat er die französischen Farben bei Schacholympiaden.
Paul Gauguin: Dieser berufliche Aussteiger arbeitete unter sengender Hitze von 5.30 Uhr morgens bis 6 Uhr abends am Panamakanal. Tausende seiner Leidensgenossen fielen dem tropischen Klima und den Moskitos zum Opfer. Gauguin dagegen brachte es mit seinen Südsee-Gemälden zu Weltruhm.
Giotto di Bondone: Der italinische Meister brach mit den alten Maltraditionen. Er malte Faltenwurf und Schatten im Gewand Jesu, er versuchte sich an der Perspektive, er erzählte mit dem Pinsel Bildgeschichten. Eine Legende besagt, dass sein Lehrer Cimabue eine Fliege, die Giotto auf einem seiner Kunstwerke gemalt hatte, mehrmals wegzuscheuchen versuchte.
Henri Matisse: (1) Die künstlerische Fähigkeiten eines Matisse sind unbestritten. Dennoch erstaunt es nicht wenig, dass sein Gemälde *Le Bateau* 47 Tage lang verkehrt im New Yorker Museum of Modern Art hängen konnte, ohne dass dies von einem der mehr als 100 000 Besucher bemerkt worden wäre. (2) Matisse kreierte mit einer abfälligen Bemerkung zu einem Braque-Gemälde („Das sieht aus wie lauter kleine Würfel") den Kubismus.
Hans van Meegeren: Vielleicht war van Meegeren der beste Kunstfälscher aller Zeiten. Wäre er nicht von der Nachkriegsregierung der Niederlande angeklagt worden, ein Vermeer-Gemälde, also einen Nationalschatz, an Hermann Göring verkauft zu haben, hätte man van Meegeren kaum fassen können. So aber musste er vor einer Jury von Kunstkritikern einen zweiten perfekten „Vermeer" malen, um damit seine Unschuld als Schmuggler zu beweisen. Für van Meegeren nahezu ein Kinderspiel!

Claude Monet: Dieser Impressionist gewann 100.000 Francs in der Staatslotterie und machte sich damit unabhängig. Er wurde einer der bekanntesten französischen Landschaftsmaler.
Pablo Picasso: (1) Bei seiner Geburt wäre Picasso beinahe erstickt. Die Hebamme glaubte, das Kind wäre totgeboren, und legte es achtlos auf einem Tisch ab. (2) Picasso hatte, wie viele seiner Zeitgenossen, einen kargen Start. Er musste viele seiner frühen Gemälde als Heizmaterial verbrennen. Später, in seinen großen Jahren, ließ er sich zur ironischen Bemerkung hinreißen: „Ich bin so reich, dass ich gerade 100.000 Francs weggewischt habe." Missfiel ihm ein Bild, wurde es einfach ausgelöscht.
Henri Toulouse-Lautrec: Der große französische Meister wohnte während seines Pariser Lebens lange im Nachtclub Moulin Rouge.
Maurice Utrillo: Der berühmte Maler musste der Fälscherin Madame Claude Latour ein unfreiwilliges Kompliment machen. Er war nicht imstande, alle ihm vorgelegten Arbeiten als seine eigenen zu identifizieren und damit die Fälschungen aufzudecken.

Musiker

Wer war der Pianist mit den kurzen Mittelfingern?

Ignaz Jan Paderewski, der große polnische Pianist, Komponist und Staatsmann, wurde bereits früh von seinem Musiklehrer abgeschrieben: Die beiden Mittelfinger seiner Hände seien zu kurz für einen Pianisten, war die vernichtende Diagnose. Paderewski erlebte zwei Höhepunkte gleichzeitig: Starpianist und polnischer Regierungschef. Eine wohl einzigartige Doppelkarriere!

Berlin: (1) Der große amerikanische Chansonschreiber hat es zeitlebens verabsäumt, Noten lesen oder schreiben zu lernen. Er musste alle seine Lieder einer Sekretärin vorsummen oder vorsingen. (2) Auch auf dem Klavier war Berlin ein Autodidakt. (3) Seine ersten Schritte machte er in einem Saloon, wo er als singender Kellner beschäftigt war. (4) Insgesamt hat Berlin mehr als 3 000 Lieder komponiert. Das berühmteste: *White Christmas*, mit einer Schallplatten- und CD-Auflage weit jenseits der 100 Millionen.

Caruso: Der große Tenor Enrico Caruso erlebte bei seiner Konzerttour das Erdbeben von San Francisco am 17. April 1906. In panischer Hektik nahm er allein ein signiertes Bild des Präsidenten Theodore Roosevelt mit. Bei der Kontrolle am Bahnsteig wurde Caruso persönlich zwar nicht vom Kontrolleur erkannt, doch durfte er mit seiner präsidialen Legitimation schließlich doch passieren.

Chopin: In Chopins *Etüde der schwarzen Tasten* (Etüde für Piano in Ges-Dur, Opus 10 Nr. 5) wird nur eine einzige weiße Taste mit der rechten Hand angeschlagen.

Mozart: (1) Wie lautet Mozarts mittlerer Name? Sie tippen auf Amadeus? Damit liegen Sie auf jeden Fall falsch. Der begnadete Komponist hieß mit vollem Namen Johann Chrysostomus Wolfgangus Theophilus Mozart. Er selbst nannte sich entweder Wolfgang Amade oder Wolfgang Gottlieb, wobei letzterer Name dem lateinischen Amadeus bzw. dem griechischen Theophilus entspricht. (2) Angeblich geleitete nur eine einzige Person Mozarts Sarg von der Kirche zum Friedhof. Der große Komponist wurde in einem (heute unbekannten) Armengrab beigesetzt.

Ravel: Maurice Ravel nannte sein berühmtes Werk *Bolero* augenzwinkernd „Siebzehn Minuten Orchester ohne jegliche Musik". Ein Thema von acht Takten wird ständig wiederholt, allerdings mit verschiedenen Orchesterkolorierungen. Angeblich sollte Ravel Musik von genau bemessener Dauer komponieren und löste das Problem elegant mit der mehrmaligen Wiederholung des Themas.

Rossini: Wenig Verständnis zeigte der Komponist Gioaccino Rossini für seine Zeitgenossen, die ihren Mangel an Kreativität mit einem Mangel an Themen erklärten. Seine ironischen Worte: „Geben Sie mir eine Wäschereirechnung und ich werde sie vertonen."

Tschaikowski: Mehr als 13 Jahre finanzierte eine wohlhabende Witwe den Komponisten Peter Iljitsch Tschaikowski. Einzige Bedingung der Gönnerin: Sie durften sich nie persönlich treffen.

Perry Rhodan

Wie heißt das größte Science-Fiction Epos der Geschichte?

*Seit dem 8. September 1961 erscheint jede Woche – ohne Unterbrechung – ein **Perry Rhodan**-Roman. Alles begann dreieinhalb Monate nach John F. Kennedys historischer Rede, in der er die Mondlandung einforderte. Damit ist **Perry Rhodan** das größte Science-Fiction Epos der Geschichte.*

1 Milliarde Hefte: Mehr als eine Milliarde Perry Rhodan-Hefte wurden bereits verkauft. Dabei entstand ... *ein gigantischer Kosmos, weltweit einzigartig. Rund 200 000 Seiten Handlung, ein gewaltiges Epos, das eine fiktive Zukunft der Menschheit erzählt.* (Eckhard Schwettmann in „All-Mächtiger“)
Gesamtkunstwerk: *Perry Rhodan ist das größte literarische Gesamtkunstwerk und der Beweis, dass Basisdemokratie Zukunft hat.* (Der Spiegel Special, I/1998)
Heft Nr. 2000: Im Dezember 1999 erschien Heft Nr. 2 000. Ein Rekord weltweit!
Mondlandung: Die *Rhodan*-Autoren datierten die Mondlandung auf den 19. Juni 1971, nur knappe zwei Jahre an der Wirklichkeit vorbei.
Unternehmen Stardust: „Unternehmen Stardust“, das erste Heft, beginnt mit folgenden Worten: *Flammenspeere durchzucken die Nacht, als die STARDUST inmitten einer Feuersäule abhebt und die Erde hinter sich lässt. Ihr Ziel ist der Mond. Chefpilot und Expeditionsleiter der STARDUST ist ein Major der US Space Force. Sein Name: PERRY RHODAN!*

Shakespeare

Wie lautet der Name des „Hamlet“-Dichters wirklich?

Um ehrlich zu sein, kann das zum gegenwärtigen Zeitpunkt niemand mit absoluter Sicherheit sagen. Wir wissen über diesen größten englischen Dichter herzlich wenig. Die erste Beschreibung Shakespeares wurde 64 Jahre nach seinem

Tod durch einen Mann verfasst, der zehn Jahre nach dem Ableben des Dichters geboren wurde. Viele Fragen bleiben offen. Welchen Vergnügungen ging Shakespeare in seiner Freizeit nach? War der Dichter nach der Trennung von seiner Familie dem eigenen Geschlecht zugetan? Wie viele Stücke schrieb er eigentlich? Und in welcher Reihenfolge? Alles bleibt im Dunkeln. Selbst die Aussprache des Dichternamens. Vielleicht war es ein kurzes „ä", das die erste Silbe formte? Genau 14 Wörter sind von Shakespeares eigener Hand erhalten: sechsmal der Name sowie „by me" auf seinem Testament. Das Kuriose dabei, alle sechs Namen zeigen eine andere Schreibung als die heute übliche: Willm Shaksp – William Shakespe – Wm Shakspe – William Shakspere – Willm Shakspere – William Shakspeare.

Boxen: Der ehemalige Schwergewichtsweltmeister Gene Tunney hielt in späteren Jahren auf der Yale Universität Vorlesungen über Shakespeare. Dies zum Vorurteil über den dumpfen, ungebildeten Boxer!

England: Genauso wie seine Königin Elisabeth I. setzte auch der große englische Dichter seinen Fuß nie außerhalb Englands.

Globe Theatre: Wenn auch in „Henry V" als „this wooden O" beschrieben, dürfte das berühmte Globe eher ein Polygon gewesen sein. Denn Eichenholz, so meinen Historiker, konnte mit damaligen Mitteln nicht gebogen werden.

Psalm 46: Das 46. Wort im Psalm 46 der *King James Bible* lautet „shake", das 46. Wort vom Ende des Psalms gerechnet „spear". William Shakespeare war 46 Jahre alt, als diese Bibelversion übersetzt wurde. Vermutlich ist dieser „Zufall" in Wahrheit als Geschenk an den großen Dichter zu verstehen.

Richard II.: Die Szene, in der der König entthront wird, durfte im Historienschauspiel *Richard II.* erst fünf Jahre nach Elisabeths Tod in gedruckter Form erscheinen. Damals galt es in Tudorkreisen als Blasphemie, einen Gesalbten abzusetzen.

Star: Ein Vorschlag im letzten Jahrzehnt des 19. Jahrhunderts, alle Vogelarten, die bei Shakespeare erwähnt werden (Heinrich IV., Teil 1), nach Amerika zu bringen, führte zu einer Invasion durch den Star. Ein Pärchen wurde im Central Park in New York ausgesetzt und konnte sich in den Folgejahren rasant vermehren.

Sonnenaufgang im Naturreservat

1981

aus dem Buch: The Master of Illusions

Öffnen Sie mit Sandro Del-Prete das Fenster des Lebens
und blicken Sie mit offenem Herzen hinaus in die weite Landschaft.
Was sehen Sie nun?

Mensch & Natur

Werte Leserin, werter Leser!
Vielleicht haben Sie sich schon einmal gefragt, wie viele Lebewesen es sich auf Ihrer Haut gutgehen lassen? Oder warum manche Völker Rinderblut und Urin trinken? Sicherlich interessiert Sie die Speicherkapazität Ihres Gehirns? Zumindest werden Sie wissen wollen, ob diese optimal genutzt wird. Lausen Affen sich wirklich? Können Hühner kopflos leben? Wie groß wird der Hoden eines Glattwals? Was immer bei Ihren Freunden am Stammtisch zu Diskussionen führen kann – hier bekommen Sie eine kleinen Einblick in die große Wunderwelt der Natur. Öffnen Sie ihr Wahrnehmungsfenster und blicken Sie einfach hinaus in die Weite der Landschaft.

Wissen Sie's? – So Pi mal Daumen?

A. **Albatros:** Wie groß ist die Flügelspannweite eines Albatros?
B. **Baby:** Wie viel wog das schwerste Baby bei der Geburt?
C. **Bambus:** Wie viele Zentimeter pro Tag kann Bambus wachsen?
D. **Eukalyptus:** Welche Höhe erreichte der größte Eukalyptus?
E. **Heuschrecken:** Wie groß war der Heuschreckenschwarm, der 1958 Somalia verwüstete?
F. **Operation:** Wie lange dauerte die längste Operation an einem Menschen?
G. **Paviane:** Wie oft pro Jahr wird ein Pavianweibchen sexuell belästigt?
H. **Springmaus:** Obwohl nur 15 Zentimeter lang, kann die Springmaus weit hüpfen. Wie weit?
I. **Wanderfalke:** Welche Geschwindigkeit erreicht ein Wanderfalke im Sturzflug?
J. **Weinbau:** Auf welcher geografischen Breite liegt der nördlichste, kommerziell genutze Weingarten?

Antworten: A: 3,60 m/B: 10,2 kg/C: 90 cm (fast 4 cm pro Stunde)/ D: 132,5 m/E: 40 Milliarden Insekten – dabei wurden immerhin 80 Millionen Kilogramm Futter vertilgt/F: 96 Stunden – Grund: schwaches Herz/ G: 260-mal/H: 200 Zentimeter/I: 350 km/h/J: 54°42' Nord – in Großbritannien

Fische & Reptilien

Welcher Fisch kann seekrank werden?

Goldfische haben das breiteste Farbspektrum aller Lebewesen. Sie können zudem seekrank werden, wie Testversuche mit künstlichen Wellenbewegungen im Wasserglas zeigen.

Brasilianischer Vampirfisch: Der Candirú trägt zu Recht diesen Beinamen, kann dieser etwa 15 cm lange Amazonasfisch doch bei nackten Badenden in die Körperöffnungen schwimmen, egal ob Rektum, Vagina oder Penis (bis zur Harnröhre). Dort verhakt er sich derart stark, dass ein Entfernen nur durch Arzthilfe möglich ist. Anmerkung: Normalerweise hakt er sich in den Kiemenöffnungen anderer Fische fest, von deren Blut er sich ernährt.

Chamäleons: Sie ändern ihre Farbe nicht zur Anpassung an den Hintergrund, sondern aufgrund ihrer verschiedenen emotionalen Zustände, etwa Angst, sexuelle Erregung oder klimatische Extremsituationen. Spezielle Hautzellen (Chromatophoren) haben unterschiedliche Pigmente, die das Licht in allen Regenbogenfarben reflektieren.

Dinosaurier: (1) Manche dieser Riesenechsen hatten ein Verhältnis von Körpergewicht zu Gehirngewicht von bis zu 350 000 bis 380 000 zu 1. Bei Mensch beträgt es etwa 50 zu 1. (2) Der von Sir Richard Owen gewählte Name Dinosaurier bedeutet „fürchterliche Echsen". Eigentlich sind diese Reptilien jedoch mit den Krokodilen näher verwandt. (3) Unklar ist auch, weshalb diese Riesenechsen vor 65 Millionen Jahren plötzlich ausstarben. Die gängigsten

Hypothesen vermuten einen Meteoriteneinschlag. Nachweis dafür ist eine für dieses Schwermetall atypische Iridiumschicht. (4) Der „Dinosaurier" wurde so populär, dass der Name heute auch als Metapher für rückwärtsgewandte, nicht mehr zeitgemäße (Menschen und) Dinge verwendet wird.

Frösche: Diese Teichbewohner fressen immer mit geschlossenen Augen, da sie dabei mit den Augäpfeln gegen die Mundhöhle drücken. Damit wird nachgeholfen, die Nahrung in den Magen zu befördern.

Garnelen: Einen Rekord der Natur halten Garnelen wohl für immer. Sie können, da sie in riesiger Dichte vorkommen, durch das Herauspressen von Wasser aus ihren Klauen eine Lautstärke von über 240 Dezibel erreichen. Dies entspricht 160 Dezibel in der Luft, mehr als beim Start eines Düsenflugzeugs erreicht wird. Kein Lebewesen schafft es, im Kollektiv einen höheren Lärmpegel zu erzeugen.

Krokodile: Diese Echsen haben eine enorme Beißkraft, vergleichbar der Aufprallwucht eines 30-Tonnen Lastwagens, der von einer 20 Meter hohen Klippe stürzt. Die Muskeln, die das Maul öffnen, sind dafür extrem schwach. Ein Erwachsener könnte das Maul ohne Probleme mit einer Hand zuhalten.

Schildkröten: (1) Als Spezies sind Schildkröten 275 Millionen Jahre alt, stammen also aus dem mittleren Abschnitt des Erdmittelalters, der Trias. (2) Schildkröten erreichen auch das höchste Alter unter den Wirbeltieren. Am 23. Juni 2006 verstarb die Galápagos-Riesenschildkröte Harriet, die Charles Darwin von seiner Forschungsreise mitgenommen hatte, im geschätzten Alter von 176 Jahren. König Faruks Schildkröte soll sogar 270 Jahre alt geworden sein.

Schlangen: Das Aussaugen der Wunden hilft bei Schlangenbissen nicht, denn das Gift verbreitet sich zu schnell im Körper. Ruhigstellung des betreffenden Körperteils und Hilfe im Krankenhaus sind das einzige Mittel.

Schwertfische: Über kürzere Distanzen schaffen Schwertfische eine Geschwindigkeit von 110 km/h.

Seesterne: Manche Seesterne haben die Fähigkeit, aus einzelnen Armen wieder einen ganzen Stern entstehen zu lassen (Regeneration). Zuerst entsteht die Körperscheibe, dann wachsen die Arme knospenartig hervor. Salopp gesprochen: eine spezielle Art der Fortpflanzung.

Tintenfische: Diese haben wie viele Meeresbewohner (Hummer, Krebse, Schnecken, Skorpione) bläuliches Blut, da der Sauerstofftransport von einem Kupferprotein übernommen wird.
Tyrannosaurus rex: Das größte fleischfressende Reptil der Geschichte hatte Arme, mit denen es nicht einmal seinen 1,20 m langen Kopf erreichen konnte.
Zitteraale: In der Tierwelt einzigartig, erreichen Zitteraale eine elektrische Entladung von 400 Volt. Dabei wird die Hälfte der gesamten Körperenergie eingesetzt.

Insekten & Kleinstlebewesen

Warum haben Eintagsfliegen keine Mundwerkzeuge?

Wie der Name sagt, leben Eintagsfliegen nur wenige Stunden bis maximal ein paar Tage als Erwachsene. Sie haben verkümmerte Mundwerkzeuge und einen funktionslosen Darm, da sie in ihrem kurzen Leben, das ausschließlich der Begattung und Eiablage dient, auch nichts fressen. Anders sieht die Situation im Larven- und Nymphenstadium aus: zu diesem Zeitpunkt sind die Mundwerkzeuge voll entwickelt.

Ameisen: Ein Prozent aller Insekten der Erde sind Ameisen, Lebewesen mit dem größten Gehirn im Vergleich zur Körpergröße (6 Prozent des Gesamtgewichts). Die zwei größten Ameisenkolonien in Hokkaido, Japan, sowie im Dreieck Frankreich-Spanien-Portugal haben 300 Millionen bzw. mehrere Milliarden Einwohner. Die Ausdehnung des europäischen Riesenbaus beträgt an die 6 000 Kilometer.
Bakterien: (1) Ungeheuer zahlreich sind diese Kleinstlebewesen, keine Frage. Sie machen 70 Prozent aller Lebewesen aus. Die meisten Bakterien sind äußerst nützlich. Bakterien verwandeln etwa Gras und Blätter im Kuhmagen in Zucker. Hätte der Mensch dieselben Bakterien zur Verfügung, könnte er auch von Gras leben. Ein Tropfen Flüssigkeit kann bis zu

50 000 000 Bakterien enthalten. (2) *Deinococcus radiodurans* hat die besten Chancen, einen Atomkrieg zu überstehen. Dieses Bakterium ist gegen radioaktive Strahlung 150 000-mal so resistent wie der Mensch. In der Natur findet sich das von Studenten als „Conan der Barbar" titulierte Bakterium in Lama- und Elefantendung.

Bienen: Unsere Honigsammler töten weltweit mehr Menschen pro Jahr als Giftschlangen. Sie müssen zudem mehr als 4 000 000 Blüten anfliegen, um ein Kilo Honig zu produzieren.

Fliegen: Eine etwa fünf Millimeter lange Fliege ist das größte Lebewesen, das ständig auf dem antarktischen Festland lebt. Anmerkung: Pinguine tun dies nur während der Brutzeit und der Aufzucht der Jungen.

Hornissen: Stiche dieser zur Familie der Wespen gehörenden Insekten sind harmlos wie ein Bienenstich und zudem selten, denn Hornissen sind in unseren Breiten fast schon ausgestorben.

Insekten: Die meisten Insekten haben gelbliches bis hellgrünes Blut, dem das Hämoglobin völlig fehlt.

Läuse: (1) Der feuchte Film, der bisweilen als schleimiger „Honigtau" auf den unter Bäumen geparkten Autos klebt, ist nichts anderes als Läusekot. Nach dem Saugen des Gefäßsaftes der Bäume (in der Fachsprache Phloem) wird der überschüssige Zucker über die Verdauungsorgane ausgeschieden. (2) Manche Ameisenarten hüten Läuse auf Bäumen und trinken eine von den Läusen abgesonderte Flüssigkeit.

Libellen: Die Facettenaugen der Libellen können aus bis zu 30 000 Einzelaugen (Ommatidien) bestehen.

Moskitos: Diese Plagegeister haben 47 Zähne. Sie können mit Blut voll gesaugt das Doppelte ihres „Leergewichts" erreichen.

Motten: Ausgewachsene Motten fressen keine Wollkleidung. Es sind vielmehr ihre Raupen, vor denen wir uns schützen müssen.

Regenwürmer: Ein neuer Kopf kann nachwachsen, wenn bis zu vier der Ringsegmente vom Kopfende abgeschnitten werden. Das Gleiche gilt für das Schwanzende. Dagegen stimmt es nicht, dass ein halbierter Regenwurm als zwei Würmer weiterleben kann.

Schmetterlinge: Bis zu 12 000 Facetten haben die Augen von Schmetterlingen. Sie können zudem die Süße einer Lösung von einem Teil Zucker in 300 000 Teilen Wasser erkennen.
Schnecken: Wahre Dauerschläfer finden sich unter den Schnecken. Manche Arten schaffen bis zu drei Jahre ohne Unterbrechung.
Seidenraupen: Unter Kaiser Justinian wurden Seidenraupen aus China eingeschmuggelt. Randbemerkung: Seidenraupen haben 11 Gehirne.

Intelligenz

Wie viel Speicherkapazität nutzt unser Gehirn?

Die Speicherkapazität des menschlichen Gehirns wird angeblich nur zu rund 15 Prozent genutzt. Gelänge es, hier eine nennenswerte Steigerung zu erreichen, wären wir alle universal gebildet. [Anmerkung: Dazu müssten wir auch Lust zum Lernen haben.]

Gehirn: Einstein hatte nur ein durchschnittlich großes Gehirn. Doch war die neuronale Vernetzung in mancher seiner Gehirnregionen, wie etwa dem Scheitellappen, außergewöhnlich hoch entwickelt. Entscheidend dürfte auch sein, ob beide Gehirnhälften optimal eingesetzt werden. Kurzformel: Logik + Kreativität = Intelligenz. Vielleicht kennen Sie auch einige Universalgenies? Dennoch unterlief dem großen Physiker bei den Berechnungen zur allgemeinen Relativität trotz seiner Intelligenz ein Schuljungenfehler: Einstein dividierte durch null!
IQ: Britische Forscher fanden heraus, dass der IQ von gestillten Kindern um etwa acht Punkte höher liegt als bei Flaschenkindern. Außerdem wird mit der Muttermilch eine Immunität gegen Krankheitserreger übertragen.
Zuhörer: Auch wenn Sie kein begnadeter „Zuhörer" sind, brauchen Sie sich nicht allzu viele Gedanken zu machen. Sie müssen nur 70 Prozent beim Zuhören verstehen, die fehlenden 30 Prozent ergänzt das Gehirn vollautomatisch.

Gesund & krank

Kann man sich am Südpol erkälten?

In der Nordpolregion oder der Antarktis können Sie sich gleichzeitig Frostbeulen und einen Sonnenbrand holen. Ebenso im Hochgebirge. In den Polarregionen kann man sich jedoch nicht erkälten. Die gängigen Viren können dort nämlich nicht überleben.

Akne: Drei von vier jungen Menschen würden ein Vermögen ausschlagen, um ihre Akne loszuwerden, besagen Umfrageergebnisse.
Blutegel: Früher war Schröpfen, also das Auflegen von Blutegel, so verbreitet, dass das Wort „Blutegel" in einigen Sprachen zum Synonym für Arzt wurde. George Washington war eines der prominenten Opfer dieser „Heilmethode". Interessant ist, dass man im 18. Jahrhundert annahm, der Mensch habe mehr als 5 Liter Blut, was zu viel zu großen Aderlässen führte.
Bräunung: Vollschatten entspricht dem Sonnenschutz einer Creme mit Faktor zwei bis vier. Durch die Atmosphäre wird nämlich das Sonnenlicht gestreut, und der Bräunungsprozess setzt ein. Je nach Umgebung werden die Strahlen sehr gut (Wasser, Sand) oder weniger stark reflektiert. 25 bis 50 Prozent gelangen jedoch in jedem Fall an unseren Körper.
Cayennepfeffer: Wer häufig Cayennepfeffer isst, hat besseren Schutz vor Herzinfarkt, Embolien, Schlaganfall und Kreislauferkrankungen. Vermutlich ist der Wirkstoff Capsicain entscheidend.
Glatzenbildung: Hippokrates, der große griechische Arzt, verordnete gegen Glatzenbildung vorbeugend ein Pflaster aus Taubenmist.
Herztransplantation: Der südafrikanische Chirurg Christian Barnard ließ sich bei der ersten Herztransplantation von einem sehr geschickten Tierpräparator assistieren, der, weil schwarz, in der Klinik offiziell als Hausmeister beschäftigt war.
Kaiserschnitt: Um 1550 wurde in Europa der erste Kaiserschnitt durchgeführt, bei dem die Mutter überlebte. Der Operateur unbekannten Namens war von Beruf Schweinekastrierer.

Krebs: Unerklärlich ist die Tatsache, dass die Hunza im Nordwesten von Kaschmir vom Krebs völlig verschont bleiben.

Malaria: (1) Moskitos stechen nur, wenn sie weiblichen Geschlechts sind. Allerdings sind Moskitos – abgesehen vom Menschen selbst – die größten Menschenkiller der Geschichte: Die Zahl iher Opfer liegt bei etwa 450 Millionen. Malaria, Gelbfieber, Elephantiasis, Gehirnhautentzündung usw., immer sind Moskitos die Überträger. (2) Am Ende des 19. Jahrhunderts erkannten Sir Patrick Manson und Ronald Ross diese Zusammenhänge. Manson war sogar bereit, seinen Sohn zu infizieren, um nachzuweisen, dass nicht nur Tiere betroffen seien. Mit Glück und Einnahme von Chinin konnte der Knabe dann gerade noch gerettet werden. Der Name bedeutet „schlechte Luft".

Perücke: Vermutlich hatte die Perücke, also künstliches Haar, zur Zeit ihrer Entstehung um 1450 den Zweck, die Läuseplage zu verringern. Prostituierte versuchten wahrscheinlich, auch andere Übel zu verschleiern.

Priapismus: Die durchschnittliche Erektion beim Menschen dauert etwa zwanzig Minuten. Bleibt der Penis dagegen über mehrere Stunden steif, liegt vermutlich das Krankheitsbild des Priapismus vor. (Priapos war ein antiker Satyr, der immer mit überdimensionalem, erigiertem Penis abgebildet wurde.) Diese Erektion wird schmerzhaft und führt wegen der schlechten Durchblutung auf Dauer zur Schädigung des Schwellkörpers.

Progeria: Diese seltene Erkrankung presst das Leben eines Menschen in rund ein Dutzend Jahre. Mit sieben bis acht Jahren kann ein Kranker wie ein Greis aussehen und fühlen, mit etwa elf bis zwölf Jahren stirbt er an „Altersschwäche".

Radium: Die Mitentdeckerin des Radiums, Marie Curie, ist der erste Mensch, von dem man weiß, dass er durch radioaktive Strahlung starb. Der Grund: Sie isolierte in jahrelanger Arbeit Radium aus mehreren Tonnen von Pechblende.

Schlaf: Momentan sind fast neunzig Schlaferkrankungen bekannt, an denen die meisten Menschen in der einen oder anderen Form leiden. Durchschnittlich wacht der Mensch mehr als zehnmal pro Nacht auf. Die Einschlafphase dauert im Durchschnitt sieben Minuten.

Warzen: Durch zufällige Berührungen, wie etwa Händeschütteln, können Warzen übertragen werden.
Zähne: George Washington hatte zeitlebens Probleme mit seinen Zähnen. Sein Gebiss zur Zeit des Präsidentschaftsantritts war großteils aus Nilpferd-Elfenbein gemacht, mit Einzelteilen aus Pferde- und Eselszähnen. Menschliche Zähne waren nur schwer zu bekommen, und wenn verfügbar, oft in verfaultem oder durch die Syphilis zerfressenem Zustand. Eine Abhilfe boten die blutigen Schlachtfelder, wo der Zahnersatzmarkt regelrecht blühte: Ein Beispiel sind die sogenannten Waterloo-Zähne.

Mensch

Wie viele Lebewesen leben auf der Haut eines Menschen?

Auf der Hautoberfläche eines einzigen Menschen leben mehr Lebewesen als Menschen auf der Erde.

Achsel- und Schamhaare: Im Durchschnitt wachsen Haare etwa einen Zentimeter pro Monat. Warum müssen wir jedoch Achsel- und Schamhaare kaum je schneiden? Die simple Antwort: Im Gegensatz zum Kopfhaar, das bis zu sechs Jahre alt wird, fallen Achsel- und Schamhaare bereits nach ungefähr sechs Monaten aus. Sie können also nie mehr als höchstens ein paar Zentimeter lang werden.
Auge: Das menschliche Auge kann mehr als 500 verschiedene Grauwerte unterscheiden. In dieser Hinsicht wird es aber noch deutlich vom Auge eines Hundes übertroffen.
Brüste: Weibliche Brüste „leiern" nicht aus, wenn über einen längeren Zeitraum kein BH getragen wird. Im Gegenteil: Womöglich werden die Bänder durch die ständige Beanspruchung sogar gestärkt. Auf jeden Fall sollten Sportlerinnen ab Körbchengröße C einen BH tragen, da sonst die nicht gestützten Brüste bei intensivem Sport als unangenehm empfundene spiralförmige Bewegungen machen.

Chromosomen: Das weibliche X-Chromosom hat exakt 422 Gene, das männliche Y-Chromosom 29. Genetisch vererben daher Frauen (XX) mehr als Männer (XY). Ergänzung: Eine weibliche Eizelle ist circa 175 000-mal so groß wie eine männliche Spermazelle.
DNA: (1) Nehmen Sie einen Teelöffel zur Hand und stellen Sie sich folgende, fast unglaubliche Tatsache vor: Die gesamte DNA aller 6 500 000 000 lebenden Menschen, also das Erbgut unserer Spezies, hätte in diesem Löffel Platz. (2) Ein beträchtlicher Teil der DNA ist für unseren Bauplan völlig unbrauchbar. Biologen haben dafür den sprechenden Namen „Junk-DNA" (Müll-DNA) kreiert. Der Sinn und Zweck dieser Abschnitte, die sich auch bei Hunden, Hühnern oder Fischen findet, ist noch absolut unklar.
Embryo: Nach vier Wochen ist ein Embryo ca. 10 000-mal größer als das befruchtete Ei.
Füße: Nicht der Regulierung der Körpertemperatur dienen die Schweißdrüsen auf den Fußsohlen, sondern sie sollen vielmehr eine bessere Haftung bringen. Solange der Mensch barfuß lief, war dies eine wichtige Funktion.
Gehirn: Das Gehirn braucht zehnmal mehr Sauerstoff als alle anderen Organe zusammen, rund 20 Prozent der gesamten Energie, die wir uns zuführen. Dabei macht das Gehirn nur 2 Prozent der Körpermasse aus. Jedenfalls gibt es im ganzen Universum keine Materie, die besser geordnet ist als das menschliche Gehirn.
Gleichgewicht: Rund 300 der insgesamt 639 Muskeln sind notwendig, um im Stehen das Gleichgewicht zu halten.
Haarlänge: Nur in Ausnahmefällen sind Guinness-Rekorde wie die mehr als fünfeinhalb Meter Haarlänge (der Chinesin Xin Qiuping) möglich, da sich die Zellen nach spätestens sechs Jahren zu teilen beginnen und damit das Haar ausfällt. Rapunzels „zwanzig Ellen" aus dem gleichnamigen Märchen, die den Einstieg in den Turm ermöglichen sollten, würden dagegen mindestens zehn bis siebzehn Metern entsprechen (je nach Region) – offensichtlich eine dichterische Freiheit der Brüder Grimm.
Herz: Bei einer angeregten Diskussion oder einem raschen Spaziergang schlägt das Herz schneller als beim Geschlechtsverkehr.

Kopf: Knapp 80 Prozent der Körperwärme entweicht über den Kopf. Ein Hut kann daher selbst bei frierenden Füßen wahre Wunder wirken.

Lächeln: Lächeln scheint Kraft sparend zu sein. Der Mensch benötigt dabei nur 17 Muskeln. Möchte er seinen Unwillen ausdrücken, muss er dagegen 43 Muskeln bewegen.

Lachen: Tonbandaufnahmen, die rückwärts abgespielt werden, klingen deutlich anders als das Original. Die große Ausnahme: das Lachen.

Leber: Jede Minute werden in der Leber etwa 140 000 rote Blutkörperchen zerstört und aus dem Knochenmark wieder ersetzt.

Milch: Rund 90 Prozent aller Asiaten und Afrikaner können keine Milch verdauen. Ihnen fehlt das Enzym Lactase, mit der der Milchzucker (Laktose) aufgespalten werden kann. Blähungen, Durchfall und Bauchschmerzen wären die Folge von Milchkonsum.

Muttermal: Im Durchschnitt hat der Mensch ungefähr 25 Muttermale auf seinem Körper.

Schwitzen: Kein Säugetier schwitzt so viel wie der Mensch. Die meisten Schweißdrüsen befinden sich auf den Handflächen, den Fußsohlen, in den Achselhöhlen und auf der Stirn.

Überleben: Der Mensch kann überleben, selbst wenn er 80 Prozent seines Darms oder 75 Prozent seiner Leber verliert. Er braucht keine Milz und keine Unterleibsorgane, er kommt mit einem Lungenflügel und einer Niere aus. Doch nur 20 Prozent Verlust an Körperflüssigkeit (Dehydratation) sind in jedem Fall tödlich.

Natur-Mix

Sind die meisten Lebensformen der Erde bereits ausgestorben?

Wenn man es auch nur schwer glauben kann, 99 Prozent aller Lebensformen, die je unseren Planeten bevölkert haben, sind bereits ausgestorben.

Fahrschule: Offensichtlich erst nach Überwindung einer ausgeprägten Lernschwäche brachte es ein englischer Fahrschüler schließlich doch zum Führerschein: 632 Fahrstunden, 5.000 Pound Sterling Gebühren, 8 Fahrlehrer und 5 Unfälle pflasterten den beschwerlichen Weg.

Hundetreue: Als der schottische Schäfer Auld Jock 1858 starb, wurde sein Grab Tag und Nacht von seinem treuen Skye-Terrier bewacht, ganze 14 Jahre lang. Nur zum Fressen zottelte der Hund zu Auld Jocks Stammlokal, wo man ihn aus Pietät durchfütterte. Letztlich wurde der Terrier neben seinem Herrchen beigesetzt.

Kokain: Sigmund Freud verwendete sehr früh Kokain als örtliches Betäubungsmittel. Da er die Suchtfolgen nicht abschätzen konnte, führte Freuds Lob der Wirksamkeit gegen Schmerzen zu einer Welle der Kokainsucht in ganz Europa.

Kokosmilch: Die Flüssigkeit junger Kokosnüsse kann als Ersatz für Blutplasma verwendet werden, wie man während des Zweiten Weltkriegs in Pazifik-Sanatorien herausfand. Außerdem heilen Wunden schnell, wenn sie mit Kokosnussfasern genäht werden.

Marihuana: In früheren Zeiten wurde Marihuana in China als Heilmittel gegen Gicht, Rheuma, Malaria, Beri-Beri und Vergesslichkeit verabreicht.

Opium: Das im amerikanischen Bürgerkrieg als Schmerzmittel eingesetzte Opium führte zu einer unglaublich hohen Zahl von Süchtigen: über 100 000 bei Kriegsende 1865, das war immerhin jeder vierhundertste Staatsbürger.

Penicillin: Alexander Fleming entdeckte 1928 das Penicillin durch puren Zufall. Er ließ eine nicht abgedeckte Glasschüssel für bakteriologische Experimente in seinem Labor stehen. Durch ein offenes Fenster trieb ein von einem Laboranten achtlos „freigesetzter" Schimmelpilz auf die Staphylokokkenkultur. Am nächsten Morgen fand Fleming die durch den Schimmelpilz abgetöteten Bakterien. Ein Wundermittel zur Bakterienbekämpfung war gefunden!

Stachelschwein-Dilemma: Der ewige Pessimist Arthur Schopenhauer prägte 1851 in seinem Werk „Parerga und Paralipomena" diesen Begriff als Gleichnis für den Menschen, der nicht allein sein, aber auch nicht zusammenleben kann. *Stachelschweine rücken an einem kalten Tag zusammen, um sich zu erwärmen. Dabei stechen sie sich allerdings mit ihren Stacheln und müssen daher sofort wieder auseinandergehen. Irgendwann stellt sich jedoch der Idealabstand ein.* Beim Menschen, so Schopenhauer, wäre dies ein Beisammensein, das durch Höflichkeit und gute Sitte bestimmt ist.

Pflanzen & Pilze

Wie groß wird der Honigpilz?

Ein Honigpilz (Armillaria ostoyae) im Malheur National Forest in Oregon hat sich zu der Größe von fast 900 Fußballfeldern (890 Hektar) ausgewachsen. Zugegeben, die Myzelien breiten sich fast ausschließlich unterirdisch aus und ersticken selbst Baumwurzeln mit ihren umschlingenden Tentakeln. Das Alter dieses Riesenorganismus wird auf 2 000 bis 8 000 Jahre geschätzt.

Banane: (1) Keine andere Pflanze ohne einen festen Stamm erreicht die Größe der Bananenstaude. Botanisch gesehen ist die Banane eine Beere. Der lateinische Name, *musa sapientum*, kann mit „Frucht der Weisheit" übersetzt werden. (2) Bananen sind das profitabelste Ernte-Exportprodukt der Welt. (3) Allerdings besteht eine Gefahr für die Zukunft: Da Bananenstauden seit Tausenden von Jahren nur aus Setzlingen bestehen und damit genetisch unverändert sind, sind sie extrem krankheitsanfällig. (4) Noch ein Rekord: Guinness führt den Verzehr von 81 Bananen in einer Stunde als Weltrekord für diese „Frucht".
Eichen: Der Volksmund empfiehlt bei Blitzgefahr: „Vor Eichen sollst du weichen, Buchen sollst du suchen". Leider ist das blanker Unsinn. Nur die Höhe eines Baumes ist entscheidend. Vielleicht hat die zerklüftete, von Blitzen besonders mitgenommene Rinde einer Eiche zu dieser Volksweisheit geführt?
Gummibaum: Wie auch andere Feigenarten braucht der Gummibaum keine farbigen, duftenden Blüten zur Anlockung von Bestäubern. Er lebt stattdessen symbiotisch mit einer bestimmten Feigenwespenart.

Kakao: Bei den Azteken standen Kakaobohnen hoch im Kurs und dienten sogar als Zahlungsmittel. Vier Bohnen zahlte man für ein Kaninchen, hundert Bohnen für einen Sklaven.
Kokosnuss: Eine aus 35 m Höhe herunterfallende Kokosnuss von 3 kg trifft mit einer Wucht von mehr als einer Tonne auf dem Boden auf. In Papua-Neuguinea sind mehr als zwei Prozent aller Verletzten in Ambulanzen Opfer von fallenden Kokosnüssen.
Orchidee: Die Zungenorchidee ahmt mit ihren Blüten weibliche Wespen so perfekt nach, dass die männlichen Tiere in der Tat zum Samenerguss animiert werden.
Pilze: Da den Pilzen das Chlorophyll fehlt, gehören sie streng genommen gar nicht zu den Pflanzen.
Pfahlbauten: Palisadenhölzer von prähistorischen Pfahlbauten sind nach tausenden von Jahren in Oberitalien völlig intakt gefunden worden.
Safran: (1) Um ein Kilo des Gewürzes Safran (persisch *zafarān* „sei gelb") herzustellen, braucht man zwischen 80 000 und 150 000 Blüten dieser Krokusart, also eine Anbaufläche von circa 1 000 Quadratmetern. (2) Unter Heinrich VIII. wurde illegales Einmischen anderer Gewürze mit dem Tode durch Verbrennen oder Lebendigbegraben geahndet.
Schimmelpilze: Eine Pilzart, die auf dem Kot von Pflanzenfressern gedeiht, erreicht beim Wegschleudern ihrer Sporen Geschwindigkeitswerte von 90 km/h. Das ist immerhin 400-mal so schnell wie unser Lidschlag.
Zedern: Weiße Zedernbäume aus den Sümpfen Virginias konnten nach mehr als 3000 Jahren im Wasser gut zu Bauholz verarbeitet werden.

Salz

Warum werden Rinderblut und Urin getrunken?

Kaum vorstellbar, trinken manche Menschen in salzarmen Gegenden Afrikas Rinderblut oder gar Urin, um den täglichen Salzbedarf zu stillen. Als Waschmittel wird Urin in manchen Ländern bis heute verwendet.

Amouröse Abenteuer: Im Orient ist es üblich, Brot und Salz zur Begrüßung zu reichen. Wer allerdings der Frau des Gastgebers Salz anbietet, fordert sie zu einem amourösen Abenteuer auf.
Christentum: Das Salz symbolisiert die Weisheit. So sprach Jesus zu seinen Jüngern: „Ihr seid das Salz der Erde."
Enteisung: Knapp ein Zehntel der Weltproduktion von Salz wird alljährlich zur Enteisung auf amerikanische Straßen geschüttet.
Karthago: Nachdem die Römer im 3. Punischen Krieg die gesamte Bevölkerung versklavt und Karthago geschleift hatten, streuten sie Salz, um den Boden für immer unfruchtbar zu machen.
Koscheres Salz: Wenn auch manche Rezepte koscheres Salz empfehlen, so unterscheidet sich dieses außer in der Grobkörnigkeit in nichts vom normalen Meersalz. Salz kennt also keine Glaubensrichtung!
Kriminalrecht: Das alte holländische Recht sah eine gefürchtete Strafe vor. Verbrechern wurde zwar Brot und Wasser gereicht, allerdings ohne den geringsten Zusatz von Salz. Das Essen wurde damit zur Qual.
Meer: Wie kommt das Salz ins Meer? Das ist seit je her eine der Königsfragen. Die Antwort: Flüsse waschen Salze aus den Böden, Gesteinen und Mineralien aus. Da das Meerwasser ständig umgewälzt wird und die oberste Schicht verdunstet, bleibt das Salz zurück. Dieser Prozess geht über Milliarden von Jahren. Flüsse und Seen sind vergleichsweise jung (wenige Millionen Jahre) und daher ziemlich salzfrei.
Salarium: Die römischen Legionäre bekamen einen Teil ihres Gehalts in Salz ausbezahlt, das Salarium. Daraus hat sich der Begriff Salär entwickelt. In der Antike war Salz Zahlungsmittel.
Salzreserven: In den Ozeanen lagern ungeheure Mengen von Salz, schätzungsweise 40 Milliarden Tonnen. Das würde reichen, um die USA mit einer 1 600 m dicken Salzschicht zu überziehen.
Salzwasser: Fische im Meereswasser müssen ständig „trinken", also Wasser über Mund und Kiemen aufnehmen, sonst würden sie vertrocknen. Der Grund: Wasser in unterschiedlichen Salzkonzentrationen dringt von der „süßen" zur „salzigen" Seite (Osmose). Bei Süßwasserfischen ist es genau

umgekehrt. Diese scheiden permanent über die Nieren Flüssigkeit aus, sonst würden sie bald platzen. Lachse und Aale können beides und erhöhen zudem im Salzwasser den Harnstoffgehalt ganz beträchtlich.
Sündenesser: In einigen Tälern von Wales existiert der Brauch, bei einem Todesfall Brot und Salz auf den Sarg zu legen und diese Beigaben vom „Sündenesser" verspeisen zu lassen.
Volksglaube: Bis heute werden dem Salz in vielen Völkern Heilkräfte zugeschrieben. So soll es böse Geister, Feuerkatastrophen und Hexen abwehren. Kein Wunder, dass sogar Neugeborene mit diesem Wundermittel eingerieben werden. In vielen Gemeinschaften ist es Brauch, Türschwellen zu bestreuen und Brunnen und Viehtröge zu „salzen".

Säugetiere

Lausen sich Affen wirklich?

(1) Affen sind frei von Parasiten und lausen sich daher auch nicht. Das Zupfen im Fell von Artgenossen dient dem Entfernen von Hautresten und Salzkrusten.
(2) Kurioser „Fall": In Benin wurde 1997 ein Affe wegen Diebstahls einer Fernsehantenne festgenommen, zusammen mit seinem Besitzer, der das Tier entsprechend abgerichtet hatte.

Bären: Ähnlich wie Menschen sind Bären auch Links- oder Rechtshänder. Anmerkung: Das Gleiche gilt für Papageien, daher ist diese Besonderheit nicht auf Säugetiere beschränkt.
Bison: Der nordamerikanische Bison dürfte Schätzungen zufolge vor 20 000 Jahren 30 bis 180 Millionen Tiere umfasst haben. Anfang des 20. Jahrhunderts gab es nach gnadenloser Bejagung – oft rein zum Spaß – noch knapp mehr als 100 Bisons. Heute hat sich dieses Prachttier wieder auf 200 000 Exemplare erholt.
Dalmatiner: (1) Diese Hunde kommen in der Regel ohne Punkte auf die Welt. Erst nach ungefähr zehn Tagen bilden sich bei den Welpen die

berühmten Punkte. (2) Rund fünf Prozent aller Dalmatiner sind völlig und ungefähr ein Viertel einseitig taub.

Delphine: (1) Bemerkenswerterweise können sich Delphine mit ihren Schwanzflossen effizienter, also mit weniger Energieverbrauch, fortbewegen als ein Schiff mit Schiffsschrauben. (2) Diese intelligenten Meeresbewohner haben 260 Zähne, mehr als jedes andere Säugetier. Dennoch schlucken sie ihre Beute als Ganzes. (3) Aristoteles vermutete bereits etwa 340 v. Chr., dass Delphine Säugetiere sind. Er beobachtete, dass lebende Junge an einer Nabelschnur hingen.

Elefanten: (1) Neben dem Menschen sind Elefanten die einzigen Tiere, die man zum Auf-dem-Kopf-Stehen dressieren konnte. (2) 1981 musste ein Elefant bei einer Zahnoperation betäubt werden. Die Menge des Anästhetikums hätte für 70 Menschen gereicht.

Faultiere: Sie tragen ihren Namen zu Recht. Denn immerhin verbringen Faultiere drei Viertel ihres Lebens schlafend.

Geparde: Diese Raubkatzen können aus dem Stand in 2 Sekunden 60 km/h erreichen. Ihre Maximalgeschwindigkeit liegt bei knapp über 100 km/h. Allerdings sind Geparde nach wenigen hundert Metern völlig ausgepumpt.

Giraffen: Giraffen haben den höchsten Blutdruck aller Lebewesen: Das Herz muss das Blut durch den 3 bis 4,5 Meter langen Hals pumpen.

Hunde: Diese Haustiere verwenden eine ganz besondere Lautsprache. In Albanien bellen sie ‚ham-ham', in Katalonien ‚bup bup', in Griechenland ‚gav gav' und in Slowenien ‚hov hov'. Ähnliche Laute geben ukrainische Hunde von sich: ‚haf haf'. Isländische Vierbeiner dieser Spezies bellen mit ‚voff', indonesische mit ‚gong gong' und italienische sehr ähnlich wie bei uns ‚bau bau'. Katzen dagegen haben alle einen miau-ähnlichen Sprachklang. Warum also bellen Hunde regional verschieden? Experten haben die Vermutung geäußert, dass Hunde in ihrer Treue und Ergebenheit versuchen, ihre Eigentümer in Tonhöhe, Lautstärke, Klangfarbe und Sprechdauer zu imitieren. Die Sprache eines Landes wird damit auch zur Sprache des Hundes. Anmerkung: Die onomatopoetische Übertragung des Hundelautes sagt in Wahrheit eigentlich wenig über den tatsächlichen Laut aus.

Katzen: Ähnlich wie bei Hunden verläuft der Alterungsprozess auch bei Katzen nach den ersten zwei Jahren langsamer als beim Menschen. Daher gelten Formeln wie 1 Katzenjahr entspricht 16 Menschenjahren (1 Hundejahr kommt auf 7 Menschenjahre) nur in der Frühphase der Entwicklung. Eine achtjährige Katze darf im Alter durchaus mit einem Frühpensionär verglichen werden.

Koalas: Diese niedlichen Tiere trinken nicht im herkömmlichen Sinn, sondern nehmen alle Feuchtigkeit über die Blätter des Eukalyptusbaums auf.

Lemminge: Wenn auch immer wieder behauptet, sterben Lemminge nicht durch Massenselbstmord. Ein Walt-Disney-Film aus dem Jahr 1958 („White Wilderness"), der den dramatischen Tod der Nager zeigt und den seit dem 19. Jahrhundert bekannten Mythos unterstreicht, wurde in Alberta, Kanada, gedreht. Dort gibt es diese Nager jedoch überhaupt nicht. Es kommt höchstens zur Massenmigration, wenn Futterknappheit besteht. Im Film wird diese Wanderung durch eine rotierende Drehscheibe, die aus verschiedensten Kameraperspektiven aufgenommen wird, vorgetäuscht. Die dramatischen Worte des Erzählers „die Lemminge erreichen den tödlichen Abgrund … das ist ihre letzte Chance zur Umkehr … aber sie laufen weiter, stürzen sich in die Tiefe" begleiten die Schubser der Filmcrew, mit denen einige der Lemminge von der Drehscheibe gestoßen werden. Randbemerkung: Auch der Luchs in „Die Wüste lebt" soll quasi gezwungen worden sein, auf einen Kaktus zu klettern.

Löwen: Testversuche mit Löwen-Attrappen im Serengeti-Nationalpark zeigen, dass weibliche Tiere durch dunkle, haarige Mähnen ihrer Geschlechtspartner besonders stark erregt werden.

Murmeltiere: Wenn sie auch niedlich aussehen, so sind Murmeltiere als Überträger der Beulenpest an Flöhe, Fliegen und Ratten die Ursache für unendliches Elend in der Krankheitsgeschichte der Menschen. Übrigens geschieht diese Infektionsübertragung vom Murmeltier auf einen Zwischenträger durch „Husten".

Neunbinden-Gürteltiere: Diese Unterart der Gürteltiere bringt ausschließlich eineiige Vierlinge zur Welt und trägt außerdem wegen der niedrigen

Körpertemperatur das Bakterium der Leprakrankheit in sich. Beide Rekorde sind im Tierreich einzigartig.

Nilpferde: Diese behäbig wirkenden Tiere haben eine 4 Zentimeter dicke Haut, die sogar vor den meisten Handfeuerwaffen schützt. Nilpferde sind äußerst reizbar und können selbst einen Löwen ins Wasser zerren und ihn ertränken oder Krokodile in Stücke zerbeißen. Zudem erreichen sie eine beachtliche Geschwindigkeit.

Pottwale: Gewaltig! Pottwale haben Köpfe, die ein Viertel der Körperlänge ausmachen, und sogar ein Drittel des Gewichts. Pottwale tauchen bei der Jagd auf Tintenfische bis zu 3 000 Meter tief.

Ratten: Diese Nager bevorzugen Cheddar-Käse gegenüber einem Mars-Riegel im Verhältnis von 8 zu 1, wie ein in Cambridge 1982 durchgeführtes Experiment zeigte.

Rentiere: (1) Bis zu 4 500 Kilometer pro Jahr wandern die riesigen Rentierherden und erreichen dabei Geschwindigkeiten von 75 km/h zu Land und 10 km/h im Wasser. (2) Rentiere wurden bereits vor rund 14 000 Jahren domestiziert, gleichzeitig mit Hunden. Im Vergleich: Schafe und Schweine dienen seit 10 000 Jahren als Nutztiere, Rinder seit 8 000 Jahren.

Schnabeltiere: Sie haben ein interessantes Aussehen, nämlich ein Otterfell, einen Biberschwanz, einen Schnabel und Entenfüße mit Sporen ähnlich dem eines Kampfhahns. Obwohl sie zu den Säugetieren gehören, legen Schnabeltiere Eier, aber es fehlen ihnen die Zitzen. Die Milch an die Jungen kommt aus Porenöffnungen im Bauch.

Schwarze Rhinozerosse: Sie sind die am leichtesten zähmbaren wilden Tiere Afrikas. Schwarze Rhinozerosse fressen aus der Hand und lassen sich hinter den Ohren kraulen.

Schweine: (1) Wenn man es auch nicht glauben mag, gehören Schweine zu den intelligentesten Lebewesen. (2) Trüffelschweine können die unterirdisch (bis zu einem halben Meter tief) wachsenden Pilze deshalb gut riechen, da deren Duftstoffe den Sexualduftstoffen der Eber ähneln. Die Trüffelsau erinnert sich gleichsam an frühere Sexualkontakte und beginnt sofort wie wild zu buddeln.

Siebenschläfer: In Jahren mit gutem herbstlichem Nahrungsangebot sind die Hoden der Siebenschläfer-Männchen bereits im Frühjahr deutlich vergrößert. Wissenschaftlich konnte diese „Vorausahnung" bislang noch nicht geklärt werden.
Stiere: Entgegen der landläufigen Meinung sehen Stiere nicht „rot", wenn der Torero mit seinem Tuch herumwedelt. Nur die Bewegung reizt den Stier, die Farbe ist ihm völlig egal, denn er kann sie ohnehin nicht wahrnehmen.
Tiger: Diese Raubkatzen sind in den USA am häufigsten zu finden, da mehr als dreißig Staaten das Halten von Tigern als Haustier erlauben. Die Hälfte dieser Staaten verlangt nicht einmal eine Lizenz.

Sexualität

Wie groß wird der Hoden eines Glattwals?

Diese Säugetiere sind die Lebewesen mit den größten Hoden: fast drei Meter lang, mit einem Gewicht von 500 bis 800 Kilogramm. Auch das Verhältnis Hoden zu Körpergröße stellt einen Rekordwert unter Walen dar.

Anglerfische: Am Tiefseegrund beheimatet, leben Anglerfische in einer Art Symbiose. Das riesige Weibchen wird von einem männlichen Winzling in einer lebenslangen Umklammerung festgehalten. Dabei verbinden sich die Blutgefäße, und das Männchen verliert schließlich die Fähigkeit zur Nahrungsaufnahme.
Austern: Fast alle sind bisexuell. Geboren werden sie als männliche Lebewesen, später mutieren sie zu Weibchen, und meist ändern sie im weiteren Leben noch mehrmals diesen labilen Zustand.
Bettwanze: „Traumatische Kopulation" nennt man die Fortpflanzungsmethode der Bettwanze. Das Fortpflanzungsorgan der Männchen ist ein gewaltiger, dolchartiger Penis, der einfach in den weiblichen Hinterleib gestoßen wird. Das Ejakulat wird im Blut des Weibchens bis zu einem speziellen Speicherplatz transportiert. Die afrikanische Bettwanze besamt auch Männchen

in einer Art homosexueller Vergewaltigung. Das Sperma wandert dabei in den Samenleiter des Opfers und wird später von diesem an ein Weibchen weitergegeben.

Bienen: Selbstmörderisch geht es bei den Bienen zu. Die Drohne verkeilt sich mit ihren „Hörnern" im Körperinneren der Bienenkönigin und lässt ihre Geschlechtsorgane wie eine Granate hervorplatzen. Sekunden später haucht sie ihr Leben aus.

Eber: Er kann bei einem einzigen Erguss bis zu einem halben Liter Samenflüssigkeit ausstoßen.

Erektion: Tierarten, die mit einem Penis ausgestattet sind, haben, wohl wegen der Verletzungsgefahr, nur zum Eindruckschinden oder bei der Besamung eine Erektion.

Huftiere: Manche männlichen Huftiere trinken den Urin der Weibchen, um den sexuellen Zustand des Partners auszutesten.

Hunde: Das Kopulationsverhalten von Hunden funktioniert überraschenderweise durch Pressen des Hinterteils an das Hinterteil des Partners. Die Penisspitze wird dabei mit Blut vollgepumpt und kann gar nicht zurückgezogen werden. Vermutlich wird durch diese Art „Verknotung" jegliches Verschütten des Samens verhindert.

Langkopfkäfer: Ein spektakuläres Paarungsturnier bieten Langkopfkäfer, bei denen der Unterschied in der Körpergröße gleichgeschlechtlicher Tiere ein Zwanzigfaches betragen kann. Mit dem überdimensionalen Rüssel werden Rivalen wie auch zu kleine Weibchen weggepeitscht.

Milben: Manche Milben (etwa die Federspulmilbe) betreiben extreme Inzucht. Ein Weibchen legt ein Dutzend Eier, wobei nur ein einziges Männchen schlüpft. Dieses begattet alle seine „Schwestern", die ihrerseits wieder ein Dutzend Eier produzieren. Die Vermehrung geht auf diese Weise rasant vonstatten.

Moskitos: Männliche Moskitos (der Name bedeutet spanisch und portugiesisch „Kleine Fliege") können mit den Schwingungen einer Stimmgabel sexuell erregt werden. Sie sind beim Liebesspiel auf ganz besondere Töne spezialisiert.

Nerze: Diese können, abgesehen von wenigen kurzen Ruhepausen, einen ganzen Tag lang kopulieren.
Ohrwürmer: Der europäische Ohrwurm hat einen Ersatzpenis, für den Fall, dass sein Genital verstümmelt wird.
Radnetzspinnen: Das Männchen der Radnetzspinnen landet bei der vom Abrutschen gefährdeten Paarungshaltung direkt in den Kieferklauen des Weibchens. Nach wenigen Minuten der Begattung wird es vom Hinterleib weg verspeist.
Sackspinner: Solenobia, eine Sackspinnerart, vermehrt sich parthenogenetisch (durch Jungfernzeugung), was bedeutet, dass sie eine identische Kopie nach der anderen ihrer selbst auswirft. Diese Spinnerart dupliziert sich also permanent.
Salamander: Diese Reptilien verlocken, als „Transvestiten" getarnt, ihre Konkurrenten dazu, eine wertvolle Spermatophore (Samenstrang) am Boden abzulegen und damit zu vergeuden. Normalerweise würde diese von einem Weibchen mit deren Geschlechtsorgan aufgenommen werden.
Schimpansen: Unsere „Verwandten" kopulieren mit mehreren Weibchen, pflegen also Promiskuität. Da dabei die Spermien konkurrieren müssen, werden viele Samenzellen produziert und ejakuliert. Große Hoden sind eine wichtige Voraussetzung für dieses „Überangebot" an Männlichkeit. Gorillas haben im Vergleich zu Schimpansen winzige Hoden. Statt auf Ebene der Spermien, wird der Kampf um den Harem durch körperliche Einschüchterung ausgetragen. Wie sieht es mit der menschlichen Hodengröße aus? Nun, der Mensch liegt bei Verhältnis Hodengewicht zu Körpergewicht zwischen Schimpanse und Gorilla. Wir sind daher von Natur aus nicht wirklich monogam! Spermienkonkurrenz muss bei unseren Vorfahren eine große Rolle gespielt haben.
Schnecken: (1) Zahlreiche Schnecken verwenden harte, scharfe, bis zu einem Zentimeter lange Liebespfeile, die auf den Partner abgeschossen, die Eiproduktion stimulieren. (2) Die Schneckenart Ariolimax kastriert den potenziellen „Partner", indem der Penis abgenagt wird. (Normalerweise besamen sie sich gegenseitig, leben also hermaphroditisch.) Damit muss die

kastrierte Schnecke als Weibchen weiterleben, mit einem vollen Angebot an Eiern.

Singvögel: Diese haben wegen des zu hohen Strömungswiderstandes keinen Penisknochen. Sie pressen bei der Befruchtung einfach ihre Kloakenöffnung aneinander.

Spinnenaffe: Die Weibchen des Spinnenaffen verführen ein ganzes Rudel von Männchen zu einem Dutzend Kopulationen pro Tag. Dabei wird das Weibchen förmlich mit Ejakulat überschwemmt. Ein wahrer Besamungswettstreit! Der Samen der Konkurrenten wird wegen seines Proteingehalts von den Weibchen wie von den Männchen verzehrt.

Stachelschwein: Ganze Urinduschen müssen Stachelschweinweibchen über sich ergehen lassen, begleitet von Verfolgungsjagden und Lustschreien.

Wale: Die Meeresriesen verstauen den Penisknochen – wenn nicht benötigt – in einer Körperhöhle.

Ziegenböcke: Böcke urinieren und ejakulieren in ihren Spitzbart und vermitteln damit sexuelle Potenz. Wapitiböcke und Virginiahirsche wälzen sich im Gemisch aus Ejakulat und Urin – aus ähnlichen Gründen.

Sinne & Unbewusstes

Was ist der sechste Sinn?

Hier handelt es sich um einen Sammelbegriff für Psi-Fähigkeiten wie Hellsehen, Telepathie oder Präkognition.

Sinne: Wenn auch manche Sinne nur im Tierreich zu finden sind, so ist doch die Vielfalt der Orientierungsmöglichkeiten verblüffend.

- **Echolokation:** Fledermäuse, manche Vögel und Insekten, aber auch Wale und Delphine navigieren durch Rückstöße der Schallwellen.
- **Elektrozeption:** Zitteraale können elektrische Felder „erspüren".
- **Gleichgewichtssinn:** Die Flüssigkeit im inneren Ohr und die Eustachische Röhre entscheiden darüber, ob Sie sich zum Seiltänzer eignen.

- **Magnetozeption:** Rotkehlchen oder Tauben haben wie fast alle Zugvögel einen Sinn für Magnetfelder.
- **Nozizeption:** Noch nie gehört? Gemeint ist die Schmerzempfindung auf der Haut, in den Gelenken und in den Organen. Die große Ausnahme: unser Gehirn. Kopfschmerzen kommen nicht vom Gehirn selbst.
- **Propriozeption:** Damit ist unsere Körperwahrnehmung gemeint. Ein kleines Experiment sei hier empfohlen: Schließen Sie die Augen und bewegen Sie einen Fuß in der Luft. Sie werden genau wissen, wo sich dieser in Relation zum restlichen Körper befindet.
- **Synästhetik:** Sinne überlagern sich und ermöglichen es manchen Menschen, Musik in Farbe wahrzunehmen.
- **Thermozeption:** Der Mensch kann Wärme (oder das Fehlen eben dieser) wahrnehmen.

Todeserfahrung: Ein Drittel der Menschen, die dem Tod gerade noch entkommen konnten, berichten von ganz typischen Todeserfahrungen: vom Blick durch einen Tunnel, an dessen Ende ein Licht auftaucht; vom Verlassen des eigenen Körpers, der dann von außen betrachtet wird, und zuletzt vom „Film des Lebens", der im Zeitraffer (mal vorwärts, mal rückwärts) vor dem inneren Auge abläuft.

Träume – farbig oder schwarzweiß?: Die wissenschaftliche Antwort lautet: in Farbe. Zwar wurde Mitte des vorigen Jahrhunderts von „Träumern" oft behauptet, im Traum schwarzweiße Bilder zu sehen, doch dürfte dies nach heutigem Wissensstand vorwiegend mit den Tageseindrücken beim Schwarzweiß-Fernsehen zu tun gehabt haben.

Syphilis

Warum hieß die Syphilis auch „Franzosenkrankheit"?

Die Erbansprüche des französischen Königs Karls VIII. veranlassten ihn 1495, mit einem 30 000 Mann starken Söldnerheer gegen Neapel zu ziehen. Während der dreiwöchigen Belagerung wurde freizügig gelebt und danach die Krankheit von den Soldaten über ganz Europa verbreitet. Die Geißel „morbus gallicus" (Franzosenkrankheit) sollte vier Jahrhunderte wüten. Anmerkung: Die Syphilis ist bei Seeleuten der zweiten Reise des Kolumbus erstmals festgestellt worden.

Heine: Die letzten acht Jahre seines Lebens war Heinrich Heine an sein Bett gefesselt, an die „Matratzengruft", wie er es in zynischem Ton auszudrücken pflegte. Am 13. Februar 1856 schrieb der geistig bis zum Ende völlig klare Dichter: „Ich habe nur mehr vier Tage Arbeit, dann ist mein Werk vollendet." Am 17. Februar schied Heine dahin. Er liegt am Friedhof von Montmartre in Paris.
Mal de Naples: In Italien galt der Name „Übel von Neapel", die Portugiesen sahen darin ein „Mal de Castilla" („Übel von Kastilien"), für die Polen war es die „Deutsche Krankheit", für Russland die „Polnische", und in der orientalischen Welt schloss sich der Kreis: „die Portugiesische". Der Name Syphilis findet sich erstmals in einem 1530 veröffentlichten Gedicht von Girolamo Fracastoro. Hier wird der Hirte Syphilus als Strafe wegen Gotteslästerung von der neuen Krankheit befallen.
Manet: Am 19. April 1883 wurde in einer verzweifelten Operation Eduard Manets linkes Bein unterhalb des Knies amputiert und achtlos in den Kamin geworfen. Fünf Jahre zuvor hatte der Impressionist erste schmerzhafte Attacken und Lähmungserscheinungen gespürt. Er litt an der unheilbaren Tabes dorsalis, Rückenmarkserkrankung, einer Spätkomplikation der Syphilis, die er sich Jahre zuvor geholt hatte.
Nietzsche: Der Denker des „Übermenschen" dürfte sich um 1865 mit der Syphilis angesteckt haben. Anfang Januar 1889 kam es zum Zusammenbruch. Nietzsche wird in ein Irrenhaus eingeliefert: Er phantasiert von Allmacht, sieht sich als Kaiser, uriniert in seine Stiefel, schmiert Kot an Wände, isst die eigenen Exkremente, verwechselt den Oberwärter mit Bismarck, spricht vom nächtlichen Besuch von zwei Dutzend Huren, trinkt Urin und so weiter. Die Krankengeschichte ist genau dokumentiert. Nach

der Entlassung 1890 wird Nietzsche geistig stumpf und scheint bereits im „Jenseits" angekommen zu sein. Er stirbt am 25. August 1900.
Quacksalber: Abgekochtes Guaiyak-Holz und Quecksilberschmiere waren für 400 Jahre die einzigen Mittel gegen die Syphilis. Da ausgebildete Mediziner eine Behandlung als unter ihrer Würde ansahen, wurde der Bader mit der Verabreichung der Quecksilberkuren betraut. Daher kommt auch der Name „Quacksalber" für einen „pfuschenden" Mediziner.
Schubert: Einen Teil des Liederzyklus „Die schöne Müllerin" schrieb Franz Schubert im Wiener Allgemeinen Krankenhaus. Als Fackelträger bei Beethovens Beerdigung im März 1827 ahnte Schubert nicht, dass er als nächster Komponist am Währinger Friedhof begraben werden würde.
Smetana: Im Oktober 1874 notierte Friedrich Smetana in sein Tagebuch: „Ich befürchte das Äußerste: Daß ich völlig mein Gehör verloren habe. Ich höre nichts." Die Syphilis sollte den nationalromantischen Komponisten während der nächsten zehn Jahre in eisernem Griff haben. Im Herbst 1874 komponierte der Tondichter „Die Moldau".

Verhalten

Bringt ein Stromausfall einen Geburtenanstieg?

Der vom Magazin „Time" kolportierte Geburtenanstieg exakt neun Monate nach dem Stromausfall in New York vom 9. November 1965 dürfte nur einem statistischen Ausreißer zu verdanken sein. Werden nämlich die drei Wochen vor bzw. nach dem Stichtag 10. August 1966 betrachtet, so kann keine Häufung festgestellt werden. Stromausfall und damit Fernsehentzug führen also nicht zwangsläufig zu gesteigerter Kopulationsbereitschaft.

Bitte, zahlen: Auch wer dreimal ersucht hat, zahlen zu dürfen, kann sich nicht so ohne weiteres aus einer Gaststätte davonstehlen, denn man hat mit dem Gastwirt einen „typgemischten" Vertrag abgeschlossen. Hat man es sehr eilig, muss zumindest die Zahlungswilligkeit unter Beweis gestellt werden, etwa indem man die Adresse hinterlässt, um eine Rechnung zugeschickt zu bekommen.

Indianer: (1) Da beim Bau des Empire State Building oder des Rockefeller-Centers vorwiegend Irokesen angeheuert wurden, entstand die Legende, dass Indianer kein Schwindelgefühl kennen. (2) Ebenfalls falsch ist die bei Karl May beschriebene Geschichte über Indianer, die sich ihre Barthaare ausreißen, bis diese nicht mehr nachwachsen.

Kino: In Kelantan, Malaysia, dürfen die Lichter bei Kinovorstellungen seit 1997 nicht abgeschaltet werden. Der Grund: Küssen und Schmusen soll unterbunden werden.

Lieblingsfrau: Bei den Thrakiern, einem Polygamie praktizierenden Volk, das etwa 1300 bis 500 v. Chr. das Gebiet des heutigen Bulgarien bevölkerte, wurde die Lieblingsfrau nach dem Tod eines Mannes ausgewählt, getötet und gemeinsam mit dem Gatten bestattet.

Missionarsstellung: Die Mann-oben-Frau-unten-Stellung wurde von Alfred Kinsey in seinem Monumentalwerk fälschlicherweise mit dem Namen Missionarsstellung bezeichnet, da er verschiedene Berichte miteinander verwechselte. Tatsächlich verwenden Südseeinsulaner für die westliche Liebesposition den Ausdruck „ibilimatu", was so viel wie „sie kann nicht mitmachen" bedeutet.

Schönheit: Testversuche zeigen, dass Angetrunkene ausgewählte Porträts von Männern und Frauen als wesentlich schöner empfinden als sie es im nüchternen Zustand tun. Vielleicht ein Grund für die lockeren Annäherungsversuche manch Angeheiterter!

Warnung: Im *Workplace Health and Safety Guide* (Australische Zeitschrift) fand sich 1996 folgende Warnung: „… stecken Sie keinen Teil ihres Körpers in das Maul eines Krokodils."

Weiße Mäuse: Alkoholiker sehen im Stadium der Halluzination in der Tat weiße Mäuse, Insekten, Spinnen und dergleichen, jedoch keine schwarzen Löwen. Der Grund: Die Fantasiebilder beziehen sich auf eher kleine, alltägliche Dinge. Im Gegensatz dazu leiden Schizophrene an akustischen Wahnvorstellungen.

Werbung: Im September 1957 behauptete ein gewisser James Vicary, in einem mehrwöchigen Experiment durch kurze, bewusst nicht wahrnehmbare Werbebotschaften in einem Kino im US-Staat New Jersey, tausende Menschen zu erhöhtem Konsum von Popcorn und Cola während der Pausen „animiert" zu haben. In den USA führte dieses Spiel mit der Angst vor psychologischen Werbemethoden zu einer unglaublichen Hysterie. Bis heute ließen sich Vicarys Experimente allerdings nicht schlüssig reproduzieren. Vielleicht war alles nur ein schlechter Scherz!

Vögel

Können Hühner kopflos leben?

Hühner haben unglaubliche Fähigkeiten. Am 10. September 1945 wurde einem Huhn der Kopf abgetrennt, ohne dass das Federvieh verendete. Wie das? Nun, offensichtlich blieb genug vom Gehirnstamm übrig, um Mike, so der Name des Huhns, fröhlich weiterleben zu lassen. Der Besitzer Lloyd Olsen verdiente sich mit der „Mike the Headless Wonder Chicken" Show künftig seinen Lebensunterhalt. Die berühmten Magazine „Time" und „Life" brachten ganzseitige Storys, und der Monatsverdienst des „kopflosen" Huhns lag bei 4.500 US-Dollar, dem Jahreseinkommen eines durchschnittlichen Arbeiters. Zahlreiche Nachahmer köpften Huhn um Huhn in der Hoffnung, ebenso zum schnellen Geld zu kommen. Doch mehr als ein paar Stunden oder Tage war keinem der Tiere vergönnt. Mike musste fortan mit einer Pipette ernährt werden, wiewohl das Tier mit seinem Nackenstummel alle normalen Fress- und Peckbewegungen eines Huhns imitierte. Nach mehr als zwei Jahren allerdings kam das abrupte Ende. Olsen hatte seine Pipette vergessen und musste mit ansehen, wie Mike an einem Nahrungskrümel buchstäblich erstickte.

Flamingos: Die schöne rosa Farbe haben Flamingos wegen des üppigen Verzehrs von Blaugrasalgen. Ihr Name leitet sich übrigens vom lateinischen Wort für „Flamme" ab.

Hühner: Dieser weltweit am häufigsten vorkommende Vogel übertrifft auch die menschliche Bevölkerungszahl bei weitem, nämlich um das Neunfache.
Kanarienvögel: Unsere beliebten Käfigvögel können nur „richtig" singen, wenn sie männlichen Geschlechts sind. Achten Sie beim Kauf darauf, wenn Sie die Kommunikation mit Ihren Vögeln lieben.
Kiwis: Diese neuseeländischen Vögel legen bezogen auf das Körpergewicht die größten Eier (30–40 Prozent).
Kolibris: Diese Winzlinge sind die einzigen Vögel, die rückwärts fliegen können. Sie erreichen dabei eine Frequenz von 90 Flügelschlägen in der Sekunde. Dafür fehlt den Kolibris die Fähigkeit zu gehen.
Nachtigall: Sie singt keineswegs nur in der Nacht, wie viele meinen. Doch ist während des Tages die Konkurrenz guter Sänger größer.
Pelikan: Der australische Brillenpelikan erreicht eine Schnabellänge von bis zu einem halben Meter.
Pinguine: Diese leben keinesfalls nur in der Antarktis. Der Humboldtpinguin ist jenseits des südlichen Wendekreises zu finden, der Galapagospinguin sogar auf Höhe des Äquators.
Tauben: Japanische Psychologen schafften es, Tauben darauf zu trainieren, einen Picasso von einem Monet zu unterscheiden. Dasselbe Experiment bei Renoir und Cézanne schlug allerdings fehl.
Truthähne: (1) Ob es wohl stimmt? Truthähne starren bei schweren Regenfällen oft in den Himmel und können dabei sogar ertrinken (dies wird zumindest in literarischen Werken so beschrieben). (2) Auch der Sexualtrieb der männlichen Truthähne scheint stark ausgeprägt, wie Versuche mit künstlichen Modellen zeigen. Dabei wurden den „Weibchen" Flügeln, Federn und sogar die Füße abgenommen, sodass nur der Kopf am Stock blieb. Die männlichen Tiere waren unverdrossen zur Kopulation bereit.
Vögel im Schlaf: Warum fallen schlafende Vögel nicht vom Ast? Die Antwort liegt in der ganz typischen Konstruktion der Beugsehne des Schenkelmuskels, die dafür sorgt, dass die Krallen quasi „vollautomatisch" geschlossen werden. Bisweilen funktioniert dieser Sperrmechanismus derart perfekt, dass selbst tote Vögel eine Zeit lang am Zweig festgeklammert bleiben.

Wasser

Worin sind sich ein Mensch und eine Kartoffel ähnlich?

Kartoffeln bestehen zu 80 Prozent aus Wasser, wir Menschen hingegen nur zu ca. 65 Prozent. Bakterien haben einen Wasseranteil von 75 Prozent. Auch Kühe bestehen zu 75 Prozent aus Wasser.

Antarktisches Eis: Dieses ist – noch (!) – bis zu 3 000 m dick.
Blau: Das ist die Antwort auf die Frage: „Was ist die natürliche Farbe des Wassers?". Ein Blick in ein tiefes Schneeloch lässt dies gut erkennen. Auch ein riesiger, ganz weiß verfliester Pool zeigt eine leichte Blaufärbung.
Flüsse, Seen: Insgesamt enthalten alle Flüsse und Seen der Erde nur 0,036 Prozent des Wassers unserer Erde, Wolken und Dampf 0,1 Prozent.
Gefrierendes Wasser: Ganz im Gegensatz zu fast allen anderen Stoffen dehnt sich gefrierendes Wasser aus. Daher ist Eis leichter als Wasser und muss oben schwimmen – und die Ozeane können nicht bis zum Grund zufrieren.
Geschmacklos: Wasser mag schon geschmacklos sein – und doch lieben wir seinen „Geschmack".
Gurken: Immerhin 96 Prozent Wasser sind in Gurken enthalten, in Tomaten 95, in Wassermelonen 92 und in Milch 87 Prozent.
Hühnerei: Die Erzeugung eines einzigen Hühnereis erfordert mehr als 450 Liter Wasser, wenn man den Untersuchungen der Michigan State University trauen darf. Für einen Brotlaib benötigt man übrigens mehr als 1 000 Liter.
Meeresspiegel: Die Vorstellung, dass der Meeresspiegel glatt und gleichmäßig ist, kann man schlichtweg vergessen. Über Tiefseegräben kann der Meeresspiegel bis zu 60 Meter abgesenkt sein. Alles hängt mit der Gravitation zusammen. Unterseeische Gebirge ziehen die darüberliegenden Wassermassen an. In Folge wölbt sich der Meeresspiegel auf, was Kartografen nutzen, um das Relief von Meeresböden zu erfassen. Auch die Anziehung durch den Mond, Luftdruck, Winde sowie die Wassertiefe spielen eine Rolle bei der

Höhe des Meeresspiegels. Jedenfalls ist der mittlere Meeresspiegel nur eine „rechnerische" Größe. [Dies weiß man durch Satellitenmessungen.]

Qualle: Diese fragilen Meeresbewohner sind gallertartige Organismen, die zu 99 Prozent aus Wasser bestehen.

Salzwasser: Meerwasser macht 97 Prozent der gesamten 1,3 Milliarden Kubikkilometer Wasser auf der Erde aus, Süßwasser bescheidene 3 Prozent. Zudem ist das Süßwasser fast völlig in den Eispanzern der Antarktis und Grönlands gebunden.

Eisbär oder Robbe? Was sehen Sie zuerst? (aus: Sarcone/Waeber, Optische Illusionen)

Magisch, magisch

aus: Sarcone/Waeber, Fantastische optische Illusionen

18	99	86	61
66	81	98	19
91	16	69	88
89	68	11	96

Was ist so besonders an diesem magischen Quadrat?

Lösung: Es ergibt sich auch verkehrt herum ein magisches Quadrat.

Rätsel & Denksport

Werte Leserin, werter Leser!
Vielleicht werden Sie zunächst über die unten stehende Abbildung erstaunt sein. Was hat dies mit dem Kapitel „Rätsel & Denksport" zu tun? Nun, nehmen Sie sich eine halbe Minute Zeit und starren Sie unbeirrt auf die vier Punkte im Zentrum der Zeichnung. Dann ein kurzer Blick auf eine einfarbige, glatte Wand. Ein- bis zweimal geblinzelt … und Sie sollten verzückt des Rätsels Lösung erkennen. Mehr beim Thema „Optische Illusionen". Paradox, nicht wahr! Doch dieses Kapitel bietet eine Fülle von einfachen bis fordernden Stammtischrätseln: das bekannte Ziegenproblem, klassische Fangfragen, den Korkentrick, Münz- und Streichholzaufgaben und dazu einige Konzentrationsübungen. Für Ihre nächste Stammtischrunde sollte jedenfalls einiges an Überraschung dabei sein. Bitte entspannen Sie sich und tauchen Sie ein in eine Welt voller Wunder.

Existiert sie wirklich, die trügerische Schöne?
Aus: Sarcone/Waeber, Optische Illusionen

Buchstaben-Illusionen

Können Sie Chinesisch?

Wenn ja, sollten Sie diese chinesischen Schriftzeichen ohne Probleme entziffern können. Wenn nein, ist dies hier ausnahmsweise ebenfalls möglich! Doch bitte genau hinschauen!

Lesetest: Brauchen Sie einen Augenarzt? Bei Problemen bitte ein wenig zurücktreten.

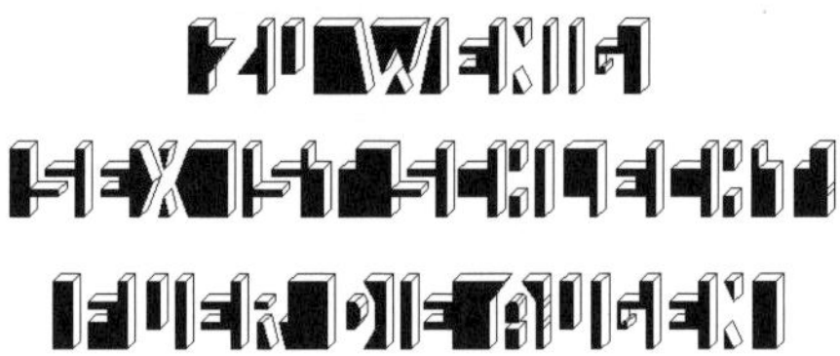

Wahrnehmungstest: Was sehen Sie zuerst, Buchstaben oder Zahlen?

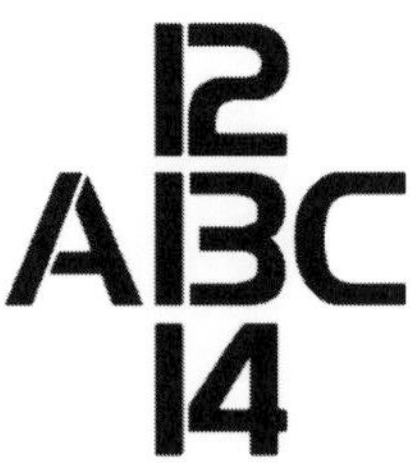

Lösungen:

Chinesisch: Go fuck yourself – China.
Lesetest: Zu wenig Sex ist schlecht für die Augen.
Wahrnehmungstest: ABC – 12–13–14.

Buchstaben-Verschlüsselung

Wie gut können Sie sich konzentrieren?

„1000 Gramm sind ein Kilo." Diese banale Information versteckt sich hinter der seltsamen Gleichung „1000 = G sind ein K". Um die folgenden dreiundzwanzig Aufgaben zu lösen, sind weder besondere Intelligenz noch hohe mathematische oder logische Fähigkeiten nötig. Allerdings benötigen Sie mentale Stärke, Konzentration und Kreativität. Bitte zuerst selbst versuchen!

1. 26 = B im A ______________________
2. 7 = WW ______________________
3. 12 = SZ ______________________
4. 8 = P im SS ______________________
5. 50 = S in der US-F ______________________
6. 0 = GC i d T b d W g ______________________
7. 18 = L auf dem GP ______________________
8. 90 = G im RW ______________________
9. 4 = Q in einem KJ ______________________
10. 24 = S hat der T ______________________
11. 2 = R hat ein F ______________________
12. 11 = S in einer FBM ______________________
13. 29 = T h d F i e SJ ______________________
14. 32 = K in einem SB ______________________
15. 64 = F auf einem SB ______________________
16. 5 = F an einer H ______________________
17. 16 = BL hat D ______________________

18. 60 = S s e M ______________________
19. 3 = W aus dem ML ______________________
20. 12 = S h d F d EU ______________________
21. 7 = S u d … Z ______________________
22. 3 = A g D s … ______________________
23. Alle = W f n R ______________________

Lösungen:

1. 26 Buchstaben im Alphabet
2. 7 Weltwunder
3. 12 Sternzeichen
4. 8 Planeten im Sonnensystem (Pluto ist seit 2006 nur noch ein Zwergplanet)
5. 50 Sterne auf der US-Flagge
6. 0 Grad Celsius ist die Temperatur, bei der Wasser gefriert
7. 18 Löcher auf dem Golfplatz
8. 90 Grad im rechten Winkel
9. 4 Quartale in einem Kalenderjahr
10. 24 Stunden hat der Tag
11. 2 Räder hat ein Fahrrad
12. 11 Spieler in einer Fußballmannschaft
13. 29 Tage hat der Februar in einem Schaltjahr
14. 32 Karten in einem Skatblatt
15. 64 Felder auf einem Schachbrett
16. 5 Finger an einer Hand
17. 16 Bundesländer hat Deutschland
18. 60 Sekunden sind eine Minute
19. 3 Weise aus dem Morgenland
20. 12 Sterne hat die Flagge
21. Schneewittchen und die sieben Zwerge
22. Aller guten Dinge sind „3“
23. Alle Wege führen nach Rom

Drei-Türen-Problem & Co.

„Wechseln“ oder „Bleiben“? – Ziege oder Auto?

Das Drei-Türen-Problem erregte in den USA unerwartetes Aufsehen, nachdem Marilyn vos Savant, eine bekannte Kolumnistin, ihre mathematisch begründete Meinung zur Kandidatenwahl in einer amerikanischen Fernsehshow veröffentlicht hatte. Die ursprüngliche Version erschien bereits 1959 in Martin Gardners Kolumne in „Scientific American“, allerdings mit drei Gefangenen.

Worum geht es dabei? Ein Kandidat hat die Chance, sich für eine von drei verschlossenen Türen zu entscheiden (nennen wir diese A, B und C). Hinter zwei der Türen verbirgt sich jeweils eine Ziege, hinter der dritten jedoch eine Luxuslimousine. Die Chancen auf das Auto liegen daher bei drei zu eins. Nachdem der Kandidat gewählt hat, öffnet der Showmaster eine der beiden anderen Türen. Da der Showmaster weiß, was sich hinter A, B und C verbirgt, meckert dem Kandidaten eine freundliche Ziege entgegen. Nun kommt die entscheidende Frage. Der Kandidat wird ersucht, seine ursprüngliche Wahl nochmals zu überdenken und sich eventuell für die andere verbleibende Tür zu entscheiden.

Frage: *Soll er, oder soll er nicht?* Kann er vielleicht seine Gewinnaussichten durch einen Wechsel verbessern?

Lösung: Vos Savant schlug einen Wechsel vor. Weshalb? Bei der Wahl der ersten Tür liegen die Chancen des Kandidaten bei 3 zu 1, wie schon erwähnt. Beide anderen Türen zusammen kommen auf eine Wahrscheinlichkeit von zwei Drittel. Öffnet der Showmaster aber eine der beiden anderen Türen, bleibt die Chance für die vom Kandidaten gewählte Tür unverändert, sie beträgt nach wie vor genau ein Drittel. Da aber die bereits geöffnete Tür wegfällt, die Gesamtwahrscheinlich jedoch immer 1 beträgt, muss die zweite Tür eine Verdopplung der Chancen bringen. Ein Blick auf die Abbildung mit den drei Varianten wird dies bestätigen. Bleibt der Kandidat bei seiner Wahl, gewinnt er in einem von drei Fällen, ändert er dagegen flexibel seine Entscheidung, gewinnt er mit doppelter Wahrscheinlichkeit.

Wahl bleibt			1 x Win	Wahl verändert			2 x Win
A	Z	Z	WIN	A	Z	Z	LOSS
1. Wahl		Offene Tür		1. Wahl	2, Wahl	Offene Tür	
A	Z	Z	LOSS	A	Z	Z	WIN
	1. Wahl	Offene Tür		2. Wahl	1. Wahl	Offene Tür	
A	Z	Z	LOSS	A	Z	Z	WIN
	Offene Tür	1. Wahl		2. Wahl	Offene Tür	1. Wahl	

Tipp: Sie können dieses Problem wunderbar Ihren Freunden demonstrieren. Aber bitte erst, nachdem Sie eine Testrunde mit der Entscheidungsfrage „Wechsel" oder „Bleiben" gemacht haben. Platzieren Sie drei Würfelbecher auf den Tisch und schicken Sie eine beliebige Person aus dem Zimmer. Ein kleiner Gegenstand wird unter einen der Becher gelegt. Dieser symbolisiert das Auto. Dann fällt die Entscheidung für A, B oder C. Sie decken einen der nicht gewählten Becher auf und stellen die Frage: Wechsel oder Bleiben? Um ein statistisch relevantes Resultat zu erreichen, sollten Sie einige Dutzend Versuche machen und die Ergebnisse festhalten. Ihre Stammtischfreunde und Sie selbst werden staunen.

Fünf Räuber: Fünf Räuber (Art, Bert, Cal, Dave und Earl) möchten einen Schatz von 100 Goldbarren teilen, wobei die Anteile durch demokratischen Mehrheitsbeschluss festgelegt werden (das heißt, drei Stimmen sind nötig). Alle fünf Räuber sind perfekte Logiker und wollen einen möglichst hohen Beuteanteil bekommen. Unter den Räubern herrscht eine exakte Rangordnung (Art, Bert, Cal, Dave, Earl), wobei der erste Teilungsvorschlag vom

Ranghöchsten, also von Art, kommt. Es gibt jedoch eine spezielle Auflage: Wird ein Vorschlag eines Räubers abgelehnt, scheidet dieser bei der Beuteverteilung gänzlich aus. Bei Stimmengleichheit entscheidet dafür immer der Ranghöchste. Frage: Wie wird die Beute verteilt, sodass alle „Logik-Räuber" den für sie maximalen Anteil bekommen?
Antwort: 98-0-1-0-1. Begründung: Wären nur Dave und Earl übrig, würde Ersterer alles bekommen. Daher sollte Earl wohlweislich Cal unterstützen, wenn dieser ihm nur einen Goldbarren überließe. Andererseits weiß dies auch Dave – und ist daher bereit, für nur einen Goldbarren seinerseits Bert die Stimme zu geben. Damit gingen Cal und Earl leer aus. Doch Art hat ja den ersten Vorschlag. Er gibt Cal und Earl je einen Barren und behält den Löwenanteil von 98 Goldbarren für sich selbst.

Drudel-Rätsel

„Warum sollte ich mich vor einem Hut fürchten"?

Antoine de Saint-Exupérys zauberhaftes Meisterwerk „Der kleine Prinz" wird von vielen Rätselforschern als der Ursprung der heute so beliebten Drudel-Rätsel angesehen. Viele Betrachter obiger Zeichnung reagieren auf die Frage, ob ihnen diese Zeichnung Angst machen könnte, verblüfft: „Wieso sollte ich mich vor einem Hut fürchten?" Nun, was sieht der kleine Prinz an dieser Zeichnung? Kurz gesagt, sollen Drudel-Aufgaben den Betrachter mit einer völlig unerwarteten Interpretation einer Zeichnung überraschen. Diese Art von Rätselaufgabe kann jederzeit selbst kreiert werden. Sie müssen nur ein wenig Phantasie aufbringen.

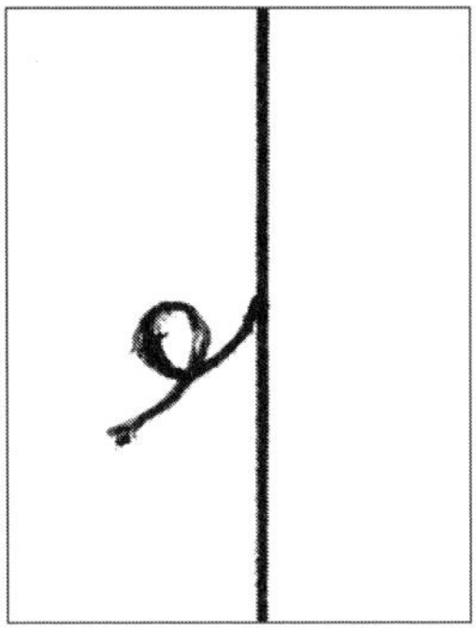
Drudel 1

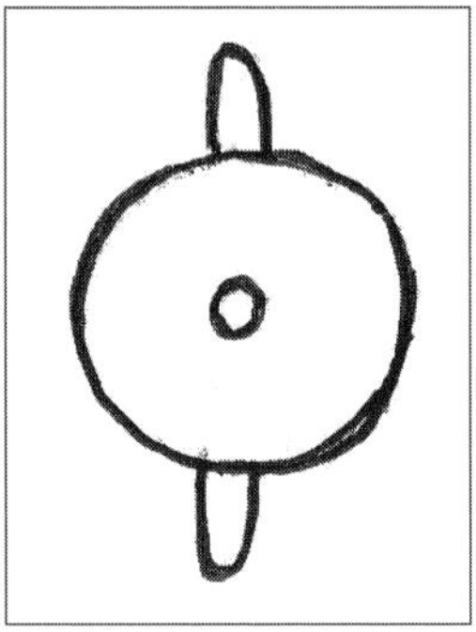
Drudel 2

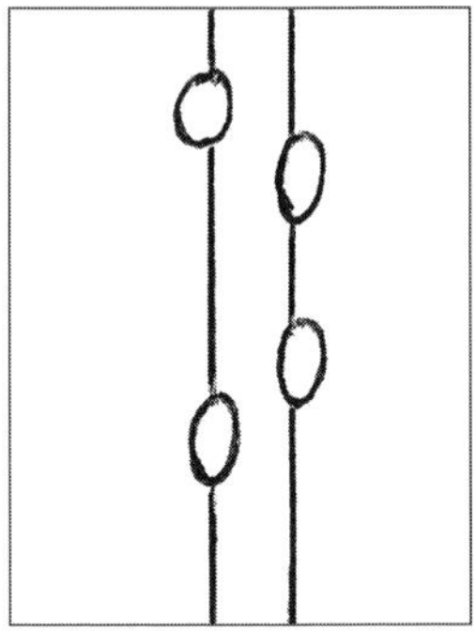
Drudel 3

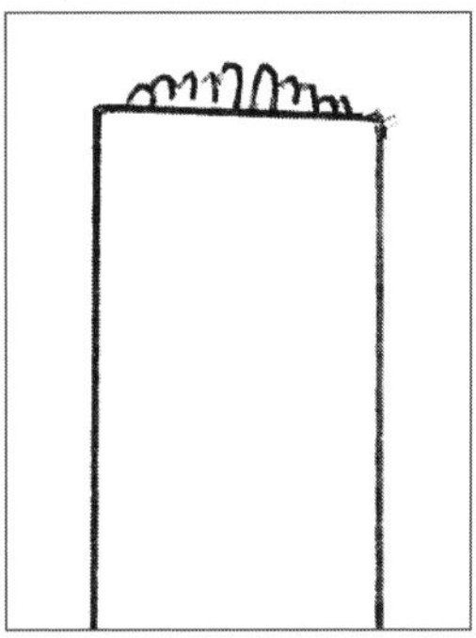
Drudel 4

Drudel 5

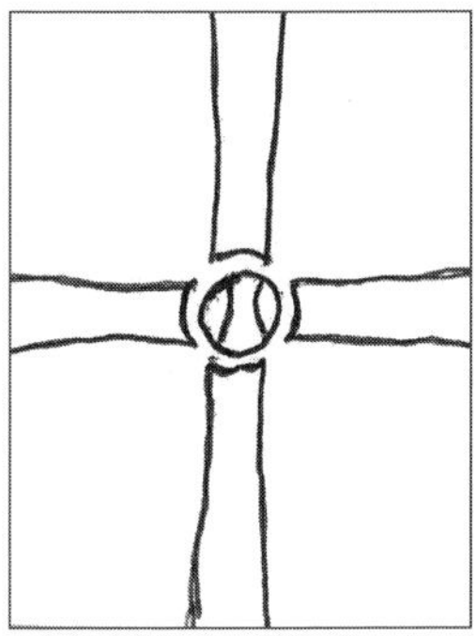
Drudel 6

Drudel 7

Drudel 8

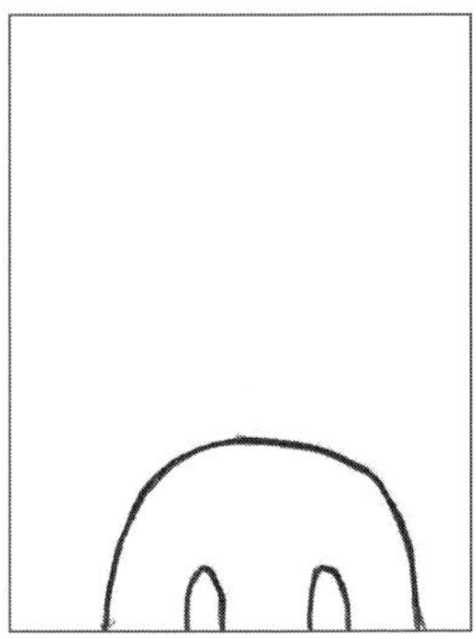
Drudel 9

Lösungen: (Diese sind sehr freizügig auszulegen)

Titelfrage: Es handelt sich um eine Riesenschlange, die einen Elefanten verdaut.

Drudel 1: Ein Hausschwein betritt den Stall.

Drudel 2: Ein Rad fahrender Mexikaner (Vogelperspektive).

Drudel 3: Ein Koalabär klettert auf einen Eukalyptusbaum.

Drudel 4: Der olympische Siegsprung vom 10-m-Brett beginnt in exakt einer Sekunde.

Drudel 5: Die böse Hexe verschwindet im Zauberteich. Der Dank geht an Harry Potter.

Drudel 6: Vier Elefanten beschnuppern einen einsamen Tennisball.

Drudel 7: Die drei kleinen Schweinchen gehen in London spazieren.

Drudel 8: Ein Ballbesucher bleibt mit seiner Fliege im Aufzug stecken.

Drudel 9: Eine pflichtbewusste Putzfrau müht sich beflissentlich beim Bodenschrubben.

Tipp: Lassen Sie Ihre Freunde zunächst unbedingt raten, was diese Zeichnungen bedeuten könnten. Vielleicht sollte sogar jeder vorweg geheim den einen oder anderen schriftlichen Lösungsvorschlag machen. Erst dann kommen Sie mit obigen (von Experten geschaffenen) Definitionen. Der Überraschungseffekt wird dadurch wesentlich erhöht.

Geheimschrift

Wie verschlüsselte Jules Verne?

Schablone: *In Jules Vernes Roman „Mathias Sandorf“ kommt eine elegante Geheimschrift mit einer Schablone zur Anwendung. Der Textanfang wird in die freien Kästchen geschrieben, danach die Schablone im Uhrzeigersinn um 90 Grad gedreht, wieder ein Textblock verfasst, und danach noch zweimal dieser Vorgang wiederholt. Bleiben Felder frei, werden diese mit beliebigen Füllbuchstaben ergänzt. Das Ergebnis: ein Wirrwarr von Buchstaben. Der Empfänger der Botschaft kann jedoch mithilfe der gleichen Schablone den Geheimtext ohne Probleme entschlüsseln. Bitte ausprobieren!*

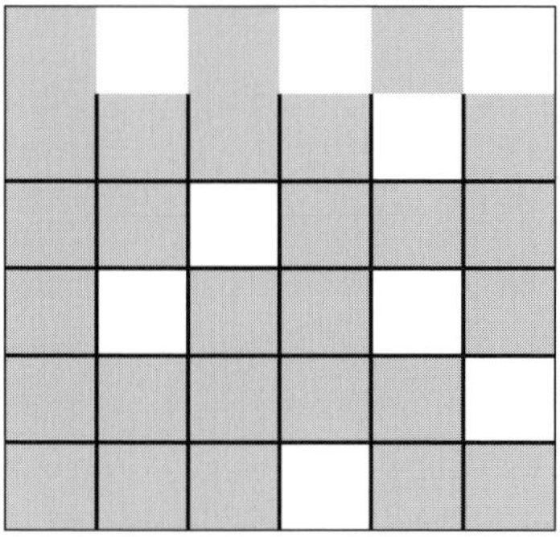

Polybius: Am 5. März 1918 schlugen französische Funker Alarm: Deutsche Botschaften wurden abgefangen, die alle nur 5 Buchstaben verwendeten: AGXXDD AGGFD AADXFX AGFGXD AAXAG. Es bestand der Verdacht eines unmittelbaren Großangriffs an der Somme. Die Jagd nach dem Schlüssel begann. Bald stellte sich heraus, dass eine besonders trickreiche Art des sogenannten Polybius-Schlüssels angewandt wurde. Im Grundsystem des Polybius (griechischer Historiker, 2. Jh. v. Chr.) wird das unten stehende Raster verwendet, um jeden Buchstaben des zu verschlüsselnden Textes durch ein Buchstabenpaar wiederzugeben. Möchte man die Entschlüsselung erschweren, wird zunächst ein zusätzliches Schlüsselwort in das Raster geschrieben, wobei kein Buchstabe doppelt vorkommen darf. Nur wer dieses Schlüsselwort kennt, kann die Botschaft ohne Probleme entziffern.

	A	D	F	G	X
A	a	b	c	d	e
D	f	g	h	i/j	k
F	l	m	n	o	p
G	q	r	s	t	u
X	v	w	x	y	z

Geldfragen

Wie macht man beim Autohandel Gewinn?

Drei Freunde kaufen einen Gebrauchtwagen für 6.000 €. Bald darauf verscherbeln sie das Gefährt für 8.000 €. Da einer der Freunde emotional jedoch sehr an dem Fahrzeug hängt, beschließt er, es zurückzukaufen. Leider muss er nun bereits 10.000 € hinblättern. Einige Monate später hat auch dieser Nostalgiker genug von dem Auto und verkauft es erneut, diesmal für 12.000 €. Wurde bei diesen Kauf- und Verkaufgeschäften insgesamt ein Gewinn gemacht?

30 Euro: Drei Freunde, Albert, Bernd und Christoph, zahlten für eine Übernachtung je 30 Euro. Als der ehrliche Manager wenige Minuten nach der Abreise der Gäste feststellte, dass er zu viel verlangt hatte, schickte er den Portier los, um den Gästen 5 Euro zurückzugeben. Leider war der Portier unehrlich und beschloss, 2 Euro für sich zu behalten und nur 3 Euro auszuhändigen. Damit hätten die drei Freunde je 9 Euro, zusammen daher 27 Euro, bezahlt. Addiert man die zwei abgezwackten Euro zu den 27 dazu, kommt man auf 29 Euro. Wo ist die fehlende Münze?
Wette: Den drei Freunden Albert, Bernd und Christoph wurde bei ihrem letzten Besuch in der Stammkneipe von einem unbekannten Gast eine Wette angeboten. „Ich wette mit einem von euch um 1 Euro, dass ich ihm 3 Euro herausgebe, wenn er mir 2 Euro gibt." Sollten sich die drei Freunde um diese Wette streiten?
Goldmünzen: Albert, Bernd und Christoph finden auf einem staubigen Dachboden in einer alten Truhe sieben Goldmünzen. Ob die wohl noch was wert sind?, ist ihr erster Gedanke. Es geht immerhin um das Goldgewicht. In diesem Augenblick entdeckt Bernd eine kleine vergilbte Notiz in der Truhe. *„Wer diese Münzen findet, muss eine Rätselaufgabe lösen. Damit soll gleichzeitig verhindert werden, dass der Finder beim Verkauf der Münzen um den vollen Erlös gebracht wird. Eine der Münzen ist ein wenig schwerer als die anderen, daher auch wertvoller. Wie kann man mit nur zwei Wiegevorgängen mit einer Balkenwaage feststellen, welches die schwerere Münze ist?"*

Lösungen:

Autohandel: Ja, 4000 €.

30 Euro: Es fehlt nichts, wenn auch die Rechnung in dieser Form nicht stimmt. In Wahrheit muss wie folgt gerechnet werden: Der Manager hat 25 Euro verdient, jeder der drei Freunde hat 1 Euro zurückbekommen, und der Angestellte hat 2 Euro erhalten: zusammen 30 Euro.

Wette: Keinesfalls, denn die Wette ist in jedem Fall verloren. Der Fremde würde einfach die 2 Euro nehmen und eingestehen, die Wette verloren zu haben. Gewinn: 1 Euro.

Goldmünzen: Zunächst werden je drei Münzen in die beiden Waagschalen gelegt. Bleiben die Schalen im Lot, ist die siebente Münze die schwerere. Wenn nicht, wird mit der Seite der Waagschale weitergemacht, die die schwerere Münze enthält, die sich also nach unten neigt. Eine Münze kommt in die linke, eine in die rechte Waagschale. Bleibt die Waage diesmal im Gleichgewicht, ist die schwere Goldmünze die eben entnommene. Im anderen Fall zeigt die Waagschale, die sich senkt, die schwere Goldmünze an.

Geometrische Rätsel

Wie vermehren sich geometrische Reptilien?

Geometrische Reptilien teilen sich nicht in Hälften, sondern in Viertel. Die kleinen Reptilien sind allerdings genauso geformt wie die großen. Dies ist die geometrische Voraussetzung für diese kleinen, schnell präsentierbaren, doch anspruchsvollen Aufgaben. Wie lassen sich die folgenden vier- beziehungsweise sechsseitigen Figuren in jeweils vier deckungsgleiche Kopien/Klone ihrer selbst aufteilen? Ergänzung: Die kleinen Reptilien dürfen auch Spiegelbilder der großen sein, das heißt, sie können seitenverkehrt eingezeichnet werden. „1“ und „2“ in der Kopiervorlage bezieht sich auf die jeweilige Seitenlänge. Tipp: Sie sollten diese Formen Ihren Stammtischfreunden am besten einzeln vorlegen, wenn möglich auf kariertem Papier.

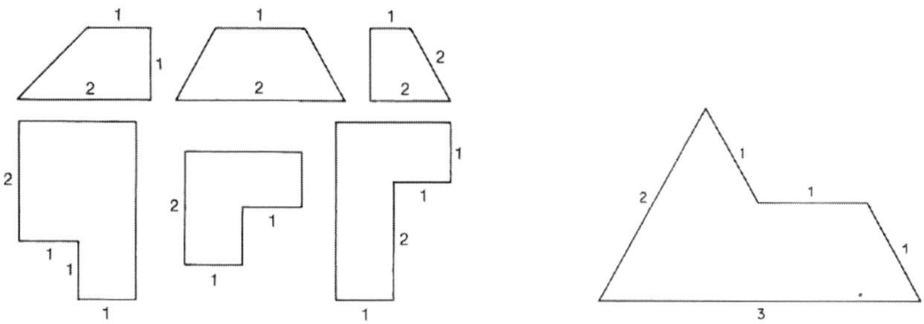

Lösungen:

49. Quadrat: Bereiten Sie ein paar Papierschnipsel entsprechend der ersten Abbildung vor. Dann setzen Sie ein Quadrat aus 7 mal 7 Feldern zusammen, unmittelbar darauf vor den Augen der Zuschauer noch ein zweites, dieses allerdings mit einem Loch in der Mitte. „Wohin ist das 49. Quadrat verschwunden?“, werden Sie die verblüfften Zuschauer fragen. Wissen Sie, wo das verschwundene Quadrat steckt?

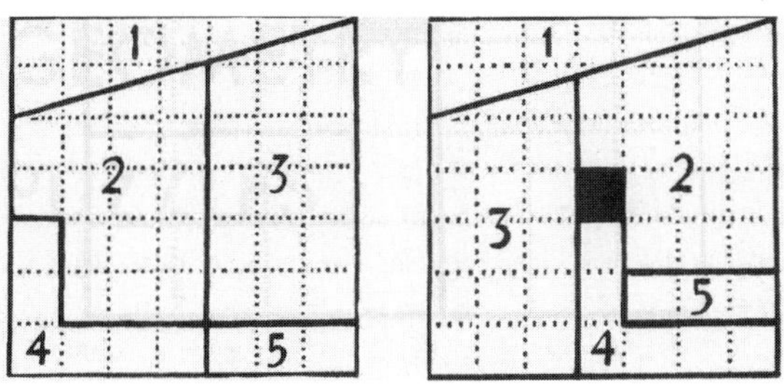

Lösung: Jedes kleine Quadrat entlang dem diagonalen Schnitt ist ein wenig höher als breit. Daher ist die rechte Abbildung kein perfektes Quadrat, sondern genau um die Fläche des verschwundenen Quadrats in der Höhe verzerrt. Das verschwundene Quadrat steckt also im Spalt zwischen „1-3-2".

Turm: Sandro (S) wohnt in der Nähe eines Flusses in einem kleinen oberitalienischen Dorf. Er wird von seiner Mutter gebeten, einen Eimer Wasser zum Turm (T) zu schleppen. Wie findet Sandro den kürzesten Weg?

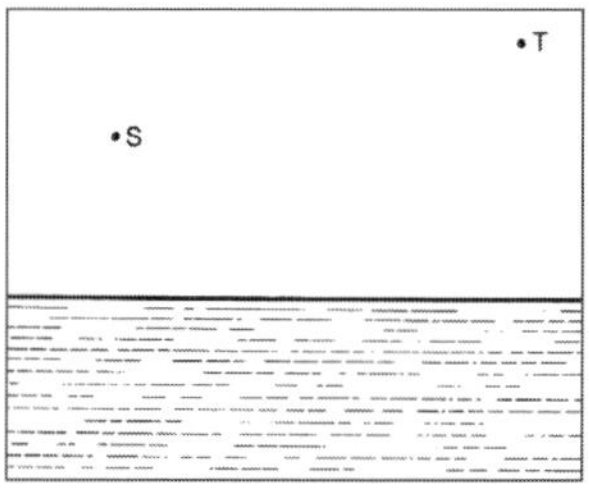

Lösung: Sandro muss auf Punkt P zusteuern. Dieser liegt auf der Geraden, die den Reflexionspunkt von Sandros Ausgangspunkt (S) mit dem Turm (T) verbindet (siehe Abbildung).

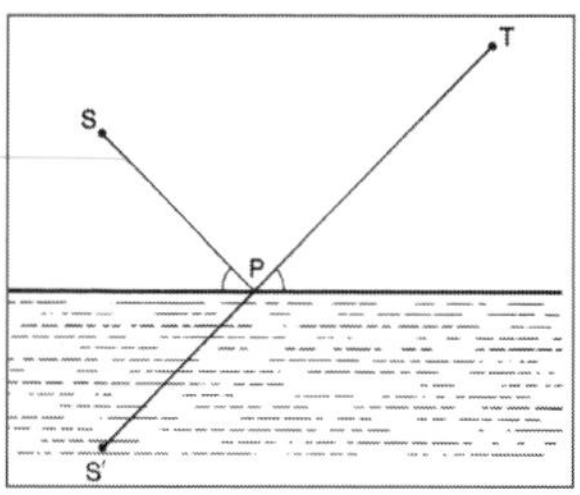

Ergänzung: Das Original dieses Rätsels stammt von Heron von Alexandria (um 75 v. Chr.): Ein Lichtstrahl geht von Punkt A nach Punkt B, wobei er von einem Spiegel reflektiert wird. Nehmen wir an, der Lichtstrahl legt immer den kürzesten Weg zurück. Wo genau muss er auf den Spiegel treffen? Anmerkung: Auch beim Billard und Snooker gelten die gleichen Winkelgesetze beim Abprallen der Kugeln, wenngleich hier auch noch das Tempo und die Höhe des Treffpunkts mitspielen.

Kalenderrätsel

Was geschah am 5. Juni 1978 mittags um 12.34 Uhr?

5. Juni 1978: *Manche Menschen haben ein gutes Gedächtnis. Vielleicht können auch Sie sich noch an den 5. Juni 1978 erinnern? Was geschah an diesem Tag um 12.34 Uhr?*

21. Jahrhundert: Wann genau begann das 21. Jahrhundert, am 31. Dezember 1999 um 24.00 Uhr oder am 1. Januar 2000 um 0.00 Uhr?
Christi Geburt: In welchem Jahr wurde Jesus geboren?
Volljährig: Vorgestern war Robert Haberbusch 15 Jahre alt, nächstes Jahr wird er bereits volljährig, also 18 Jahre alt sein. Wie dies?
Shakespeare & Cervantes: Die beiden großen Dichterfürsten starben am 23. April 1616. Dennoch wäre es Trauernden möglich gewesen, an beiden Begräbnisfeierlichkeiten teilzunehmen, selbst bei den damaligen Verkehrsmöglichkeiten. Wieso?
Weihnachten und Neujahr: Der 25. Dezember sowie der Neujahrstag eine Woche darauf fallen immer auf denselben Wochentag. Im Jahr der ersten Mondlandung jedoch, 1969, war der erste Weihnachtsfeiertag ein Donnerstag, der Neujahrstag dagegen ein Mittwoch. Wieso?
Lösungen:
5. Juni 1978: Weltgeschichtlich nichts Besonderes. Aber genau in dieser Minute ließen sich Uhrzeit und Tag in der folgenden harmonischen Ziffernfolge aufschreiben: 12.34 5.6.78.
21. Jahrhundert: Beide Angaben sind falsch. Unser Jahrhundert begann erst am 1. Januar 2001. Grundsätzlich wird jedes Jahrhundert vom Jahr „1“, nicht vom Jahr „0“ an gezählt.
Christi Geburt: Auch wenn dies unser Kalender suggeriert, wurde Jesus von Nazareth nicht im Jahr 1 unserer Zeitrechnung geboren sondern vermutlich zumindest vier Jahre früher.
Volljährig: Diese Behauptung wurde am 1. Januar aufgestellt. Roberts Geburtstag ist am 31. Dezember. Daher war Robert vorgestern 15, gestern 16,

und am letzten Tag des laufenden Jahres wird er 17 sein. Im nächsten Jahr erreicht Robert daher folgerichtig die Großjährigkeit.
Shakespeare & Cervantes: Spanien hatte bereits den Gregorianischen Kalender (seit 1582, als auf den 4. Oktober der 15. Oktober folgte). Das protestantische England führte diese Änderung erst 1752 durch. Nach dem Julianischen Kalender fällt Cervantes' Todestag daher auf den 12. April.
Weihnachten und Neujahr: Betrachten Sie die Reihenfolge der beiden Tage in der Fragestellung andersherum. In Wahrheit folgt der erste Weihnachtsfeiertag immer 51 Wochen nach dem Neujahrstag, verschoben um einen Wochentag. Mit der Mondlandung hat das nichts zu tun.

Klassische Fangfragen

Wie weit kann ein Reh in den Wald hineinlaufen?

Rehspuren: *Wie weit kann ein Reh in den Wald hineinlaufen?*

Absturz: Ein Flugzeug mit den Top-Eishockeyspielern der National Hockey League (NHL aus den USA und Kanada stürzt genau über der Landesgrenze dieser beiden Staaten ab. In welchem Land würde man die Überlebenden begraben?
Amerikaner: In Boston wurde ein Kind namens Ronnie O'Sullivan geboren, dessen Eltern beide aus Boston stammten. Dennoch war dieses Kind kein amerikanischer Bürger. Wie ist dies möglich?
Arche: Ein bekanntes biblisches Rätsel lautet: „Wie viele Tiere jeder Art nahm Moses in seine Arche?"
Backbord und Steuerbord: Was läuft bei einem Schiff auf der Backbordseite (linke Seite) nach hinten, auf der Steuerbordseite (rechte Seite) dagegen nach vorne?
Dampfschwaden: Ein moderner Hochgeschwindigkeitszug fährt mit 80 km/h von Berlin Richtung Südwesten. Ein kalter Ostwind bläst mit 40 km/h. In welche Richtung weht der Dampf der Lokomotive?

Erbauer: Der Hersteller will ihn nicht, der Käufer verwendet ihn nicht, und der Benutzer sieht ihn nicht. Was ist wohl gemeint?

Erfindung: Welche uralte Erfindung, die bei fast allen Völkern zu finden ist, ermöglicht es dem Menschen, durch Wände zu schauen?

Gangschaltung: Ein Mann fuhr mit seinem alten Mercedes durch den Wienerwald. Plötzlich sprang das Auto in einen anderen Gang. Er ließ sich nicht beirren und fuhr einfach weiter. Wieso blieb er so ruhig?

Glas Wasser: Eine Frau stürzte auf die Bar zu und bat den befreundeten Barkeeper hektisch um ein Glas Wasser. Anstatt ihren Wunsch zu erfüllen, zog dieser einen Revolver und hielt ihn der entsetzten Frau unter das Kinn. Sekunden später lächelte sie jedoch wieder, gab dem Barkeeper einen flüchtigen Kuss auf die Wange und verließ schnellstens die Bar. Warum hat sie sich für die Bedrohung durch den Revolver bedankt?

Heinrich VIII.: Der berüchtigte Herrscher Heinrich VIII. schenkte seiner Frau ein Behältnis ohne Boden, in das sie Fleisch und Blut hineinstecken konnte. Was gab er ihr?

Huhn oder Ei: Eine bekannte Frage lautet: „Was war zuerst da, das Huhn oder das Ei?"

Schallplatte: Eine alte LP (Langspiel-Schallplatte) mit den Songs von Elvis Presley hat auf Seite A neun und auf Seite B zwölf wunderbare Hits. Wie viele Rillen sind auf den beiden Seiten dieser LP?

Volltanken: Ein Einheimischer sagte bei einer Tankstelle: „Voll, bitte." Er staunte nicht schlecht, als der Tankwart murmelte: „Lieber betanke ich zwei Autos von Fremden als eines von einem Einheimischen." Wieso dachte der Tankwart so?

Waldsee: Auf einer Silvesterparty behauptete jemand, ohne Hilfsmittel über den nahe gelegen Waldsee spazieren zu wollen. Wie konnte dieses Vorhaben gelingen?

Lösungen:

Rehspuren: Bis zur Mitte. Egal wie groß der Wald auch sein mag, ab der Mitte läuft das Reh wieder hinaus.

Absturz: In keinem. Überlebende werden nicht begraben.

Amerikaner: Das Kind wurde vor 1776, dem Jahr der Unabhängigkeit, geboren.
Arche: Keine. Es war Noah, der die Tiere zu retten versuchte.
Backbord und Steuerbord: Der Name des Schiffes.
Dampfschwaden: Moderne Elektrozüge verursachen keinen Dampf.
Erbauer: Ein Sarg.
Erfindung: Das Fenster.
Gangschaltung: Das Auto hatte eine Automatikschaltung.
Glas Wasser: Die Frau hatte einen fürchterlichen Schluckauf. Ein Glas Wasser hätte ihr vielleicht geholfen, aber das beste Mittel war der Schock, den der Revolver auslöste.
Heinrich VIII.: Einen Ring.
Huhn oder Ei: Eindeutig das Ei. Jahrmillionen bevor es Hühner gab, legten die Dinosaurier bereits Eier.
Schallplatte: Zwei. Jede Schallplatte hat nur zwei Rillen, auf denen der Tonarm spiralförmig nach innen geführt wird. Wäre dem nicht so, würde die Nadel am Ende jedes Liedes anhalten.
Volltanken: Der Pächter einer Tankstelle bedient immer lieber zwei Autos als eines, egal woher diese kommen.
Waldsee: Der See war zugefroren.

Korkentrick

Wie kann man die Korken entflechten?

Unglaublich verblüffend! Und zudem stellt der Korkentrick den Uneingeweihten vor eine kaum lösbare dreidimensionale Herausforderung. Zwei Korken werden wie in Abbildung a im Spalt zwischen Daumen und Zeigefinger der beiden Hände gehalten. Durch geschicktes Ergreifen der Korkenober- und -unterseiten mit Zeigefinger und Daumen der jeweils anderen Hand können beide Hände langsam und scheinbar ohne Widerstand wie in Abbildung b auseinandergeführt werden. Führen Sie diese Bewegung einmal vor und lassen Sie es dann Ihre Freunde ver-

suchen. Niemand wird in der Lage sein, Ihre Bewegung nachzumachen. Die Behelfsobjekte sollten sich in Ihrer Stammkneipe ja finden.

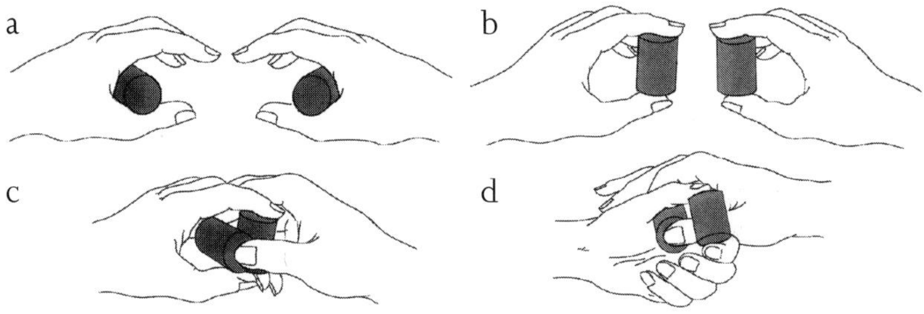

***Lösung:** Sie müssen beim Aufeinanderzubewegen der Hände die linke Hand nach außen drehen und den Korken der rechten Hand mit dem Daumen am oberen Ende und dem gekrümmten Zeigefinger am unteren Ende ergreifen (d) Die beiden Daumen stehen dabei optisch parallel, mit der Daumenkuppenseite zueinander. Geben Sie nicht gleich beim ersten Versuch auf. Selbst mit Hilfe der Beschreibung ist es aufgrund unserer Motorik nicht leicht, diese ungewohnte Bewegung durchzuführen. Wenn Sie dagegen den „natürlichen" Zugriff versuchen (c), werden Sie Ihre Hände niemals entketten können. Ergänzung: Im Grunde genommen ist diese Entschlingung ein topologisches Problem. Mit einem Unterschied zur reinen Theorie. Daumen und Zeigefinger können nicht beliebig stark gekrümmt und gedehnt werden. Der menschliche Körper setzt natürliche Grenzen. Umso eleganter ist diese Aufgabe als Einführung in das mathematische Thema Verknotungen und Verknüpfungen.*

Logische Aufgaben

Welche Farbe haben schottische Schafe?

***Schafslogik:** Drei weise Professoren reisen in einem gemütlichen Zug durch die schottischen Highlands. Plötzlich bemerkt der Biologe beim Anblick eines gra-*

senden schwarzen Schafes: „Interessant, schottische Schafe sind also schwarz." Sofort entgegnet der Physiker: „Werter Kollege, vielleicht sind einige schottische Schafe schwarz, ob alle, können wir keinesfalls behaupten. Nun mischt sich der Logiker ein: „Wenn wir schon exakt wissenschaftlich sein wollen, dann dürfen wir nur so viel behaupten, ..." Gerade in diesem Moment fährt der Zug in einen Tunnel ein. Was wird der Logiker wohl gesagt haben?

Bauarbeiter: Zwei fleißige und reinliche Bauarbeiter rutschen bei leichtem Regen vom schlüpfrigen Gerüst. Erdkrumen bekleckern die Haare und das Gesicht des einen. Der zweite dagegen bleibt völlig sauber. Dennoch geht dieser zweite Arbeiter sofort in den Waschraum, um sein Gesicht zu säubern. Der erste steigt jedoch wieder unversehens auf das Gerüst. Warum?
Crash: Zwei Flugzeuge rasen in einem Actionthriller aufeinander zu. Eines fliegt mit 15 km/h, das andere mit 25 km/h in der Minute. Die beiden Flugzeuge sind momentan 1 000 km voneinander entfernt. Wie weit werden sie exakt eine Minute, bevor es zum Crash kommt, voneinander entfernt sein?
Examensarbeit: Ein Student hatte noch 100 Seiten seiner Examensarbeit zu schreiben, und es waren noch fünf Tage bis zum Abgabetermin. „Zwanzig Seiten pro Tag," dachte er sich, „dann schaffe ich es." Die erste Hälfte der Arbeit vollendete er mit einem Tempo von zehn Seiten pro Tag. Wie viele Seiten musste der Student für den zweiten Teil der Seminararbeit veranschlagen?
Kamele: Drei Araber machen folgende Behauptungen: (1) „Ali Baba muss mindestens 100 Kamele besitzen." (2) „Er hat keine 100 Kamele." (3) „Ali Baba hat mindestens ein Kamel." Nur einer der drei Araber macht eine wahre Aussage. Wie viele Kamele besitzt Ali Baba?
Königstod: König Darius starb genau 120 Jahre nach der Geburt von König Arpius. Zusammen wurden die beiden Monarchen 100 Jahre alt. Arpius starb im Jahr 40 vor Christi Geburt. Wann genau wurde König Darius geboren?
Korken: Ein Magier wirft eine 10-Cent-Münze in eine mit Wasser gefüllte Weinflasche. Dann verschließt er die Flasche mit einem Korken und

behauptet, die Münze ohne Beschädigung der Flasche oder Abziehen des Korkens wieder herausholen zu können. Wie soll das gehen?

Lexikon: In einem Regal der städtischen Bibliothek steht ein vierbändiges Lexikon. Jeder Band ist genau acht Zentimeter dick, mit vorderen und rückseitigen Einbanddeckeln von je einem halben Zentimeter. Ein Holzwurm frisst sich auf gerader Linie von Seite eins des 1. Bandes bis zur letzten Seite des 4. Bandes durch. Wie viele Zentimeter muss er fressen?

Pferdeweisheit: Ein Pferd ist vor einem Saloon an ein sechs Meter langes Seil gebunden. Acht Meter hinter dem Pferd liegt ein Ballen mit frischem Heu. Wie schafft es das Pferd, zum Heu zu gelangen, ohne das Seil zu zerreißen?

Schäfer: Ein Schäfer hütete auf einer einsamen Insel seine kleine Herde von Schafen. Alles, was er bei sich hatte, waren Proviant für einen Tag, eine Taschenlampe, ein Messer und eine Schachtel Streichhölzer. Plötzlich brach an einem Ende der lang gestreckten Insel ein Feuer aus. Der Wind trieb das Flammenmeer auf den Schäfer zu. Wie konnte der Schäfer sich und seine Tiere retten?

Schiff vor Anker: Ein Schiff liegt in Genua vor Anker. Über die Reling hängt eine Strickleiter ins Wasser, deren Sprossen jeweils 30 cm weit auseinander sind. Stündlich steigt der Wasserspiegel auf Grund der einsetzenden Flut um 60 cm. Ein Mann sitzt am Ufersteg und zählt die Zahl der Sprossen: es sind genau dreizehn. Wie viele Sprossen wird er in vier Stunden sehen?

Seerosenteich: In einem französischen Märchen blickt eine Prinzessin sehnsüchtig aus ihrem Turmfenster auf den wunderschönen Seerosenteich im Schlosspark. Täglich verdoppelt sich die Fläche, die die zarten Seerosen bedecken. Nach dreißig Tagen allerdings ist kein Wasser mehr zu sehen. Wie viele Tage darf die Prinzessin ihre romantischen Stunden genießen, bis der halbe Teich mit Seerosen bedeckt ist? *Anmerkung:* Dieses Rätsel ist trotz der „romantischen“ Einbindung rein logisch zu lösen.

Temperatur: Der Tagestemperaturwert einer Messstelle in der Antarktis wird mit 40° minus angegeben. Dabei wird vergessen, hinzuzufügen, ob in Celsius oder in Fahrenheit gemessen wurde. Der Empfänger der Messwerte ignoriert dies. Zu Recht?

Vater und Sohn: Wie lautet die Lösung zu folgender trickreichen Frage? Ich bin ein Mann. Wenn Freds Sohn der Vater meines Sohnes ist, wie bin ich dann mit Fred verwandt."

Lösungen:

Schafslogik: „Zumindest ein Schaf in Schottland ist schwarz. Um ganz präzise zu sein, jedenfalls auf einer Seite."

Bauarbeiter: Der zweite Arbeiter sieht das schmutzige Gesicht seines Kumpanen und denkt daher, beim Sturz vom Gerüst auch etwas abbekommen zu haben.

Crash: 40 Kilometer, denn der Abstand der Flugzeuge verringert sich pro Minute um genau 40 Kilometer.

Examensarbeit: Er konnte seine Arbeit niemals termingerecht abgeben. Da er bereits für die erste Hälfte die volle Zeit verbraucht hatte, blieb kein Spielraum zum intensiven Schreiben. Anmerkung: Eine sehr realistische Problemstellung, wie jeder von uns weiß!

Kamele: Überhaupt keines. Hätte er mehr als 100 Kamele, wären die Aussagen 1 und 3 richtig. Besäße er zwischen 1 und 100 Kamelen, träfen die Aussagen 2 und 3 zu. Beide Möglichkeiten widersprechen aber der Annahme, dass nur einer der drei Araber die Wahrheit sagt.

Königstod: Im Jahr 20 vor Christi Geburt. Zwischen dem Tod der Könige lagen exakt 120 Jahre. Da beide zusammen nur das Alter von 100 Jahren erreichten, muss es 20 Jahre geben, in denen keiner der beiden Monarchen lebte. Das muss die Zeit zwischen dem Tod von König Arpius im Jahr 40 vor Christus und dem Geburtsjahr des Darius 20 vor Christus gewesen sein.

Korken: Der Magier drückt den Korken in die Flasche hinein.

Lexikon: 17 Zentimeter. Da die Bücher geordnet im Regal stehen, von Band 1 bis Band 4, befindet sich Seite eins vom 1. Band rechts neben der letzten Seite vom 2. Band. Die letzte Seite von Band 4 wiederum liegt neben Seite eins von Band 3. Der Wurm muss daher nur den Einbanddeckel vom 1. Band, die kompletten Bände 2 und 3 sowie den Rückendeckel vom 4. Band durchfressen. Wie gesagt: 17 cm!

Pferdeweisheit: Das Seil baumelt lose vom Geschirr.

Schäfer: Er zündete mit einem Streichholz in der Mitte der Insel ein zweites Feuer an. Dieses trieb, vom Wind angefacht, in die gleiche Richtung wie die erste Feuersbrunst, vom Schäfer weg. Sobald die verbrannte Erde abgekühlt war, konnte sie der Schäfer mit seiner Herde betreten. Der heranrückende Feuersturm fand jedoch auf dem verbrannten Boden keine Nahrung. Der Schäfer war gerettet!

Schiff vor Anker: Immer noch dreizehn, denn sowohl Schiff als auch Strickleiter steigen mit der Flut.

Seerosenteich: 29 Tage.

Temperatur: Ja, bei 40° minus ist die Temperatur in Grad Celsius und Grad Fahrenheit ausgedrückt exakt dieselbe.

Vater und Sohn: Der Mann ist Freds Sohn. Am besten kann dieser sprachliche Knoten dadurch gelöst werden, dass „der Vater meines Sohnes" durch „ich" ersetzt wird.

Mordgeschichten

Was führte zum Tod in der Tundra?

Sibirien: *Im Norden Sibiriens wurde im Schnee der Tundra ein Leichnam gefunden. Daneben lag ein ungeöffneter Rucksack. Es führten keine Spuren zum erstarrten Körper des Toten. Der Kommissar sah auch, dass der Tote weder verdurstet noch verhungert war und auch nicht den Kältetod erlitten hatte. Wie geschah der Mord?*

Freispruch: Melville und Maxim Monroe standen wegen Mordes vor Gericht. Die Geschworenen befanden Melville für schuldig, Maxim dagegen wurde freigesprochen. Der Richter verkündete das überraschende Urteil: „Mr. Melville Monroe, ihre Schuld ist zweifelsfrei erwiesen, aber das Gesetz zwingt mich, sie dennoch freizulassen." Wieso dies?

Kriegsfilm: Henry Seymour wollte seine Frau loswerden. Er nahm sie ins Kino zu einem Kriegsfilm mit. Während des Granatfeuers auf der Leinwand zog Henry seine Pistole und erschoss kaltblütig seine Frau. Niemand reagierte. Wieso?

Schere: Ein Mann lag tot in seinem Bett. Kommissar Holmes fand neben dem Bett eine spitze Schere, offensichtlich die Tatwaffe. Es gab allerdings überhaupt keine Blutspuren, und auch der Körper des Opfers war völlig unverletzt. Wie konnte der Mord mit der Schere erfolgen?

Lösungen:

Sibirien: Der Rucksack enthielt einen Fallschirm, an dessen Reißleine manipuliert worden war.

Freispruch: Melville und Maxim sind siamesische Zwillinge.

Kriegsfilm: Die Seymours besuchten ein Autokino.

Schere: Der Mann schlief in einem Wasserbett. Dieses wurde vom Mörder aufgeschlitzt und der Mann im Wasser ertränkt.

Münzen zum Nachdenken

Wohin mit dem Münzgeld?

Burgmauer: *Die Seiten einer quadratischen Festung bestehen aus jeweils vier Mauerblöcken (siehe Abbildung.) Fordern Sie Ihre Stammtischrunde auf, sieben dieser Mauerblöcke umzuschichten, sodass neuerlich eine quadratische Festung entsteht, allerdings mit fünf Blöcken pro Seite.*

Lösung: Die vier Eckblöcke der Mauer werden einfach verdoppelt.

Ohne Schlupf: Zunächst bitte nur im Kopf durchdenken! Stellen Sie sich zwei auf dem Tisch liegende Euromünzen vor, die (wie in der Abbildung) übereinander liegen. Die obere soll ohne Schlupf, das heißt, ohne je den Kontakt mit der anderen Münze zu verlieren, einmal um diese ged reht werden. Wie oft dreht sich die obere Münze bei dieser Rotation um die eigene Achse?

Lösung: Zweimal.

Paarungen: Zehn Ein-Euro-Münzen liegen vor Mr. Coin, unserem Geldexperten (siehe Abbildung.) Die trickreiche Aufgabe besteht darin, jeweils eine Münze über zwei andere springen zu lassen, egal in welche Richtung, sodass nach fünf Sprüngen fünf Münzpaare auf dem Tisch liegen. Wichtig ist, dass es tatsächlich immer zwei übersprungene Münzen sind, keine mehr, keine weniger. Dabei zählen bereits entstandene Paare als zwei Münzen. Leerräume dagegen haben keine Bedeutung.

1 2 3 4 5 6 7 8 9 10

Lösung: Eine der möglichen Lösungen ist: 4 – 1, 6 – 9, 8 – 3, 2 – 5, 10 – 7. In diesem Fall haben die neu gebildeten Münzpärchen zudem gleichen Abstand voneinander. Achtung: Es passiert bei dieser Aufgabe immer wieder, dass Lösungen auf den Tisch kommen, bei denen die Sprungregel „immer über zwei Münzen" missachtet wird.

Münzdreieck: Bilden Sie aus 10 gleichen Münzen ein gleichseitiges Dreieck und versuchen Sie sich dann an folgender Aufgabe: Wie viele und welche Münzen müssen Sie von dieser Dreiecksfigur wegnehmen, sodass kein einziges gleichseitiges Dreieck liegen bleibt? [Definition: Gleichseitig bedeutet in diesem Fall, dass die Mittelpunkte von drei Münzen ein gleichseitiges Dreieck bilden.] Lösung: 4 – Eine Münze von der Spitze und die drei darunter liegenden Münzen müssen entfernt werden.

Optische Illusionen

Woran denkt ein Albert Einstein?

Manche Menschen erkennen die Mehrdeutigkeit optischer Illusionen auf den ersten Blick, anderen hilft selbst eine eingehende Beschreibung der Lösungsmuster der Zeichenlinien nicht wirklich weiter. Wie geht es Ihnen bei den folgenden Beispielen? Lösungshilfen finden Sie am Ende dieses Kapitels.

Wer an diesem Thema Gefallen findet, sollte einen Blick auf folgende Internetseiten werfen:

www.michaelbach.de/ot
www.panoptikum.net/optischetaeuschungen
www.patrickwagner.de/Illusion/OptischeTaeuschungen.html
www.opvis.de
www.leinroden.de/index.php?do=showtext&item=24
www.leinroden.de/304herfold.htm
www.illusionen.biz
www.echalk.co.uk/amusements/OpticalIllusions/colourPerception/colourPerception.html
www.optischetaeuschungen-online.de
www.informatik.uni-bremen.de/~fmike/multilern
www2.fh-fulda.de/~grams/OptIllu/OptIllu.htm
www.biovbk.de/40725.html
www.optillusions.com

© Sandro Del-Prete

A: Einstein:
Woran denkt der große Physiker wohl in diesem Augenblick?

B: Bierkonsum verändert:
Wie schnell kann Ihnen durch Alkohol buchstäblich „der Kopf verdreht“ werden?

C: Frauen:
(Postkarte 1888, möglicherweise vom Cartoonzeichner A.W.Hill) Sehen Sie die alte und die junge Frau?

D: Freud:
Woran denkt wohl Sigmund Freud?

E: Hitchcocks Vögel:
Der Meister der Spannung zeigt, wozu Vögel fähig sind. Können Sie ihm folgen?

F: Inuit oder Indianer:
Können Sie die beiden Ureinwohner Nordamerikas erkennen?

G: L'Amour de Pierrot:
(Postkarte 1905) Erkennen Sie die Vergänglichkeit des Lebens?

H: Land oder Wasser:
Welches Tier sehen Sie zuerst?

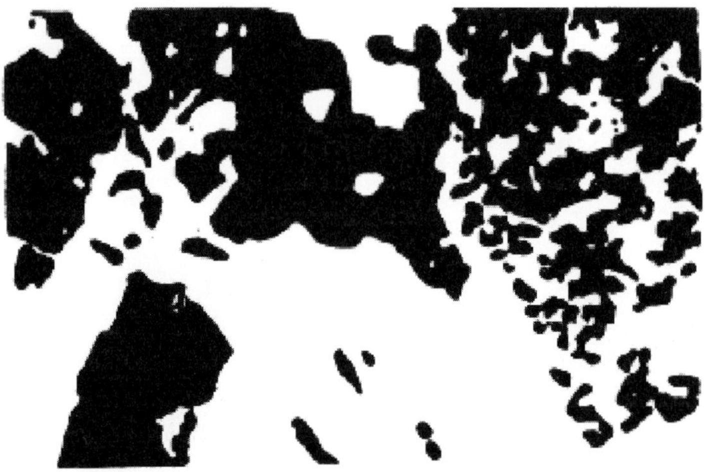

I: Jesus-Illusion:
Sehen Sie den Erlöser?

J: Nachhalleffekt: Starren Sie ca. 30 bis 40 Sekunden auf die vier kleinen Punkte in der Abbildung. Bleiben Sie dabei möglichst konzentriert. Nun richten Sie Ihren Blick auf eine glatte, möglichst einfarbige Wand. Es wird sich ein heller Fleck bilden. Ein- bis zweimal blinzeln, und es entsteht etwas in diesem Fleck … oder Sie schließen Ihre Augen und neigen den Kopf nach hinten.

K: Pferdegeflüster:
Sie sehen nicht etwa nur einen Frosch?

L: Vater und Sohn:
Wo sind der Alte und der Junge?

Lösungshilfen: Selbst mit diesen Beschreibungen werden manche der Leser bei einzelnen Illusionen zweimal hinschauen müssen. (A) Einstein: Badende Frauen (Nase, Augen-Wangen) – (B) Drehen Sie das Bild auf den Kopf – (C) Frauen: Beide blicken nach links; das Kinn der jungen Frau entspricht der Nase der alten; der Mund der alten ist das Halsband der jungen – (D) Freud: Werfen Sie einen Blick auf Nase, Stirn, Haarsträhne – (E) Sehen Sie wirklich ein Gesicht? Es sind doch nur Vögel! Bitte genau hinschauen (F) Kneifen Sie bitte die Augen zusammen; der Indianer blickt nach links, der Inuit will nach rechts in den Iglu – (G) Wenn Sie durch die Augenschlitze schauen, erkennen Sie sofort den Totenschädel – (H) Die Schwanzflossen der Robbe entsprechen den Ohren des Esels – (I) Das Gesicht des Erlösers ist in der oberen Bildmitte, der Umhang in der unteren – (J) Folgen Sie einfach der Anleitung (und erlauben Sie sich eventuell einen zweiten Versuch) – (K) Drehen Sie das Bild um 90° gegen den Uhrzeigersinn – (L) Beide Männer blicken nach rechts (der alte nach unten, der junge über die linke Schulter; das Kinn des jungen Mannes entspricht der Nase des alten)

Paradoxa

Wieso konnte Achilles die Schildkröte nie einholen?

Zenos Paradoxon aus dem Jahr 425 v. Chr. sieht wie folgt aus: Nehmen wir an, der Sagenheld Achilles kann zehnmal so schnell laufen wie eine Schildkröte. Diese hat einen Vorsprung von zehn Metern. Während nun Achilles diese Distanz zurücklegt, hat sich die Schildkröte exakt einen Meter weiter bewegt. Und so ist es auch im nächsten Schritt. Achilles bewegt sich diesen einen Meter, die Schildkröte schafft indes zehn Zentimeter. Und so weiter. Gegen unsere Erfahrung, dass ein schnellerer Läufer einen langsameren überholt, bleibt Achilles hier immer knapp hinten. Das Faszinierende daran: Es dauerte 21 Jahrhunderte, bis mit den „konvergierenden Reihen" von James Gregory (1638–1675) eine mathematische Formel gefunden wurde, die dieses Paradoxon auflösen konnte.

Don Quixote: [Der Name ist willkürlich, spielt aber auf die bizarre Erklärung des Besuchers an.] Auf einer Insel mit strengen Gesetzen wird jeder Besucher mit der Frage konfrontiert, warum er auf Besuch komme. Sagt er die Wahrheit, darf er bleiben, lügt er, wird er gehängt. Einer der Besucher gab die folgende Erklärung: „Ich komme auf Besuch, um gehängt zu werden." Was passierte mit ihm?
Epimenides: Angeblich soll Epimenides, ein Kreter, zu seinen Schülern Folgendes gesagt haben: „Alle Kreter sind Lügner." Kann der Denker die Wahrheit gesagt haben?
Gegenteil: Stellen Sie sich zwei Kärtchen mit folgenden Aussagen vor: „Dieser Satz enthält sechs Wörter." Stimmt nicht, es sind nur fünf, werden Sie einwenden. Ok, dann ist die gegenteilige Aussage richtig: „Dieser Satz enthält nicht sechs Wörter." Wieder falsch, er hat doch genau sechs Wörter. Sie sehen doch das Paradox!
Krokodil: Griechische Philosophen dachten viel über das Krokodil-Baby-Paradoxon nach. *Krokodil*: Werde ich dein Baby fressen? Antworte richtig, und du bekommst es unversehrt zurück. *Mutter*: Oh, du wirst es fressen. *Krokodil*: Hm, wenn ich dir dein Baby gebe, hast du falsch gesprochen, ich hätte es ja fressen müssen. Daher kann ich es dir nicht geben. *Mutter*: Doch, du musst es mir geben. Wenn du es frisst, habe ich wahr gesprochen und bekomme mein Kind daher zurück. Verwirrt ließ das Krokodil vom Baby ab. Es konnte ja nicht gleichzeitig beide Voraussetzungen erfüllen. Was wäre gewesen, wenn die Mutter gesagt hätte: Du wirst mir mein Baby zurückgeben? [Anmerkung: Es gab in Griechenland zu keiner Zeit Krokodile.]
Lügenparadox: Warum ist der Satz „Dieser Satz ist falsch" ein Paradox?
Tischchen: Ein Gastgeber hat den Tisch für sechs Freunde gedeckt. Überraschend bringt der erste Gast jedoch seine Freundin mit. Was nun? Der Gastgeber bittet diesen Gast, zunächst auf dem ersten Stuhl Platz zu nehmen, mit der Freundin auf seinem Schoß. Der dritte Gast kommt auf den zweiten Stuhl usw., bis schließlich, nachdem auch der sechste Gast seinen Platz gefunden hat, die Dame auf dem letzten freien Stuhl Platz nehmen darf. Sechs Stühle – sieben Gäste: Wo liegt der Trugschluss?

Antworten:

Don Quixote: Hängt man ihn, hat er die Wahrheit gesprochen. Lässt man ihn gewähren, hat er gelogen. Die Geschichte besagt, dass der Gouverneur der Insel Gnade vor Recht ergehen ließ. Der Besucher durfte frei gehen.

Epimenides: Leider nicht, wenn wir annehmen, dass Lügner immer und überall lügen, alle anderen Menschen jedoch immer die Wahrheit sagen. Die obige Aussage würde Epimenides zu einem Lügner machen; dann aber wäre die Aussage falsch. Sie kann jedoch nicht falsch sein, denn damit würde impliziert, dass die Kreter die Wahrheit sagen. Und ein „wahr-sprechender" Epimenides könnte diese Äußerung gar nicht von sich geben.

Gegenteil: Es gibt keine Möglichkeit einer logisch korrekten Lösung.

Krokodil: Das Krokodil hätte sich genüsslich aussuchen können, was es tun wollte.

Lügenparadox: Wenn der Satz wahr ist, ist er falsch. Und wenn er falsch ist, ist er wahr.

Tischchen: Die Dame auf dem Schoß ihres Freundes ist tatsächlich Gast Nummer sieben. Es wird aber suggeriert, sie sei Gast Nummer zwei, und dadurch der zweite Freund (die echte Nummer zwei) unterschlagen.

Sportliches

Wieso kommt ein Tischtennisball immer wieder zurück?

Pingpong: *Ein chinesischer Tischtennis-Champion behauptet, einen Pingpongball so werfen zu können, dass er ein kurzes Stück fliegt, dann plötzlich stoppt und wieder selbständig zurückkehrt, ähnlich wie ein Bumerang. Der Ball wird nirgends befestigt und prallt auch von keinem Gegenstand ab. Wie gelingt dieser Kunstwurf?*

Meisterschütze: Ein Meisterschütze behauptet, mit seinem alten Gewehr folgendes Kunststück bewerkstelligen zu können: Zunächst wird er seinen Hut aufhängen. Dann werden ihm die Augen verbunden und er wird schnell im Kreis gedreht, bis die Orientierung verloren geht. Jetzt erst macht er hundert Schritte, dreht sich um und schießt in diesem Moment mitten durch den Hut. Wie schafft der Meisterschütze dies?

Pferdsprung: Ich war Zeuge eines Unfalls, bei dem ein Pferd locker über einen Turm sprang und unsanft auf einem kleinen Mann landete. Wo passierte dieses Missgeschick?

Seiltanz: Bei einer Seiltanzvorführung mit verbundenen Augen stürzte ein Artist plötzlich zwölf Meter vom Hochseil ins Fangnetz. Wieso verlor er bei dieser Vorführung seine sonst so schlafwandlerische Sicherheit?

Tennis: Boris Becker und Michael Stich spielten Tennis. Um präzise zu sein, genau fünf Sätze. Jeder der beiden Wimbledonsieger gewann drei Sätze. Wie war das möglich?

Wanderung: Ein Wanderer erzählt seinem Stammtisch von einem wunderbaren Erlebnis im Alpenland. Als er zu einer kleinen, alten Holzbrücke kam, las er auf einem Warnschild, dass die maximale Tragkraft 75 kg betrug. Sein Körpergewicht plus Ausrüstung machten exakt 73 kg aus. Jedoch hatte der Wanderer an diesem Tag drei schöne, je einen Kilo schwere Halbedelsteine gefunden, die er für seine Gattin mit nach Hause nehmen wollte. Wie kam er mit dem Kleinod über die Brücke? Achtung: Ein Gewitter war im Anzug: Umkehr also ausgeschlossen.

Lösungen:

Pingpong: Er wirft den Ball einfach senkrecht in die Luft.

Meisterschütze: Er hängt den Hut über den Lauf seines Gewehrs.

Pferdsprung: Bei einer Schachpartie. Der Springer hüpfte über den Turm und landete auf einem Bauern.

Seiltanz: Das Orchester stoppte überraschend die Musik. Der Artist glaubte daher, dass er bereits die Plattform erreicht habe.

Tennis: Sie waren Partner in einem Tennisdoppel.

Wanderung: Der Wanderer war Hobbyjongleur. Er ließ jonglierend immer einen Halbedelstein durch die Luft fliegen. Der *Pferdefuß bei diesem Rätsel*: Durch das ständige Hochwerfen beschleunigt sich der Wanderer selbst in Richtung Brücke. Die oft kolportierte Idee entpuppt sich also physikalisch gesehen nur als Scheinlösung.

Sprachlogik

Wurden in der Tat untreue Ehemänner getötet?

Ehemänner: *In einer alten Chronik stand: Eine kriegerische Amazone rief eines Tages alle Frauen ihres Reiches zusammen und teilte ihnen mit, dass mindestens einer ihrer Ehemänner untreu gewesen sei. Die Königin sprach weiter: „Ich befehle all denen von euch, die herausfinden, dass ihr Ehemann sie betrügt, diesen treulosen Gatten um Mitternacht des Tages, an dem ihr seine Untreue erkennt, zu töten." Schweigen und Entsetzen unter den Frauen, aber dem Befehl der Königin galt es zu gehorchen. Neuigkeiten, wer untreu war und wer nicht, verbreiteten sich mit Windeseile unter dem Amazonenstamm, mit einer Einschränkung: Die Betroffenen wussten als Einzige nichts von der Treulosigkeit ihrer Gatten. Auch die Nachricht von einer Tötung würde innerhalb dieses Stammes sofort die Runde machen. Insgesamt waren, so berichtet die Chronik, genau 40 Ehemänner untreu. Die Chronik endet mit der Frage: Wurden tatsächlich Ehemänner getötet, und wenn ja, wann?*

Drei Philosophen: Drei Weise, nennen wir sie Aristoteles, Sokrates und Platon (Ähnlichkeiten mir wahren Personen sind rein zufällig), machten einen Mittagsspaziergang vor den Toren Athens. Ermattet von der Sonne, ließen sich die drei Philosophen unter einer Platane nieder und fielen nach wenigen Minuten in ein kurzes Nickerchen. Während dieser Zeit entleerte sich eine Eule ungeniert vom Ast der Platane über den drei Weisen. Als die Philosophen aufwachten, begannen sie schallend zu lachen. Auf der Stirn der beiden anderen sahen sie den Eulendreck. Nach einigen Sekunden allerdings stoppte einer der drei, die Legende besagt Sokrates, abrupt sein Gelächter. Warum, ist die große Frage? *Anmerkung*: Sokrates griff sich nicht an die Stirn. Er blickte auch in keine Pfütze. Und selbstverständlich ließ er sich auch nicht zu Fragen an seine Freunde hinreißen. Durch reines Nachdenken kam er zur Erkenntnis, selbst auch von der Eule bekleckert geworden zu sein. Sokrates wusste zudem, dass seine beiden Weggefährten einwandfrei logisch denken konnten.

Drei Preise: Ein Showmaster bietet einem Bewerber die Chance, einen von drei Preisen zu gewinnen: ein Auto, eine Flasche Sekt oder ein Brieflos. Er muss nur eine simple Aussage machen. Ist diese Aussage wahr, bekommt er das Auto oder den Sekt, ist sie dagegen falsch, geht das Brieflos an ihn. *Problem*: Wie kommt der Bewerber zum Auto? Der Sekt scheint ihm denn doch ein zu geringer Gewinn. (Nicht erlaubt sind Entweder-oder-Ansagen.)

Drillinge I: Drei Brüder, Albert, Bernd und Christoph, haben sehr unterschiedliche Charakterzüge. Albert und Bernd lügen immer, wohingegen Christoph immer die Wahrheit sagt. Äußerlich lassen sich die drei Brüder überhaupt nicht unterscheiden. Albert schuldet Ihnen hundert Euro. Sie treffen einen der Brüder und möchten wissen, ob Sie Albert vor sich haben, dürfen allerdings nur eine Frage stellen. Diese ist nur mit „Ja" oder „Nein" zu beantworten und darf zudem nicht aus mehr als drei Wörtern bestehen. Wie lautet sie?

Drillinge II: Drei Brüder, Albert, Bernd und Christoph, haben folgende Charakterzüge: Albert und Bernd sagen immer die Wahrheit, Christoph hingegen ist der perfekte Lügner. Die drei Brüder lassen sich äußerlich überhaupt nicht unterscheiden. Sie treffen einen der Brüder und möchten wissen, ob es Albert ist, der Ihnen ja hundert Euro schuldet. Sie dürfen nur eine Ja/Nein-Frage aus drei Wörtern stellen. Wie lautet diese?

Marterpfahl: In einem Indianerlager stehen drei Pfähle in einer Reihe, in den Farben Rot, Blau und Grün. An jeden der Pfähle wird ein Trapper angebunden, wobei alle drei in dieselbe Richtung schauen: Anthony sieht Bruce und Cal vor sich, Bruce sieht Cal vor sich, und Cal sieht nichts. Der Häuptling des Stammes spricht die Worte: „Derjenige, der an den grünen Pfahl gebunden wurde, soll dies sagen, dann schenke ich euch allen das Leben. Es darf aber nur einer sprechen. Wenn er sich irrt, müssen alle drei sterben."

Zwillinge: Sie kennen eineiige Zwillinge, allerdings nur einen der beiden Namen: Raoul. Einer der Zwillinge lügt immerzu. Leider wissen Sie nicht, welcher. Nun treffen Sie die beiden auf der Straße und möchten wissen, wer Raoul ist. Nur einer der beiden Brüder darf auf Ihre Frage, die nicht mehr als drei Wörter haben soll, mit „Ja" oder „Nein" antworten. (Nicht wer lügt, ist die Frage, wohlgemerkt.)

Lösungen:

Ehemänner: Es wurden alle 40 untreuen Ehemänner getötet, und zwar um Mitternacht des 40. Tages nach der Ansprache der Königin. Die Königin sprach von mindestens einem untreuen Ehemann. Wäre es genau einer, hätte die betreffende Gattin sofort Bescheid gewusst, denn von einem anderen als ihrem eigenen Ehemann hätte sie der Chronik zufolge ja bereits am ersten Tag erfahren. Daher wäre dieser Ehemann um Mitternacht des 1. Tages dem Tode geweiht gewesen. Wären zwei Männer untreu gewesen, hätte sich der Tod der beiden um einen Tag verzögert. Warum das? Nun, um Mitternacht des 1. Tages wäre nichts geschehen. Da beide betroffenen Frauen nur von einem untreuen Ehemann gehört haben konnten, wäre es ihnen im Laufe des zweiten Tages klar geworden, dass auch ihr eigener Gatte das Eheversprechen gebrochen haben musste. Wenn man diesen Gedanken weiterverfolgt, dann wird sofort klar, dass am Morgen des 40. Tages alle Frauen gewusst hätten, dass wenigsten 40 Männer die Ehe gebrochen hatten. Wer immer von den Amazonen einen treuen Mann hatte, wäre davon nicht überrascht worden, denn diese Frauen hätten ja von 40 Ehebrechern gehört. Amazonen mit untreuen Gatten dagegen hätten nur von 39 Ehebrechern gewusst. Also mussten ihre eigenen Männer unter den 40 sein. Damit hätten alle Frauen am 40. Tag nach der Ansprache der Königin um Mitternacht den Seitensprüngen ihrer Männer ein Ende bereitet.

Drei Philosophen: Als Sokrates sah, dass sich Aristoteles vor Lachen krümmte, war ihm klar, dass der Freund keine Ahnung von seiner bekleckerten Stirn hatte. Hätte nun Sokrates eine saubere Stirn, dann müsste Aristoteles über Platon lachen. Aber worüber, glaubte Aristoteles dann, würde Platon wohl lachen? Bei Zeus, ist es in diesem Moment Sokrates durch den Kopf geschossen, ich habe keinen Grund zu lachen.

Drei Preise: „Ich werde nicht die Flasche Sekt bekommen."

Drillinge I: „*Bist du Bernd?*" Albert wird auf diese Frage mit Ja antworten, da er lügt, Bernd und Christoph aber sagen „Nein", Bernd, weil er lügt,

Christoph, weil er die Wahrheit sagt. Ein „Ja“ als Antwort bedeutet daher, dass Sie Albert vor sich haben, ein „Nein“ dagegen, dass es Bernd oder Christoph ist.

Drillinge II: „*Bist du Bernd?*“ Es ist die gleiche Frage wie oben. Nur bedeutet diesmal ein „Ja“, dass es nicht Albert ist (der mit „Nein“ antworten würde). Bernd und Christoph dagegen müssten „Ja“ sagen, Bernd, da er immer die Wahrheit sagt, Christoph, weil er auf obige Frage lügen würde.

Marterpfahl: Cal sagt nach einigen Minuten: „Mein Pfahl ist grün.“ Und er rettet damit die Freunde. Erklärung: Sähe Anthony keinen grünen Pfahl vor sich, wüsste er sofort, dass er selbst sprechen müsste. Das schließt auch Bruce nach wenigen Sekunden. Da er aber vor sich einen grünen Pfahl sieht, muss er schweigen. Und da beide Hintermänner atemlos zuwarten, erkennt Cal schließlich, dass er selbst es ist, der an den grünen Pfahl angebunden ist.

Zwillinge: „*Ist Raoul wahrheitsliebend?*“ Raoul wird mit „Ja“ antworten, egal ob er ein Lügner ist (dann sagt er ja genau das Verkehrte) oder stets die Wahrheit sagt. Raouls eineiiger Zwilling wird dagegen immer mit „Nein“ antworten. Anmerkung: Es gibt auch eine Lösung mit zwei Worten: „*Lügt Raoul?*“

Tierische Fangfragen

Wo kommen die Pinguineier her?

***Pinguineier:** Ein Forscherteam stellte auf einem Kongress die eingefrorenen Leichen arktischer Bewohner zur Schau, in deren Mägen Pinguineier gefunden wurden. Ein zufällig anwesender Biologe zweifelte sofort den Fund an. Warum?*

Baumstamm: Als kleines Kind hatte die achtjährige Samantha Miller einen Nagel in die alte Eiche im Garten ihrer Eltern geschlagen. Sie wollte markieren, wie groß sie war. Zehn Jahre später wollte die junge Dame sehen, wie hoch der Nagel inzwischen war. Der Baum war ziemlich genau um sieben Zentimeter pro Jahr gewachsen. Wie viel höher war der Nagel?

Kanarienvögel: Die US-Raumfahrtbehörde NASA plante, zum Testen der Schwerelosigkeit drei Kanarienvögel ins All zu schicken. Das Projekt musste fallen gelassen werden, da die Vögel vermutlich verdurstet wären. Warum?

Katzen: Drei Katzen fangen drei Mäuse in drei Minuten. Wie viele Katzen würden bei gleichem Fangtempo hundert Mäuse in hundert Minuten einfangen?“

Papagei: Der Verkäufer der Tierhandlung hatte der alten Dame versichert, dass ihr gerade erstandener Papagei Korax jedes Wort, das er höre, nachsprechen werde. Nach einer Woche kam die Frau verärgert zur Tierhandlung zurück und beklagte sich, dass Korax noch kein Wort mit ihr gesprochen habe. Der Verkäufer war ein ehrlicher Mann. Was war also schiefgelaufen?

Pferdejob: Ein Pferd namens Jolly Jumper legt mit zwei seiner Beine jeden Tag 29 km zurück, mit den beiden anderen 30 km. Wie ist dieser riesige Unterschied zu erklären?

Lösungen:

Pinguineier: Pinguine sind in der Arktis nicht heimisch.

Baumstamm: Der Nagel befand sich genau dort, wo Samantha ihn als Kind eingeschlagen hatte, denn Bäume wachsen nur nach oben.

Kanarienvögel: Vögel können im schwerelosen Raum nicht schlucken, da sie im Gegensatz zum Menschen den Kopf nach oben halten müssen, um das mit dem Schnabel aufgenommene Wasser in ihren Körper laufen zu lassen.

Katzen: Wieder schaffen das drei Katzen ohne Probleme.

Papagei: Der Papagei war taub. Der Verkäufer hatte nur behauptet, dass er jedes Wort, das er höre, nachsprechen werde.

Pferdejob: Jolly Jumper treibt eine Mühle an, wobei er sich ständig im Kreis bewegt; dadurch ist der Weg für die beiden äußeren Beine länger.

Verschlüsselte Botschaften

Wie viele Eisbären tummeln sich um wie viele Eislöcher?

Sie werfen mit 5 Würfeln. Die unterschiedlichen Wurfergebnisse regen zu folgender Scherzaufgabe an: Wie viele Eisbären tummeln sich um wie viele Eislöcher? Und wie viele Robben, die aus den Atemlöchern herausschauen, werden jeweils gefangen? Zuerst ein Beispiel, dann sind Sie dran! Tipp: Wenn Sie diese Aufgabe einer größeren Gruppe von Rätselfreunden präsentieren, weisen Sie auf jeden Fall vorweg darauf hin, dass jeder, der glaubt, die Lösung zu „sehen", zunächst einmal Ihre Rolle als Werfer übernehmen soll. Der Grund ist einfach: Die einzelnen Rätselfreunde werden ganz unterschiedlich schnell das diesem Rätsel zugrunde liegende Prinzip erfassen. Und niemand sollte zu rasch auf die Lösung gestoßen werden. Raten und Denken darf ja auch Spaß machen!

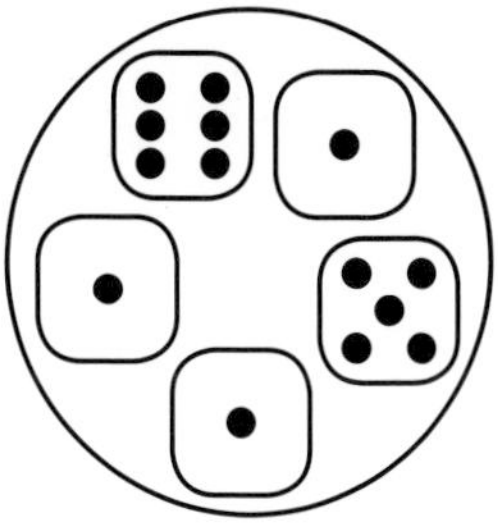

4 Eisbären, 4 Löcher, 6 Robben

… Eisbären? … Löcher? … Robben?

Papierschnipsel: Wie lautet die Botschaft auf diesem Papierschnipsel?

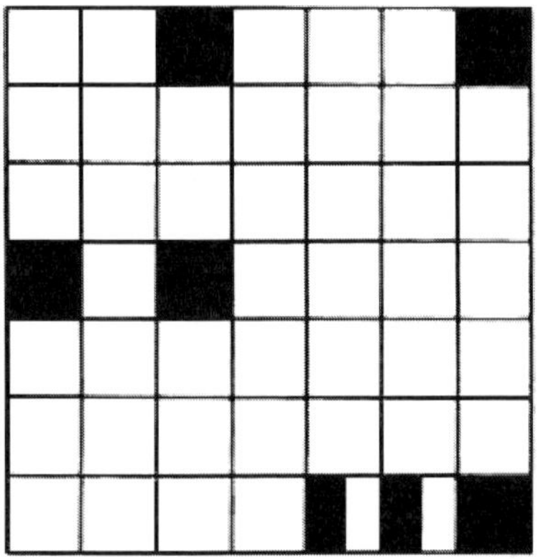

Schnörkel: Welcher Schnörkel der unteren Reihe steht für das Fragezeichen?

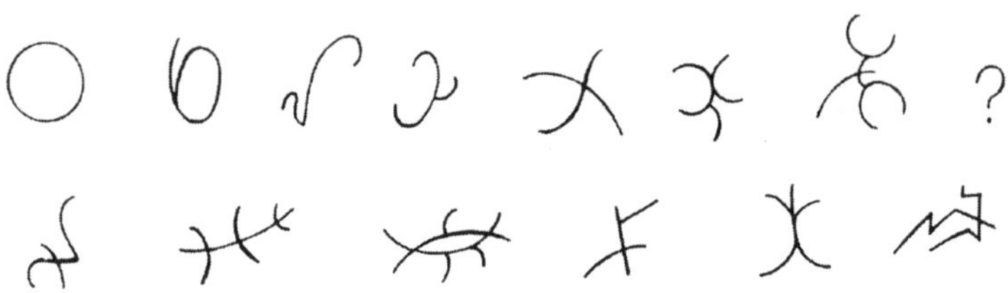

Zahlenleiter: Wie kann die unten stehende Zahlenleiter, von oben nach unten gelesen, logisch um eine weitere Zeile ergänzt werden? Jedes x steht für eine Ziffer.

1
11
21
1211
111221
312211
xxxxxxxx

Lösungen:

Eisbären: 6 Eisbären, 3 Löcher, 8 Robben. Als Eisbären zählt man die äußeren Augenpunkte der „3“ und der „5“, deren Zentrum Eislöcher bilden. Ebenso ist die „1“ ein verwaistes Eisloch. Die „2“, die „4“ und die „6“ dagegen werden als Robben gezählt.

Papierschnipsel: Hallo. Wenn Sie das Blatt unter einem ganz flachen Winkel zum Auge halten und dabei auch noch ein Auge zumachen, werden Sie die Grußbotschaft deutlich erkennen.

Schnörkel: Der dritte. Jeder der Schnörkel in der oberen Reihe hat eine aufsteigende Zahl von Enden, von 0 bis 6. Der dritte Schnörkel der unteren Reihe hat 7 Enden.

Zahlenleiter: 13112221. Sie müssen einfach von oben nach unten die Ziffern ablesen: In der ersten Reihe steht ein Einser, daher schreiben Sie in die zweite Reihe „ein Einser“, also zweimal die 1. Dann lesen Sie weiter „zwei Einser“ und notieren 21. Die vierte Reihe schreibt sich analog 1211 („ein Zweier und ein Einser“). Der Rest ist nur Formsache. Ergänzung: Es kommt nie mehr als eine 3 vor, egal wie viele Reihen Sie aufschreiben. Bitte ausprobieren!

Zündholzpuzzles

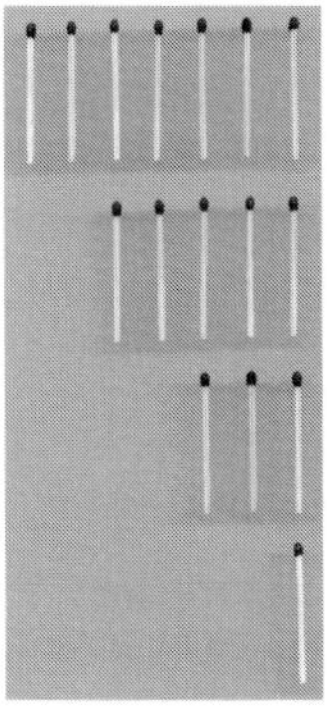

Waren Sie schon in Marienbad?

***Marienbad:** Ein faszinierendes Zweipersonenspiel der „Nim-Familie“ wurde durch den Film „Letzes Jahr in Marienbad“ in der Spielszene bekannt. Es gilt, abwechselnd jeweils eine beliebige Zahl von Streichhölzern aus einer der vier Reihen (siehe Abbildung) zu nehmen, egal von welcher Seite. Wer das insgesamt letzte der 16 Streichhölzer nehmen muss, hat verloren. Sollten Sie beginnen? Tipp: Spielen Sie erst einmal ein paar Runden und versuchen Sie selbst, die optimale Strategie zu entwickeln.*

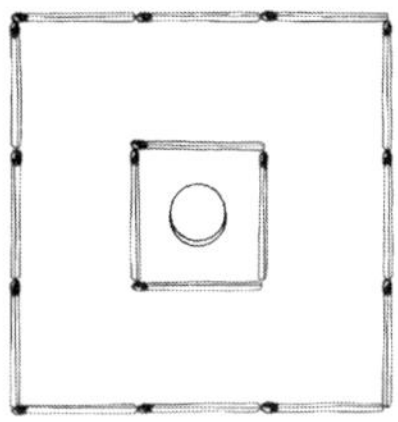

Affenlogik

Affenlogik: Mitten auf einer quadratischen Insel in einem quadratischen Teich sitzt ein kleines Äffchen (siehe Abbildung). Es möchte an Land kommen, dabei aber nicht nass werden. Zum Überspringen ist der Teich zu breit. Der eilig herbei gerufene Tierpfleger hat nur zwei Holzlatten zur Verfügung und muss damit eine stabile Brücke bauen. Wie geht dies?

Dreiecke: Bilden Sie mit Hilfe von nur sechs Streichhölzern vier gleichseitige Dreiecke, die alle gleich groß sein sollen.

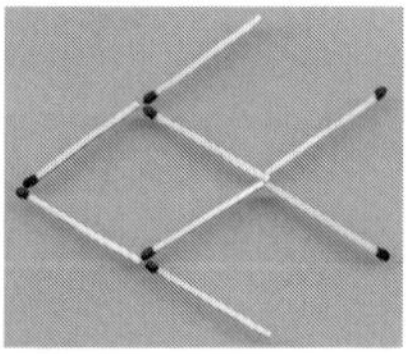

Fisch

Fisch: Der abgebildete Fisch dreht seine Schwimmrichtung abrupt um 180°. Wie geht dies durch Umlegen von nur drei Streichhölzern?

Hund: Wie aus der Abbildung ersichtlich, blickt der aus zwölf Streichhölzern dargestellte Hund nach links. Durch Umlegen von nur zwei Streichhölzern sollen Sie den getreuen Freund nach rechts schauen lassen.

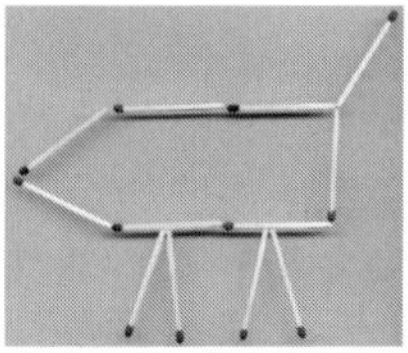

Hund

Römische Zahlen: Wie funktionieren die folgenden Gleichungen?

I – III = II

Durch Umlegen eines Streichhölzchens ist diese Ungleichung richtig zu stellen.

XI + I = X

Wieder dürfen Sie nur ein Streichhölzchen bewegen.

VI – IV = IX

Hier gibt es zwei Lösungen.

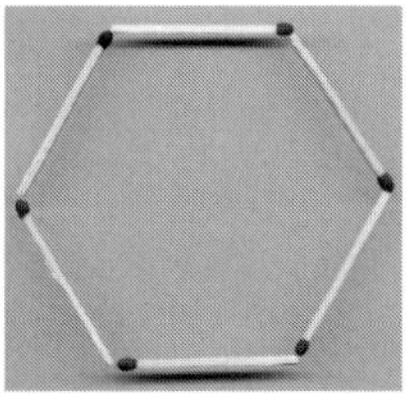

Sechseck

VII = I

Auch hier darf nur ein Streichhölzchen umgelegt werden. Die Aufgabe ist schwieriger zu lösen.

XI = I – X

Die letzte Gleichung lässt sich lösen, ohne auch nur ein Streichholz zu berühren.

Sechseck: Alle Streichhölzer eines regelmäßigen Sechsecks plus drei weitere Hölzchen dürfen verwendet werden, um eine Figur zu bilden, die wieder sechs Seiten hat.

Lösungen:

Marienbad: Nein. Wer beginnt, muss bei optimalem Spiel des Gegners verlieren. Erklärung: Welche Gewinnpositionen sind grundsätzlich anzustreben? Es gibt zwei kritische Stellungen: (1) Eine gerade Zahl von Reihen (zwei oder vier) – Wer am Zug ist, muss verlieren, da der Gegner jede Aktion spiegelbildlich nachmacht. (2) Drei Reihen – Der Spieler, der am Zug ist, verliert dann, wenn die drei Reihen sich in der Hölzchenzahl um jeweils 1 unterscheiden und eine Reihe aus nur einem Hölzchen besteht.

Affenlogik: siehe Abbildung.

Dreiecke: Wenn Sie in drei Dimensionen denken, sehen Sie die Lösung sofort – es ist ein Tetraeder.

Fisch: Die drei untersten Hölzchen werden bewegt. Das linke bildet die neue obere Schwanzflosse, das mittlere die obere Hauptflosse und das rechte den oberen Rumpfteil.

Hund: siehe Abbildung. Ergänzung: Wenn Sie den optischen Eindruck verstärken wollen, machen Sie dem Hund durch einen Streichholzkopf ein Auge.

Römische Zahlen:

I – III = II: I = III – II.

XI + I = X: X + I = XI

VI – IV = IX: (1) VI + IV = X (2) V + IV = IX

VII = I: (Wurzel aus I = I)

XI = I – X: Stellen Sie das Blatt einfach auf den Kopf!

Sechseck: Es ist ein Würfel?

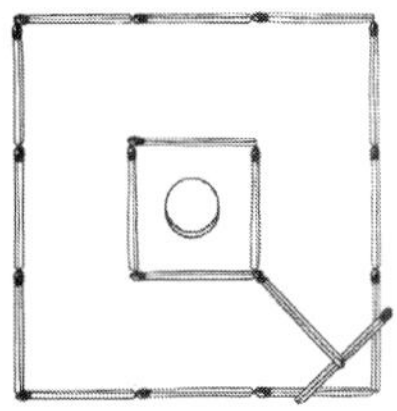

Affenlogik

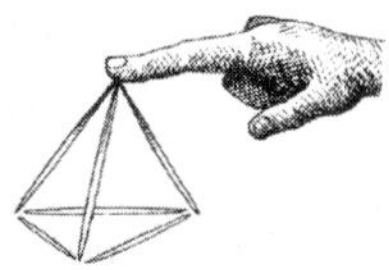

Dreiecke

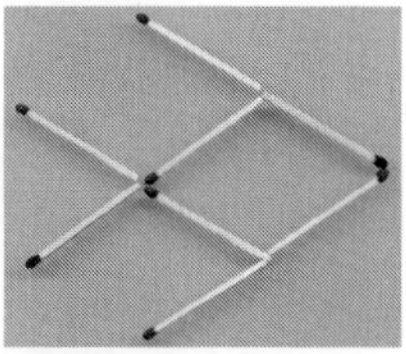

Fisch

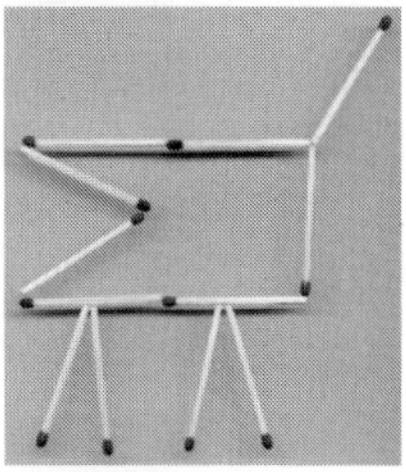

Hund

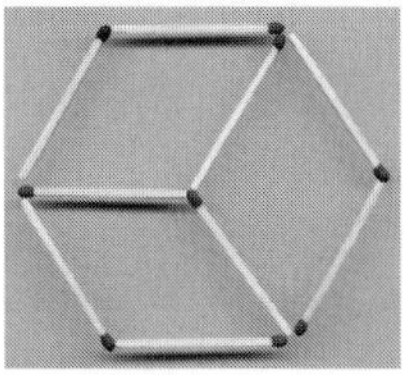

Sechseck

Das gekrümmte Schachbrett

1975

aus dem Buch: The Master of Illusions

Wo stehen die weißen und schwarzen Figuren?
Auf oder unter dem Schachbrett?
Sandro Del-Prete reflektiert hier eine symbolische Frage des Lebens.
Denn die Krümmung des Bretts ist reine Illusion,
hervorgerufen allein durch unsere innere Logik.

Sport & Freizeit

Werte Leserin, werter Leser!

Schach, das königliche Spiel, soll sie auf das Kapitel „Sport & Freizeit“ einstimmen. Myriaden von Möglichkeiten, die auch zu Myriaden von spannenden Fragen führen: Wer spielte blind, also ohne Ansicht eines Brettes, gleichzeitig 52 Schachpartien gegen namhafte Widersacher? Wo zeigte ein Mädchen dem Gegenspieler den Allerwertesten? Wann endeten Schachbretter auf dem Scheiterhaufen? Andere Freizeitthemen kommen nicht zu kurz. Wann wurden in den Vereinigten Staaten mehr Monopoly-Geldscheine als Dollarnoten gedruckt? Wo wurde mit Strychnin, Digitalis und Arsen aufgeputscht? Und schließlich: Wer lief barfuß zu Olympiagold? Seien Sie mal sportlich … und öffnen Sie Ihre Augen für die wichtigen Dinge des Lebens.

Wissen Sie's? – So Pi mal Daumen?

A. American Football: In der „blutigsten“ Saison 1905 starben im American Football wie viele Sportler an ihren Verletzungen?

B. Backgammon: Wie alt ist der Vorläufer des Brettspiels Backgammon?

C. Domino: 100 000 Dominosteine wollte Bob Specas 1978 austellen und dann in einer Reaktion umkippen lassen, als einem Kameramann der Presseausweis aus der Hand fiel und eine Kettenreaktion auslöste. Wie viele Steine standen bereits zu diesem Zeitpunkt?

D. Fußball: Wie viele Stunden wurde mit einem Fußball jongliert?

E. Golf: Wie weit war der weiteste Schlag auf einem normalen Golfplatz? Und wie viele Dellen hat ein Golfball?

F. Jonglieren: Mit wie vielen Bällen konnten Enrico Rastelli und Albert Lucas jonglieren? Und wie lautet der Rekord von Jason Garfield und Bruce Sarafian?

G. Olympische Spiele: Wie viele Nationen nahmen an den ersten Olympischen Spielen der Neuzeit 1896 in Athen teil?

H. **Puck:** Wie viel Gramm wiegt der Puck beim Eishockey?

I. **Puzzle:** In welchem Jahr wurde das erste Puzzle hergestellt?

J. **Schach:** Wie viele Jahre regierte der am längsten amtierende Schachweltmeister?

Antworten: A: 19/B: 4500 Jahre – Name: Das königliche Spiel von Ur/ C: 97500/D: 18/E: 471 m – durch Michael Hoke Austin 1974 in Las Vegas, 350 Dellen/F: 10 bzw. 11/G: 13/H: 160 g/I: 1762 – London, es war eine Landkarte/J: 26 Jahre (und 337 Tage) – Emanuel Lasker

Fußball

Welches Endspiel um die Deutsche Meisterschaft dauerte am längsten?

Am 18. Juni 1922 um 17 Uhr wurde das Endspiel um die deutsche Meisterschaft zwischen dem 1. FC Nürnberg und dem Hamburger SV angepfiffen. Nach 226 Minuten bei mehrmaliger Verlängerung wurde schließlich in der einbrechenden Dämmerung abgepfiffen. Auch die Neuaustragung endete kurios: Abbruch, da Nürnberg keine acht Spieler mehr auf dem Feld hatte. Der „formale" Sieger HSV sollte auf den Titel verzichten. Bis heute wird für diese Saison kein Meister geführt.

Diene dem Herrn: Karl Gadegaard, dänischer Torschützenkönig 1893/94, musste frühzeitig mit dem Fußballspielen aufhören, da er nach Ende seines Theologie-Studiums als Geistlicher wegen der Gottesdienste am Sonntagvormittag für den Sport keine Zeit hatte.

Eisenzäune: Zum Schutz gegen Hooligans schirmten in vielen englischen Stadien bis 1989 Eisenzäune die Spielfelder ab. Doch am 15. April 1989 kam es im Hillsborough-Stadion von Sheffield zur Katastrophe. 96 Menschen starben an den Gittern, buchstäblich zu Tode gequetscht. Sowohl Eisenzäune als auch Stehplätze wurden daraufhin abgeschafft.

Fußball-Krieg: 1969 war ein WM-Qualifikationsmatch zwischen Honduras und El Salvador der Auslöser eines in der Geschichte einmaligen Fußball-Kriegs. Mehr als 3 000 Tote und über 6 000 Schwerverletzte waren die traurige Bilanz einer politisch aufgeladenen Situation in Mittelamerika.
Kirche: Gigi Becali, der Präsident von Steaua Bukarest, machte in einem Anflug von Dankbarkeit nach dem Aufstieg seines Clubs gegen Southampton ein Gelübde wahr: Er ließ eine Kirche erbauen.
Lotterie: Im Jahr 2002 wurde die Spielergemeinschaft des spanischen Regionalvereins Velez Rubio in der Pause einer Meisterschaftspartie vom 160-Millionen-Euro-Gewinn in der nationalen Weihnachtslotterie informiert. Sofort wurde mit Champagner angestoßen. Das Match ging verloren, die Feiern dauerten jedoch die ganze Nacht.
Minimeisterschaft: Auf den Scilly-Inseln tragen jedes Jahr nur zwei Mannschaften in rund zwanzig Spielen ihre Meisterschaft aus: Woolpack Wanderers und Garrison Gunners. Die Teams werden, um Ausgeglichenheit zu garantieren, vor Saisonbeginn im Saint Mary's Pub zusammengestellt.
Moskau: Beim UEFA-Cup-Match zwischen Spartak Moskau und HFC Haarlem am 20. Oktober 1982 wurden 340 Menschen zu Tode getrampelt. Die sowjetischen Behörden bestätigten diesen Vorfall erst sieben Jahre später.
Ohne Schuhe: Gemäß Regel 4 des Deutschen Fußballbundes ist Spielen ohne Schuhe nicht erlaubt und mit indirektem Freistoß zu ahnden.
Rückennummern: (1) Die ersten Rückennummern wurden 1911 von zwei Teams aus Sydney, Leichhardt und HMS Powerful, getragen. (2) 1933 im Pokalfinale zwischen Everton und Manchester City gab es die europäische Premiere. (3) Harley de Menezes Silva, ein Torhüter des brasilianischen Clubs Goias, trug mit 400 die bislang höchste Nummer. Er wollte damit seinen 400. Einsatz für den Klub anzeigen. (4) Iván Zamorano wollte beim Vereinswechsel 1997 unbedingt seine bislang geliebte Nummer 9 behalten, die allerdings ein anderer Spieler trug. Er wählte daher die 18 und malte ein kleines Plus dazwischen.
Sheffield Football Club: Der ältester Fußballverein der Welt wurde am 27. Oktober 1857 gegründet, mit dem Ziel, in der Winterpause einen Ersatz

für Cricket zu haben. Da es keine Gegner gab, spielten die Verheirateten gegen die Ledigen oder die Jungen gegen die Alten. Eine Spezialregel besagte, dass jeder Spieler mit einer rot-blauen Flanellkappe auflaufen musste.
Unsichtbar: Nur der Schiedsrichter dürfte die Geburtsstunde des großen Ajax-Teams (mit Cruyff, Hulshoff, Krol, Suurbier) am 7. Dezember 1966 im Amsterdamer Olympiastadion voll „gesehen" haben. Keiner der mehr als 55 000 Zuschauer konnte wegen des dichten Nebels beide Tore erkennen.
Verletzung: Die erste registrierte Verletzung im Fußball erlitt 1872 Leutnant Crosswell von den *Royal Engineers*. Er brach sich das Schlüsselbein, spielte die Begegnung jedoch mit starken Schmerzen durch.

Golf

Wo werden Krokodile als Golfhindernis verwendet?

Loch 13 im Lost City Golf Course in Sun City, Südafrika, weist ein unglaubliches Hindernis auf: eine 3,6 m tiefe Krokodilgrube. Das Grün hat übrigens die Form des afrikanischen Kontinents.

Blitzschlag: In Ohio sind 6 Prozent aller Opfer von Blitzschlägen Golfspieler.
Eisgolf: In Uummannaq in Grönland wird seit 1999 eine Eisgolf-Weltmeisterschaft ausgetragen, wo bei Temperaturen bis zu minus 25 C° gespielt wird. Die Fairways werden von Schneehindernissen umrahmt, die einen Ball abrupt abstoppen können. Die Speckstein-Trophäe zeigt eine Inuitfrau mit Baby auf dem Rücken.
Exotische Tiere: Elephant Hills in Simbabwe liegt nahe den Viktoriafällen. Auf den Fairways kann man schon mal einem Warzenschwein begegnen. Auch Schimpansen, Paviane, Impalas und Gazellen bevölkern den Kurs. Elefanten, Löwen und Wasserbüffel werden durch einen elektrischen Zaun ferngehalten, können jedoch bisweilen die Konzentration ganz schön stören. Golf als Abenteuer, könnte man sagen!

Hole-in-one: Einer von circa 12 000 Abschlägen vom Tee führt zu einem Hole-in-one (für Nicht-Golfer: das Loch wird mit einem einzigen Schlag getroffen).
Maria Stuart: Es ist durchaus legitim, Maria Stuart, Königin von Schottland, als die erste namentlich bekannte Golferin der Geschichte zu bezeichnen. Immerhin war sie Mitglied eines der ersten Golfclubs der Welt. Ein Gemälde von 1563 zeigt die Königin beim Golfsport in St. Andrews. Maria Stuart erfreute sich übrigens auch am Billard und durfte sogar während ihrer Inhaftierung wegen Hochverrats diesem Sport frönen. Nach ihrer Exekution wurde Mary Stuart in das Tuch ihres Billardtisches gehüllt. Golf dagegen war während der Haft tabu, denn Mary Stuart wurde vorgeworfen, sie habe nach dem Tod ihres Gatten, des Earl of Darnley, zu früh wieder zum Golfschläger gegriffen.
Wüstengolf: In Dubai beim *Desert Classic* werden alljährlich 3 000 000 Liter Wasser pro Tag durch 30 km lange Rohre gepumpt. Das umgerechnet 10 Millionnen Euro teure Clubhaus hat die Form eines Beduinenzelts.

Olympische Spiele

Wer lief barfuß zu Olympiagold?

Rom-Marathon: 1960 bestieg mit Abebe Bikila der erste Afrikaner den olympischen Marathonthron. Unsterblich wurde der Lauf des kaiserlichen Leibgardisten, als er sich auf halbem Weg der Schuhe entledigte und ungefährdet bei mörderischer Hitze auf römischem Kopfsteinpflaster dem Sieg entgegeneilte. 1964 in Tokio wiederholte Abebe Bikila als erster Mensch seinen Marathontriumph. Leider blieb diesem großen Äthiopier ein grausames Schicksal nicht erspart. Nach einem Autounfall war er querschnittgelähmt und starb bereits mit 41 Jahren.

Amateurstatus: Die antiken Olympiasieger wurden nicht nur mit Olivenkränzen und Palmzweigen geehrt. Ganz im Gegenteil: Lebenslange Steuerfreiheit, Renten, Denkmäler und beträchtliche finanzielle Zuwendungen – sie erhielten unter anderem Öl, das sie verkaufen durften – versüßten den Triumph. Eine ganz besondere Ehre scheint heute wenig erstrebenswert: Die großen Sieger durften bei Schlachten in der Frontreihe direkt neben dem König kämpfen.

Aufputschmittel: Die ersten Marathonolympiasieger der Neuzeit durften sich noch „dopen". Erlaubt waren Strychnin, Adrenalin, Kokain, Digitalis, Heroin, Morphin, Arsen, Alkohol sowie Hodenextrakte.

Becher Wein: Als der Grieche Spiridon Louis nach seinem Triumph im ersten Marathonlauf der modernen olympischen Spiele gefragt wurde, wo er die Kraft für den Sieg finden konnte, meinte er: „Am Weg stand mein Schwager Kontos an der Straße und streckte mir einen Becher Wein und ein rohes Ei entgegen." Andere Quellen berichten, dass Louis in einem Wirtshaus ein Glas Wein trank.

Cricket: 1900 war Cricket olympisch. Großbritannien gewann Gold, Frankreich Silber. Weitere Mannschaften nahmen nicht an diesem Mannschafts-Großereignis teil.

Frauen: Der „Vater" der Olympischen Bewegung, Pierre de Coubertin, lehnte die Teilnahme von Frauen an den Wettkämpfen mit der Begründung ab, das dies „uninteressant, unästhetisch und gegen ihre Natur" wäre. Nur der Applaus der Frauen als Belohnung sei wünschenswert. Doch bereits 1900 in Paris waren neben 1319 Männern 11 Frauen dabei, in den Sportarten Tennis und Golf.

Griechisches Heldenepos: Bei den antiken Olympischen Spielen gab es den Wettbewerb Pankration, eine überaus brutale Mischung aus Boxen und Ringen, bei der alles erlaubt war. Einer der umschwärmten Helden dieses Sports war der zweifache Olympiasieger Arrhichion. 654 v. Chr. stand er nun zum dritten Mal im Endkampf, entschlossen sich wieder zu behaupten und seinen Ruhm zu vermehren. Von seinem Gegner im eisernen Würgegriff gehalten, sah er nur einen Ausweg. Er brach dem Gegner mit letzter Kraft die Zehe, worauf dieser schmerzerfüllt aufgab. Arrhichion wurde zum Olympiasieger erklärt, bedauerlicherweise allerdings nur posthum.

Bei seinem heroischen Sieg lag Arrhichion selbst erwürgt im Staub. Damit wurde ein weiteres griechisches Heldenepos geschaffen.

Marathon: In der Frühzeit des Olympischen Marathonlaufs (seit 1896) war die Strecke „circa" 40 Kilometer lang. Erst in London 1908 entschied man sich zu Ehren des Königshauses für eine Verlängerung auf 42 Kilometer, um den königlichen Kindern im Schloss Windsor zu ermöglichen, den Start zu sehen. Der Zieleinlauf wäre allerdings auf der Gegengeraden zur königlichen Loge gelegen. Nach Protest der Royals wurden daher 195 Meter angehängt. Die Sportler, zumindest die britischen, ehren die Royals bis heute oftmals mit einem gehauchten „God Save the Queen!" Erst 1921 wurde die Distanz über 42,195 km offiziell.

Olympische Ringe: Von Pierre de Coubertin 1913 persönlich entworfen, soll die Zahl der Olympischen Ringe die Erdteile symbolisieren, die Farben (Blau, Gelb, Schwarz, Grün, Rot, weißer Hintergrund) dagegen sämtliche Nationalflaggen der Welt repräsentieren, die zu Coubertins Zeit noch den heraldischen Regeln entsprachen.

Pferdesport: Das riesige Olympia-Denkmal der spartanischen Königstochter Kyniska steht für die einzige antike Sportart, die Frauen offenstand. Zugelassen wurden grundsätzlich nur Griechinnen, freie Bürgerinnen, die ohne Blutschuld waren und einen Eid auf die Götter schworen. Bis heute treten nur im Reitsport Frauen und Männer im gleichen Wettbewerb an.

Tontaubenschießen: Bei den Olympischen Spielen 1900 in Paris wurde noch auf lebende Tauben geschossen.

UdSSR: 1989 fiel die Berliner Mauer und bereits im selben Jahr auch die kommunistisch geführte DDR. Im Mai 1991 löste sich schließlich die UdSSR auf. Dennoch hieß der Olympiasieger im Fernschach 1994 UdSSR. Silber ging an England, Bronze an die DDR. Der Grund ist ganz einfach: die „Türme" UdSSR und DDR spielten auch nach ihrer Auflösung unverrückbar weiter Fernschach miteinander. Schließlich hatte die Olympiade bereits 1987 begonnen, mit einer politisch völlig anderen Weltlage in den ausklingenden Jahren des kalten Krieges. *Persönliche Anmerkung:* Dieser Meldung verdanke ich die erste Idee zu diesem Buch.

Schach – Champions

Wer spielte simultan 52 Partien Blindschach?

Am 16.Oktober 1960 erobert der Ungar János Flesch, damals 27 Jahre alt, die Schlagzeilen der Schachzeitschriften: 52 Partien (+31 = 18 –3) trug er gleichzeitig gegen beachtlich spielstarke Gegner aus, alle davon ohne Ansicht des Brettes. Seine Leistung blieb bis heute unerreicht!

Banknoten: Es gibt sogar Banknoten, auf denen Schachspieler abgebildet sind. Während der Hyperinflation Anfang der Zwanzigerjahre gab die Gemeindeverwaltung Ströbeck Notgeld heraus, das 18 verschiedene Schachmotive zeigte, darunter ein Porträt von Adolf Anderssen, dem ersten internationalen Turniersieger der Geschichte. Damals durfte jede Stadt und jedes Dort eigene Banknoten anfertigen. Das jüngste Beispiel ist eine 5-Kronen Banknote Estlands (seit 1991), die den unvergesslichen Paul Keres zeigt.

Die Kugel rollt …: 1983 war das Spielcasino in Velden (Österreich) Schauplatz einer der kuriosesten Entscheidungen der Schachgeschichte. Im Kandidatenmatch zwischen Hübner und Smyslow stand es nach zehn regulären und vier Extrapartien unentschieden. Die Roulettekugel sollte entscheiden. Smyslow setzte auf Rot, Hübner auf Schwarz. Und das Unglaubliche trat ein: Der erste Losversuch scheiterte ebenfalls, die Kugel blieb auf Zero liegen! Erst dann entschied das Schicksal gegen Hübner, der glücklicherweise nicht mehr Zeuge des Schauspiels war.

Elias Canetti: Eine der erstaunlichsten Schachgestalten der Literatur ist Elias Canettis buckliger Zwerg Fischerle, der exzentrische Held des Romans *Die Blendung*. Er träumt in seiner Unmäßigkeit davon, den Weltmeisterthron zu besteigen, von Reportern umschwärmt zu werden, Millionen für ein Interview bezahlt zu bekommen und in einem standesgemäßen Schachpalast zu wohnen. Um seiner Gestalt noch mehr Beachtung zu geben, ändert er sogar seinen Namen, indem er die Verkleinerungsform ablegt und fortan als „Fischer“ seine Partien aufnimmt. Beim ersten Lesen drängt sich dem Schachfreund eine unübersehbare Frage auf. Hat Elias Canetti beim Ersinnen von Namen, Charakter und sogar bei einigen Zitaten seiner Romanfigur die New Yorker Schachlegende Bobby Fischer vor sich gesehen? Keine abwegige Frage, wenn man die Launenhaftigkeit und fast bizarre Realitätsverweigerung des ehemaligen Schachweltmeisters kennt. Doch nun zur erstaunlichen Wahrheit: *Die Blendung* erschien bereits vor dem Zweiten Weltkrieg, genau gesagt 1935, also acht Jahre vor Bobby Fischers Geburt.

Kaiser Wilhelm II. vor Emanuel Lasker: Eine Zeitungsumfrage Anfang des 20. Jahrhunderts wollte eruieren, wer die bekanntesten Deutschen sind. Das erstaunliche Ergebnis: Kaiser Wilhelm II. lag knapp vor dem damaligen Schachweltmeister Emanuel Lasker.

Rivalität: Im Kandidatenmatch Kortschnoi – Petrosjan 1977 mussten die Organisatoren ein Brett unter dem Tisch anbringen, um zu verhindern, dass die beiden Kontrahenten einander traten.

Titelsucht: Der offizielle, bombastische Titel des Schachgenies José Raul Capablanca im diplomatischen Dienst lautete: „Ambassador Extraordinary and Plenipotentiary General from the Government of Cuba to the World at Large".

Zigaretten-Preisgeld: Im Doppelrundenturnier Berlin 1918 durfte sich Lasker über 1 000 Zigaretten freuen, im Match Tarrasch-Mieses 1916 wartete auf den Gewinner ein halbes Pfund Butter. Immerhin stand man ja mitten im Krieg. Mehr dazu in „Das große humboldt Schach Sammelsurium".

Schach – Sammelsurium

Gibt es mehr Schachpartien als Atome im Weltall?

Die Möglichkeiten, eine einzige Schachpartie abzuwickeln, mit allen unsinnigen Zügen, fürwahr, sind astronomisch. Berechnungen sprechen von $1{,}5 \times 10^{128}$, das übersteigt bei Weitem die mickrigen $1{,}3 \times 10^{80}$ Atome, die das gesamte Weltall mit allen Galaxien und Sternen enthält.

Der Allerwerteste: Im Bayerischen Nationalmuseum findet sich ein flämisches Schachset aus dem 18. Jahrhundert, bei dem mit Hilfe eines findigen Mechanismus ein versteckter Knopf am Oberkörper des Königs gedrückt werden kann. Die Folgewirkung: Ein kleines Männchen erscheint und zeigt dem Gegenspieler den Allerwertesten.

„Du hast Glück, Mensch“: Professor Konstantinov, ehemaliger Insasse eines deutschen Konzentrationslagers, berichtete 1970 im russischen Fernsehen über eine unglaubliche Partieszene aus dem Jahr 1944. Ein deutscher SS-Offizier, der von Konstantinovs Schachstärke gehört hatte, betrat die Baracke, setzte sich ans Spielbrett und öffnete seinen Pistolengürtel mit den Worten: „Du hast Weiß.“ Um den zwanzigsten Zug herum hatte Konstantinov ein Matt in 3 auf dem Brett. Fahl im Gesicht flüsterten die Zeugen des Matches ihre Warnungen. Das Leben des Schachmeisters stand auf dem Spiel. Vergeblich. Konstantinovs Stolz siegte über seine Angst. Er zog einmal, zweimal … Plötzlich stand der SS-Scherge auf, murmelte die Worte: „*Du hast Glück, Mensch*“ und verließ die Baracke. Alle Beistehenden stürzten sich in stillem Jubel auf ihren geschockten Helden.

Fernschach: Bei Turnierpartien gibt es eine Vorgabe, in welcher Zeit wie viele Züge gemacht werden müssen, Postwege inklusive. Freie Partien sind davon selbstverständlich nicht berührt. Angeblich haben zwei Schotten, ein gewisser Grand und ein ebenso wenig bekannter MacLennand, 1926 eine Partie begonnen, bei der die Zugfrequenz äußerst großzügig bemessen war: 1 Zug jeweils zu Weihnachten. Leider verstarb Grant nach mehr als vierzig Jahren vor dem Ende dieser Auseinandersetzung.

„Hilflos“ und „tot“: Schon am persischen Hof war es undenkbar, den König (Schah) zu schlagen. Daher durfte man ein „matt“ nur ansagen (altpersisch für „hilflos“, arabisch bedeutet es „tot“). Noch dazu wurde als Zeichen der Ehrerbietung eine Ankündigung verlangt.

John Lennon: In einer seiner Filmkampagnen für den Frieden spielte John Lennon mit Yoko Ono begleitend zum Song *Imagine* eine Partie Schach: Beide verwendeten ausschließlich weiße Steine und ein weißes Brett, um die Idee von „Peace and Love“ in die Welt zu tragen.

Robespierre: Die folgende Legende hat einen authentischen Hintergrund. Maximilian de Robespierre war während der Jahre der Französischen Revolution häufiger Gast im *Café de la Régence*. Eines Tages wurde er von einem Besucher um eine Partie gebeten. Der Gewinner sollte einen Wunsch frei haben. Robespierre verlor die Partie und wurde zu seinem Erstaunen Zeuge einer überraschenden Demaskierung. Sein Gegenüber nahm unvermittelt den Hut ab und zeigte ihr wallendes, langes Haar. Mit hoher Stimmlage bat das Mädchen den „Unbestechlichen", ihren Verlobten vor dem Tod durch die Guillotine zu retten. Robespierre blieb seinem Ruf als unbestechlicher Ehrenmann treu und unterzeichnete das Gnadenschreiben.

Scheiterhaufen: Im Mittelalter endeten auch Schachspiele auf dem Scheiterhaufen. Berühmtes Beispiel ist die Verbrennung von 3 612 Brettern in Nürnberg (10. August 1452) durch den Bettelmönch *Johannes von Capistran* (eigentlich *Giovanni da Capistrano*). Schach galt damals als Zockerspiel.

Vier Züge: Tibor Orbán schuf ein mit einer Auszeichnung versehenes Kleinod der Problemkunst. Beide Seiten haben je 4 Züge gemacht. Wie verlief die Partie (erschienen in: Die Schwalbe 1976)? Die Begründung von Preisrichter André Hazebrouk für das Lob lautet wie folgt: „Eine teuflische Falle." Lösung: 1.e4 e6 2.Lb5 Ke7! 3.Lxd7 c6 4.Le8! Kxe8.

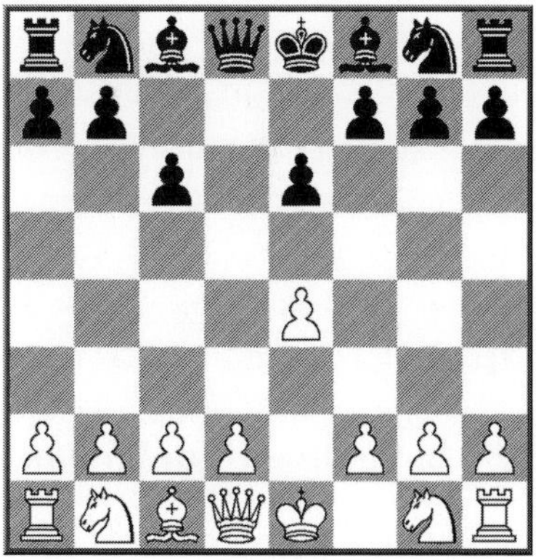

Weizenkornlegende: Diese Legende stammt aus dem Buch *Die goldenen Wiesen und Edelsteingruben* des in Bagdad geborenen Historikers, Philosophen und Geografen Abu al-Hasan Ali ibn al-Husayn al-Mas'ūdi (†956 Fustat, Ägypten).

Ein indischer König brachte durch Hochmut und Tyrannei das Volk gegen sich auf. Da erschien der Brahmane Sissa, der das Schachspiel erfand, um dem König vor Augen zu führen, dass nur das Gemeinsame dem Wohl des

Landes dient und der Herrscher ohne den Beistand der Untertanen schutzlos dem Feind ausgeliefert ist. Der König stellte dem Brahmanen einen Wunsch frei und war fast erzürnt, als sich der heilige Mann ein Weizenkorn auf dem ersten Feld des Brettes, zwei auf dem zweiten, vier auf dem dritten, und so fort wünschte. Er wollte nur die Gesamtzahl der Körner als Lohn bekommen. Nun, der König durfte den Wunsch nicht abschlagen und wies seinen Verwalter an, sofort den nötigen Weizen aus der Kornkammer holen zu lassen. Seine Erzürnung über die große Bescheidenheit des Brahmanen wich Erstaunen und dann Entsetzen, da der König bald einsah, dass alles Korn aller Ernten seines Lebens nicht ausreichen würde, um den Wunsch des weisen Mannes zu erfüllen. Verlangt war die astronomische Zahl von 18 446 744 073 709 551 615 Körnern Weizen, das sind 18,5 Trillionen, eine Zahl, die unserer Vorstellungskraft sprengt.

Zahl der Züge: 5 949 Züge könnte eine Schachpartie mit dem heutigen Regelwerk theoretisch dauern (50-Züge Regel; die Partie endet, wenn innerhalb von 50 Zügen weder ein Bauer gezogen noch eine Figur geschlagen wurde). Würde mit dem klassischen Zeitlimit von 2,5 Stunden für 40 Züge und eine weitere Stunde für jeweils 16 Züge gespielt, müssten die Kontrahenten 596 Stunden für eine einzige Partie am Brett verbringen.

Spiele

Wie lange brauchen Sie für den Rubik's Cube?

Der Franzose Edouard Chambon konnte den Zauberwürfel in nur 9,18 Sekunden „zusammendrehen". Ganz modern ist das „Speed Cubing". Bei einer dieser Variationen darf sich der Teilnehmer die Farbflächen einprägen, um dann mit verbundenen Augen den Würfel richtig zu verdrehen. Rekorde in dieser Disziplin liegen bereits jenseits der zwanzig Würfel.

Abzählreime: Kinder verwenden gern Reimsprüche, um zu entscheiden, wer „dran" ist oder „raus" muss. Klassische Beispiele: (1) Ilse Bilse,/keiner will'se,/kam der Koch,/nahm se doch. (2) Ene mene Miste,/es rappelt in der Kiste./Ene mene Meck,/und du bist weg. (3) Hokuspokus, Kokosnuss/Hexenzwirn und Löwenfuß/Eulenschwanz und Nudelmann/Der – ist – dran. (4) Eins, zwei, drei, vier, fünf, sechs, sieben,/eine alte Frau kocht Rüben./Eine alte Frau kocht Speck,/und du bist weg.

Billard: (1) Ein Preis von 10.000 Dollar für einen brauchbaren Elfenbeinersatz für Billardkugeln brachte den Erfinder John Hyatt um 1870 auf die Idee, Zelluloid in einem technisch sauberen Verfahren zu entwickeln. Dies war gleichzeitig der erste synthetische Kunststoff auf dem Markt. (2) Erzbischof Luigi Barbarito, Apostolischer Nuntius im Ruhestand, befand 1989, dass „das Billardspiel die Hände kräftigt und den Charakter formt. Es ist die ideale Freizeitbeschäftigung für hingebungsvolle Nonnen."

Bridge: In Flemings Roman *Moonraker* (1955) provoziert James Bond in einem exklusiven Londoner Club den des Falschspiels verdächtigen Sir Hugo Drax mit einem gezinkten Blatt. Es dürfte sich dabei um eine Variante jener berühmten Kartenausteilung handeln, die dem Herzog von Cumberland (um 1760) bei einer Wette den damals unerhörten Betrag von 20.000 £ kostete.

Bond
♦ D, 8, 7, 6, 5, 4, 3, 2
♣ A, D, 10, 8, 4

Drax
♠ A, K, D, B
♥ A, K, D, B
♦ A, K
♣ K, B, 9

Meyer
♠ 6, 5, 4, 3, 2
♥ 10, 9, 8, 7, 2
♦ B, 10, 9

M
♠ 10, 9, 8, 7
♥ 6, 5, 4, 3
♣ 7, 6, 5, 3, 2

Falschspiel: Bis etwa 1870 war das Versandgeschäft mit „Vorteilswerkzeugen" zum Falschspiel in den USA ein lukratives Geschäft. Gezinkte

Karten, Falschwürfel, Schneide- und Schleifgeräte zum Zinken, doppelte Ärmeltaschen und dergleichen mehr wurden massenweise geordert.

Kreuzworträtsel: Am 21. Dezember 1913 erschien in der *New York World* das erste Kreuzworträtsel, in der damals bevorzugten Rautenform. Ein Schlüsselwort – FUN – war bereits eingetragen. Offensichtlich sollte den Lesern Freude und Spaß suggeriert werden.

Monopoly: 1975 wurde in den Vereinigten Staaten doppelt so viel Monopoly-Geld wie echtes Geld gedruckt. Einige beeindruckende Rekorde: (1) längstes Spiel: 70 Tage, (2) längstes Spiel in einem Baumhaus: 10 Tage, (3) längstes Spiel „unter der Erde": 100 Stunden, (4) längstes Spiel in einer Badewanne: 99 Stunden, (5) längstes Spiel unter Wasser: 50 Tage.

Poker: (1) Keinem Spiel – vielleicht mit Ausnahme des Schachs – sind mehr Ausdrücke entlehnt als dem Poker: Showdown, Pott, Blue Chips, Royal Flush, Pokerface, Jackpot usw. (2) Und kein Kartenspiel kennt derart viele Varianten (mit ungemein sprechenden Namen). Eine Auswahl: Anaconda, Bedsprings, Bull, Butcher Boy, Cincinnati, Cross Widow, Mexican Stud, Rockleigh, Rollover, Rothschild, Spit in the Ocean, Texas Hold'em, Whisky Poker, Zebra. [mehr in: *Die große humboldt Enzyklopädie der Kartenspiele*]. (3) Poker wird für die Spieltheorie zunehmend interessanter, müssen doch die Programme aus dem Setzverhalten der Gegner die Stärke der Blätter ableiten und dabei auch noch Bluffs durchschauen sowie selbst versuchen, unberechenbar zu bleiben. 2008 gewann das Programm *Polaris* einen Vergleichskampf gegen sechs professionelle Pokerspieler mit 3,5 zu 2,5 (3 Siege, 2 Niederlagen, 1 Unentschieden).

Snooker: Nur knapp über 60 perfekte Breaks (alle 36 Kugeln in Folge) wurden in der Geschichte des professionellen Snookers bisher gespielt. Ronnie O'Sullivan allein hat 10 davon auf seinem Konto, das schnellste während der Weltmeisterschaft 1997 in 5 Minuten und 20 Sekunden.

Spielkarten: Unter dem Adel Ludwigs XIV. wurde es Brauch, bei Nichtantreffen des Hausherrn beim Besuch (frz. visite) eine signierte Spielkarte zu hinterlassen. Später gehörte diese Visitenkarte zum guten Ton. Ein Diener brachte sie auf einem Silbertablett zum Hausherrn oder zur Dame des Hauses, die dann über einen Empfang zu entscheiden hatten. Heute hilft die Visitenkarte, die Position des Gegenübers sofort klarzustellen.

Stein-Schere-Papier: Zunächst die Regeln: Jeder Spieler zeigt auf Kommando die Faust (Stein), gespreizte Finger (Schere) oder die flache Hand (Papier). Stein schlägt Schere, Schere schneidet Papier und Papier umwickelt Stein. Der Ursprung dieses Auszählspiels dürfte im römischen „Wasser-Feuer-Holz" zu finden sein.

Würfel: Präzisionswürfel sind aus durchsichtigem Material (Zelluloid), haben in der Norm Seitenlängen von einem dreiviertel Inch (ein Inch bzw. Zoll entspricht 2,54 cm) und völlig scharfe Kanten. Die Augen werden in die Würfelmasse bis zu einer Tiefe von 17/1000 eines Inch eingebohrt und mit Farbmaterial, das exakt dem spezifischen Gewicht des Würfels entspricht, aufgefüllt. Danach wird die Oberfläche völlig glatt poliert, sodass kein Verspringen denkbar ist. Zudem tragen alle offiziell zum Einsatz kommenden Würfel einen nummerierten Prägestempel des jeweiligen Casinos (meist auf der „1" oder der „2") sowie eine Prüfnummer (oft auf der „6"). Meist werden diese Casinowürfel auch noch in vergitterten oder verglasten, schwenkbaren Behältern „geworfen".

Würfelsteuer: 1711 wurde in England eine Würfelsteuer eingeführt. Würfelpäckchen mussten in offizielles Papier gehüllt und mit Wachs versiegelt werden. Erst 1850 schuf man diese Steuerschikane für immer ab.

Sport-Mix

Warum wurde Basketball erfunden?

Der Fitnesstrainer James Naismith aus Massachusetts erfand Basketball im Jahr 1891, angeblich mit der Absicht, seine Footballspieler im Winter beschäftigt zu halten.

Bowling: Ein Bowling-Kegel fällt bereits bei einer Neigung von 7,5 Grad. Vielleicht schafft man deshalb so manchen „Strike".

Boxen: (1) Am 6. April 1893 fand der längste Boxkampf der Geschichte zwischen Andy Bowen und Jack Burke statt. Nach 110 Runden (sieben Stunden) wurde der Kampf unentschieden gewertet. (2) Strenge Regeln herrschten 1954 im US-Bundesstaat Indiana: Boxer und Ringer mussten vor Kampfantritt schwören, keine Kommunisten zu sein.
Elefantenpolo: (1) Eine Regel dieser eigenwilligen Sportart besagt: „Legt sich ein Elefant im Torraum nieder oder nimmt ein Elefant den Ball mit dem Rüssel auf, so wird dies als Regelverstoß geahndet." (2) „Balljungen" haben die wichtige Aufgabe, die riesigen Mengen Elefantenkot vom Spielfeld zu entfernen. (3) Um zu vermeiden, dass sich die Elefanten erhitzen, wird vorwiegend am Vormittag gespielt.
Hawk-Eye: Der Videobeweis im Tennis (nach Paul Hawkins, dem Erfinder, benannt) erlaubt es in wenigen Sekunden, den Aufsprungpunkt des Balls auf 3 Millimeter genau zu berechnen. Vier „Challenges" (Beweisanforderungen) stehen jedem Spieler pro Satz zu.
Kantersieg: Ein Sieg ohne Mühe. Der Name leitet sich vom *Canterbury gallop* ab, einem kurzen, leichten Galopp, mit dem sich die mittelalterlichen Pilger dem Wallfahrtsort Canterbury näherten. Ein Beispiel: Australien schlug in einem Fußball WM-Qualifikationsspiel 2001 Amerikanisch Samoa 31:0. In Europa sind derartige Ergebnisse kaum mehr möglich.
Owens: Um Geld zu verdienen, musste Jesse Owens, der als erster Leichtathlet bei Olympischen Spielen (1936) vier Goldmedaillen gewann, in kuriosen Wettkämpfen antreten. Beispielsweise gab er seinen Gegnern bei Schaurennen 10 bis 20 Meter Vorsprung, oder er trat über die Distanz von 100 Yards gegen Rennpferde an. Der Trick dabei: Die reizbaren Vollblüter erschraken beim Start derart, dass sie den Startschuss „verschliefen".
Pyrrhussieg: Der Name stammt von Pyrrhus, König von Epirus, der in zwei siegreichen Schlachten so verheerende Verluste erlitt, dass sein Sieg kaum noch von einer Niederlage zu unterscheiden war. Heute wird der Ausdruck „Phyrrussieg" auch im Sport oft gehört.
Schwitzen: Durchtrainierte Sportler schwitzen bei gleicher Anstrengung mehr als Normalbürger. Der Grund: Die Zahl der aktiven Schweißdrüsen

ist höher, und sie fangen zudem früher an, Schweiß abzusondern. Wundern Sie sich daher beim nächsten intensiven Training nicht allzu sehr!

Stimmen zum Spiel

„Aus dem Hintergrund müsste Rahn schießen. Rahn schießt ..."

Die legendäre Berichterstattung Herbert Zimmermanns vom WM-Finale 1954 klingt selbst heute noch jedem Fußballfan im Ohr: „Aus dem Hintergrund müsste Rahn schießen. Rahn schießt ... [gefolgt von einem gedehnten] ... Toooor!"

American Football: Trainer Knut Rockne nach einer Niederlage: „Zeige mir einen guten Verlierer und ich zeige dir einen Versager."
Fußball: Edi Finger konnte nach dem Siegestor von Hansi Krankl in Córdoba 1978 gegen die deutsche Nationalmannschaft die Gefühle der Österreicher in die denkbar kürzeste Formel bringen: „Tor, Tor, Toor, Tooor! ... I wer' narrisch!"
Schilanglauf: „Wo ist Behle?", schrie der verzweifelte Kommentator Bruno Moravetz ins Mikrofon, als das amerikanische Fernsehen den mit Zwischenzeit führenden Deutschen nicht ins Bild brachte. Am Ende wurde Jochen Behle Vierter.
Schwimmen: Michael Phelps nach seiner achten Goldmedaille in Beijing: „Ich kann nichts – außer schlafen, essen und schwimmen."
Snooker: (1) Ted Lowe, der legendäre Snooker-Kommentator, bei einer frühen TV-Übertragung, als noch viele Zuschauer kein Farb-TV hatten: „Für diejenigen Zuschauer, die [das Match] in Schwarzweiß verfolgen, die pinkfarbene Kugel ist knapp hinter der grünen." (2) John Virgo: „Nur im Wörterbuch steht „Erfolg" (engl. success) vor „Training".
Tennis: Martina Navratilova nach einem zwischenzeitlichen Ende ihrer Karriere: „Der Moment des Sieges ist viel zu kurz, um nur dafür zu leben."

Todesfälle

Wer siegte tot im Sattel?

1925 erlitt Frank Hayes während eines Rennens in Belmont Park, New York, eine tödliche Herzattacke. Sein Pferd „Sweet Kiss“ passierte dennoch die Ziellinie mit knappem Vorspung. Hayes gewann somit sein letztes Rennen!

Autorennen: 1955 raste Pierre Levegh beim 24-Stunden-Rennen von Le Mans mit seinem Mercedes in die Menschenmenge und riss dabei 80 Menschen in den Tod. Mercedes zog sich danach für 42 Jahre vom Rennsport zurück.
Billardtisch: Sex mit einem Dienstmädchen auf dem Billardtisch soll angeblich am Tod des englischen Premierministers Lord Palmerston Schuld gewesen sein.
Cricket: Beim ersten Sieg Australiens über England 1882 im Oval Cricket Ground wurde ein spöttischer Nachruf verfasst: „In liebevollem Gedenken an den englischen Cricketsport, der im Oval-Stadion am 29. August 1882 von uns gegangen ist. Tief betrauert vom großen Kreise seiner vielen Freunde und Bekannten. Möge er in Frieden ruhen.“
Cricketball: Frederick Lewis, der Prince of Wales, wurde von einem Cricketball tödlich am Kopf getroffen.
Fechten: Wladimir Smirnow starb während der Fechtweltmeisterschaft 1982 in Rom als eine Klinge der gegnerischen Waffe brach und sich durch Smirnows Auge bis in sein Gehirn bohrte.
Frankenburger Würfelspiel: 1625 wurden im oberösterreichischen Frankenburg 36 Rädeslführer eines Bauernaufstands vom Statthalter Adam Graf von Herberstorff gezwungen, paarweise um ihr Leben zu würfeln. Auf den Verlierer wartete der Strick. Randbemerkung: Alle zwei Jahre während der Sommermonate wird dieses dramatische Ereignis auf einer Freilichtbühne nachgespielt.
Reiten: Sein über einen Maulwurfshügel stolperndes Pferd kostete König Wilhelm III. von England 1702 das Leben.

Sprache & Sprüche

Werte Leserin, werter Leser!
Die Antwort auf eine der Leitfragen unsers Daseins – „Was wollen Frauen beim Küssen wissen?“ – wird auch Sie nicht unberührt lassen, so viel sei versprochen. Gedanken großer Männer und Frauen, Zitate aus der Weltliteratur, Kuriositäten rund um unsere Namen, Zungenbrecher und vieles andere mehr werden auch dem intellektuellen Stammtischfreund die eine oder andere Stunde des vergnüglichen Sinnierens und Diskutierens eröffnen. Oder kennen Sie etwa das Unwort des 20. Jahrhunderts? Wissen Sie, warum die typische Stewardess „links“ liegt? Und haben Sie eine Ahnung, wer mit Gott spanisch zu sprechen pflegte? Abschließend eine kryptische Aufforderung: O Genie, der Herr ehre dein Ego! (siehe Palindrome)

Wissen Sie's? – So Pi mal Daumen?

A. Adam: Wie alt soll Adam nach biblischer Überlieferung geworden sein?

B. Buchstabenhäufigkeit: Wie häufig ist der Buchstabe „E“ in der deutschen Sprache? (in Prozent)

C. Chinesische Zeichen: Wie viele Zeichen gibt es im chinesischen Schriftsystem Mandarin?

D. Goethe: Wissenschaftler wollen den IQ von Goethe ziemlich exakt berechnet haben. Wie hoch war dieser?

E. Hamlet: Wie viele Wörter verwendete Shakespeare für seine Tragödie „Hamlet“?

F. Mouse Trap: Seit wann wird das Theaterstück „The Mouse Trap“ ununterbrochen aufgeführt?

G. Phönizisches Alphabet: Wie viele Buchstaben hatte das erste Alphabet der Menschheit?

H. Robinson Crusoe: Wie viele Jahre verbrachte Robinson allein auf seiner Insel, ehe er Freitag traf?

I. **Shakespeare:** Wie groß ist der gesamte Wortschatz aller Shakespeare-Werke?
J. **Sprache:** Seit wie vielen Jahren existiert die älteste geschriebene Sprache der Welt?

Antworten: A: 930 Jahre/B: 17,4 Prozent/C: 40000/D: 180/E: 29550/F: 1952 (25. November)/G: 22/H: 24 Jahre/I: 33000/J: ca. 4000 Jahre – Chinesisch

Gedanken

Wer sagte: „Es ist leichter, ein Atom zu zertrümmern als ein Vorurteil?

Albert Einstein! Die hier gesammelten Weisheiten großer Denker mögen Ihnen eine Hilfe in verschiedenen Lebenssituationen sein.

Ändern: Wenn der Wind des Wandels weht, bauen die einen Mauern, die anderen dagegen Windmühlen. (*Asiatisches Sprichwort*)

Blindheit: Viele gehen durch die Gassen, aber nur wenige schauen zu den Sternen auf. (*Oscar Wilde*)

Chancen: Man muss das Unmögliche versuchen, um das Mögliche zu erreichen. (*Hermann Hesse*)

Courage: Wo es keinen Funken Courage, Erfindungsgeist und kreativen Anspruch gibt, herrschen Enge, Sterilität und Angstbeißerei. (*Christoph Kotanko*)

Denken: Wir kommen nicht durch Denken zu einer neuen Lebensweise. Wir kommen durch Leben zu einer neuen Denkweise. (*Richard Rohr*)

Dummheit: Zwei Dinge sind unendlich: Das Universum und die menschliche Dummheit. Aber beim Universum bin ich mir nicht ganz sicher. (*Albert Einstein*)

Effektivität: Effizient bedeutet, die Dinge richtig tun, effektiv dagegen heißt, die richtigen Dinge tun. (*Peter Drucker*)

Erkennen: Um klar zu sehen, genügt oft ein Wechsel der Blickrichtung. (*Antoine de Saint-Exupéry*)
Erkenntnis: Heute ist der erste Tag vom Rest Ihres Lebens. (*unbekannt*)
Erwachen: Wer nach außen schaut, träumt. Wer nach innen blickt, erwacht. (*Carl Gustav Jung*)
Gedanken: Große Gedanken entspringen weniger einem großen Verstand als einem großen Gefühl. (*Fjodor Dostojewskij*)
Gewissen: Das Einzige, was sich weder Mehrheitsbeschluss noch Gewalt beugen darf, ist das menschliche Gewissen. (*Harper Lee*)
Glaube: Glaube ist der Vogel der singt, wenn die Nacht noch dunkel ist. (*Rabindranath Tagore*)
Größe: Der Regenbogen vor den Wolken mag groß sein, aber der kleine Schmetterling im Gebüsch ist größer. (*Rabindranath Tagore*)
Heute: Nichts ist so wichtig wie der heutige Tag. (*Johann Wolfgang von Goethe*)
Idee: Nichts ist so stark wie eine Idee, deren Zeit gekommen ist. (*Victor Hugo*)
Konformismus: Um ein tadelloses Mitglied einer Schafherde sein zu können, muss man vor allem ein Schaf sein. (*Albert Einstein*)
Kritik: Ein Kritiker ist ein Mensch, der zwar nichts so gut kann wie der Künstler, aber weiß, wie er alles besser machen könnte. (*unbekannt*)
Kuss: Der Kuss ist die Fortsetzung eines Dialogs mit anderen Mitteln. (*Ilona Grübel*)
Lebenskunst: Die wahre Lebenskunst besteht darin, im Alltäglichen das Wunderbare zu sehen. (*Pearl S. Buck*)
Lernen: Beziehungen sind wichtiger als Inhalte. Man lernt nur von dem, den man liebt. (*Ruth Cohn*)
Mut: Nicht das Hinfallen ist schlimm, sondern es ist schlimm, wenn man dort liegen bleibt, wo man hingefallen ist. (*Sokrates zugeschrieben*)
Schönheit: Der ganze Reiz und die ganze Schönheit des Lebens setzen sich aus Licht und Schatten zusammen. (*Leo Tolstoi*)
Sehnsucht: Wenn du ein Schiff bauen willst, trommle nicht Männer zusammen, um Holz zu beschaffen, Werkzeuge vorzubereiten und Aufgaben zu vergeben, um die Arbeit zu erleichtern, sondern wecke in deinen Leuten die

Sehnsucht nach dem endlosen, weiten Meer. – Kurzform: Wenn du ein Schiff bauen willst, trommle keine Männer zusammen, um Holz zu beschaffen, sondern wecke in deinen Leuten die Sehnsucht nach dem endlosen, weiten Meer. *(Antoine de Saint-Exupéry)*

Sinn: Wer Bäume setzt, obwohl er weiß, dass er nie in ihrem Schatten sitzen wird, hat zumindest angefangen, den Sinn des Lebens zu begreifen. *(Rabindranath Tagore)* – Der wahre Sinn des Lebens besteht darin, Bäume zu pflanzen, unter deren Schatten man vermutlich selber nie sitzen wird. *(Nelson Henderson)*

Spielen: Beim Spiel kann man einen Menschen in einer Stunde besser kennenlernen als im Gespräch in einem Jahr. *(Platon)*

Standfestigkeit: Der Berg bleibt unbewegt, auch wenn es scheint, als ob der Nebel ihn besiege. *(Rabindranath Tagore)*

Tradition: Tradition bewahren heißt nicht, Asche aufbewahren, sondern eine Flamme am Brennen halten. *(Jean Jaurès)*

Trauer: Meine Wolken, im Dunkeln trauernd, vergessen, dass sie selbst es sind, die die Sonne verbergen. *(Rabindranath Tagore)*

Unschuld: Man darf nicht verlernen, die Welt mit den Augen eines Kindes zu sehen. *(Henri Matisse)*

Unterscheidung: Jedes Mal, wenn Sie in den Spiegel schauen, sollten Sie folgende Worte überdenken: Gott gebe mir Gelassenheit, hinzunehmen, was nicht zu ändern ist. Mut, zu ändern, was ich ändern kann. Und Weisheit, zwischen beidem zu unterscheiden. *(Anthony de Mello)*

Verständnis: Die Katzen halten keinen für eloquent, der nicht miauen kann. *(Maria von Ebner-Eschenbach)*

Verstehen: Die verstehen sehr wenig, die nur das verstehen, was sich erklären lässt. *(Maria von Ebner-Eschenbach)*

Vorurteil: Es ist leichter ein Atom zu zertrümmern als ein Vorurteil. *(Albert Einstein)*

Wissen: Alles Wissen geht aus einem Zweifel hervor und endigt in einem Glauben. *(Maria von Ebner-Eschenbach)*

Zeit: Die Zeit heilt alle Wunden. *(unbekannt)*

Zeit: Der Schmetterling zählt nicht die Monde, sondern Augenblicke – und er hat Zeit. (*Rabindranath Tagore*)
Ziele: Wer nicht weiß, wohin er segeln will, für den ist kein Wind der richtige. (*Seneca*)
Zu Hause: Wer sein eigenes Nest beschmutzt, wird kaum besorgt sein um den Baum, in dem es gebaut wurde. (*Neil Postman*)

„Ich liebe dich“

Was wollen Frauen beim Küssen wissen?

Frauen: Forscher der Universität New York wollen herausgefunden haben, was Frauen genau durch einen Kuss „abfragen“: (1) Ist er selbstsicher? (2) Hält er mich fest? (3) Will er, dass ich mich gut fühle? Und sogar: (4) Wäre er ein guter Vater für meine Kinder?

„Alle Männer sind doch gleich“: Immer wieder hört man, wie Damen seufzend diese Bemerkung fallen lassen. Ein Philosoph würde hier zweifellos die Frage aufwerfen, woher eine Dame dies wohl wissen mag.
Antibiotikum: Um 1940 entstand das Gerücht – das sich in Zeitschriften und Magazinen wie ein Lauffeuer verbreitete – dass die bei leidenschaftlichem Küssen erzeugte Hitze Krankheitskeime zerstören könnte. Wohl dem, der dies auch glaubte!
Küssen: (1) Vermutlich ist Küssen nicht biologisch bedingt, sondern vielmehr eine kulturelle Eigenheit. Viele Südseeinsulaner hatten vor der Ankunft der Briten nie vom Küssen gehört. (2) Im Lateinischen gibt es drei Arten von Küssen: *osculum* (Wangenkuss), *basium* (liebevoller Kuss) und *saviolum* (voller Kuss). (3) Im Jahr 1910 wurde in Frankreich das Küssen auf Bahnsteigen verboten, da es zu Verzögerungen im Zugverkehr führte (vielleicht, weil es die anderen Reisenden ablenkte).

„Ich liebe dich“/Europa:

■ *Albanisch*	Te dua
■ *Baskisch*	Maite zaitut
■ *Bosnisch*	Volim te
■ *Bulgarisch*	Obicham te
■ *Dänisch*	Jeg elsker dig
■ *Englisch*	I love you
■ *Estnisch*	Mina armastan sind
■ *Finnisch*	Minä rakastan sinua
■ *Französisch*	Je t'aime
■ *Gälisch*	Tha gradh agam ort
■ *Griechisch*	S'ayapo
■ *Holländisch*	Ik hou van jou
■ *Irisch*	Taim i ngra leat
■ *Isländisch*	Eg elska thig
■ *Italienisch*	Ti amo
■ *Katalanisch*	T'estimo
■ *Ketschua*	Canda munani
■ *Lettisch*	Es tevi milu
■ *Letzeburgisch*	Ech hun dech gärn
■ *Litauisch*	Tave myliu
■ *Maltesisch*	Jien inhobbok
■ *Mazedonisch*	Te sakam
■ *Nahuatl*	Ni mitz tla-zo-tla
■ *Norwegisch*	Jeg elsker deg
■ *Polnisch*	Kocham cie
■ *Portugiesisch*	Te amo
■ *Rätoromanisch*	Jeu carezel tei
■ *Rumänisch*	Te iu besc
■ *Russisch*	Ja ljublju tebja
■ *Schwedisch*	Jag älskar dig
■ *Schweizerdeutsch*	I ch'ha di gärn
■ *Serbokroatisch*	Volim te

■ *Slowakisch*	Lubim ta
■ *Slowenisch*	Ljubim te
■ *Spanisch*	Te quiero
■ *Tschechisch*	Miluji te
■ *Ukrainisch*	Ya tebe kokhayu
■ *Ungarisch*	Szeretlek
■ *Walisisch*	Rwy'n dy garu di

„Ich liebe dich“/Übrige Welt:

■ *Afrikaans*	Ek het jou lief
■ *Arabisch*	Ana behibek/Ana behibak
■ *Armenisch*	Yes kez guh serrem
■ *Äthiopisch*	Afgreki'
■ *Berber*	Lakh tirikh
■ *Burmesisch*	Chit pa de
■ *Chewa*	Ndimakukonda
■ *Cheyenne*	Ne mohotatse
■ *Chinesisch (Kanton)*	Ngo Oi Ney
■ *Chinesisch (Mandarin)*	Wo ai ni
■ *Grönländisch*	Asavakit
■ *Gujarati*	Hoon tane pyar karoochhoon
■ *Guarani*	Rohiyu
■ *Hawaiianisch*	Aloha au ia oe
■ *Hindu (Indisch)*	Main tumse pyaar karti/a hoon
■ *Japanisch*	Aishite imasu
■ *Jiddisch*	Ikh hob dikh lib
■ *Koreanisch*	Saranghae
■ *Kurdisch*	Ez te hezdikhem
■ *Lao*	Khoi mak jao lai
■ *Libanesisch*	Behibak
■ *Malagasy*	Mitia ianao aho
■ *Malaiisch*	Saya cintakan mu
■ *Navajo*	Ayor anosh'ni

▪ *Persisch* (*Farsi*)	Du stet daram
▪ *Singhalesisch*	Mama oyata arderyi
▪ *Sioux*	Techihhila
▪ *Suaheli*	Nakupenda
▪ *Tagalog* (*Philippinisch*)	Mahal kita
▪ *Tahitisch*	Ua here au ia oe
▪ *Tamilisch*	Nan unnakikathalikkinren
▪ *Thailändisch*	Khao raak thoe
▪ *Tswana*	Keyagorata
▪ *Tunesisch*	Nhebek
▪ *Türkisch*	Seni seviyorum
▪ *Urdu*	Mai aap say pyaar karta hoo
▪ *Vietnamesisch*	Toi yeu em
▪ *Zulu*	Ngiyakuthanda

„Ich liebe dich"/Sonstige:

▪ *Altgriechisch*	Se erotao
▪ *Aramäisch*	Ono korohamnach
▪ *Esperanto*	Mi amas vin
▪ *Hebräisch*	Ani ohev otach
▪ *Kreolisch*	Mi aime jou
▪ *Lateinisch*	Amo te
▪ *Taubstummensprache:*	gestreckter Daumen, Zeigefinger, kleiner Finger (für die Buchstaben I, L,Y = I love you), Handfläche nach außen

Liebesbeteuerungen: Einige neuere statistische Untersuchungen zeigen interessante Ergebnisse. (Anmerkung: Eine gewisse Unschärfe ist sicherlich unvermeidlich. Außerdem hängen diese Umfrageergebnisse auch sehr stark vom jeweiligen Kulturkreis ab.)

- Wenn ein Mann „ich liebe dich" sagt, möchte er in vier Fünftel der Fälle nur mit der Frau ins Bett gehen.

- Sagt eine Frau „ich liebe dich", ist es in fünf von sechs Fällen ein tiefes Gefühl der Zuneigung.
- Jeder sechste Befragte würde einen Heiratsantrag per E-Mail akzeptieren.
- Fast ein Drittel der interviewten Frauen würden Schokolade einem Liebesabenteuer vorziehen.
- Mehr als jeder zweite Befragte behauptete, zumindest einmal im Auto Sex gehabt zu haben.
- Nahezu 60 Prozent aller Befragten glauben an die Liebe auf den ersten Blick.
- Zwei Drittel aller interviewten Männer gaben zu, Sex mit einer Arbeitskollegin gehabt zu haben.
- Nahezu 85 Prozent aller Hundebesitzer würden ihre Zehen lieber von ihrem Vierbeiner abgeschleckt bekommen als vom jeweiligen Partner.

Namen

Welchen Rekord hält ein gewisser John Smith?

Der häufigste Name in der Englisch sprechenden Welt ist Smith. Mehr als drei Millionen Menschen hören auf diesen Namen. Die absolut unschlagbare Kombination bei angelsächsischen Vor- und Familiennamen ist übrigens John Smith.

Berühmte Namen: Pablo Diego José Francisco de Paula Juan Nepomuceno María de los Remedios Cipriano de la Santísima Trinidad Clito Ruíz y Picasso – so lautet der traditionelle, volle Name des berühmten Künstlers aus Málaga. Ruíz y Picasso, die Namen seines Vaters und seiner Mutter, wurden an den durch Heilige und Verwandte bestimmten Taufnamen angefügt.

Freie Namenswahl: Nach einem neun Jahre dauernden Gerichtsstreit wurde einer schwedischen Mutter 1996 erlaubt, ihren Sohn Christophpher zu nennen (statt Christopher oder Christoffer).

Häufigkeit – Deutschland: 1,5 Prozent aller Deutschen nennen sich Müller, knapp mehr als 1,1 Prozent Schmidt, mit weitem Abstand gefolgt von Schneider, Fischer, Meyer und Weber. Alle diese Namen sind von Berufsbezeichnungen abgeleitet. Zählt man alle Schreibungen wie Müller, Möller, Miller etc. usw. zusammen, steht dieser Name in Deutschland dennoch hinter Schmied, Schmid, Schmitt, Schmidt etc. (im germanischen Bereich auch für Künstler und Bildner gebraucht) nur an 2. Stelle.

Häufigkeit – Gesamte Welt: Der häufigste Familienname der Welt ist Chang. Mehr als 90 Millionen Menschen nennen sich so. Außer im Falle der acht größten Staaten der Erde könnten alle Einwohnerstatistiken allein durch Changs gefüllt werden.

Sami: Diese europäischen Ureinwohner leben nicht nur von Rentieren, sondern wissen diese Nahrungs-, Transport- und Energiequelle auch gebührend zu ehren. Bis zum 7. Lebensjahr bekommt daher jedes männliche Tier jährlich einen neuen Namen.

Schmied: Wie nennen sich die Schmieds und deren Nachkommen in anderen europäischen Ländern und Anrainerstaaten?

- *Algerien*: Haddād
- *Baskenland*: Barandalla
- *Bulgarien*: Kovačev
- *Dänemark*: Smed
- *Estland*: Sepp
- *Finnland*: Seppänen, Pajari
- *Frankreich*: (Le) Goff, Go(v)ic (Bretagne, Normandie), Lefèvre, Fèvre, Leveuvre, Lefeubre, Faivre, Favre, Faur(e), Fabre
- *Griechenland*: Siderakes, Sideratos, Siderias
- *Großbritannien*: Smith
- *Irland*: (O')Gobha(nn), Mac(an)Ghabhann, MacGow(an), O'Gow(an), Smith
- *Italien*: Ferrero, Ferrari, Fabbri(s), Fabbrio, Magnani/o, Ferraro, Forgione
- *Kroatien*: Kovač(ev)
- *Latein*: Faber
- *Litauen*: Kalweit, Kalwis
- *Niederlande*: De Smet, Desmit, Smeets

- *Norwegen*: Smed
- *Polen*: Kowalski, Kowalczyk, Kowalik, Kowalke
- *Portugal*: Ferreira
- *Rumänien*: Fierar(i)u, Faur
- *Russland*: Kusnezow
- *Sardinien*: Ferreri, Faur
- *Schottland*: Smithson, Gow, M(a)c Gowan
- *Schweden*: Smed(h)
- *Serbien*: Kovačić
- *Slowakei*: Koval
- *Slowenien*: Kovač(ek)
- *Spanien*: Ferrer, Herrero/a
- *Tschechien*: Kovářik, Kovářiček
- *Türkei*: Demirci
- *Ungarn*: Kovács, Kovách, Kováts
- *Weißrussland*: Kusnecov

Schweden: Vier von sechs Schweden tragen einen der zwanzig häufigsten Namen des Landes, alle auf -son endend. Insgesamt gibt es über 200 000 Familiennamen.

Sohn/Nachkomme: Patronymika (Familiennamen aus Rufnamen) werden in europäischen und Mittelmeer-Sprachen durch Wörter für Sohn, durch Genetiv oder Präposition bzw. durch Präfixe und Suffixe gebildet. Hier einige Beispiele:

- *Albanien*: **Ef**timi, **e** Petri
- *Algerien*: **Ibn** Saud, **Ben** Mahmoud
- *Armenien*: Bedross**ian**
- *Belgien*: Philip**s**, Heyndrik**x**, Benin**k**
- *Bulgarien*: Petr**ov**, Georgi**ev**
- *Dänemark*: *Ander**sen***
- *Deutschland*: Konradin**er**, Andre**ae**, Petr**i**, Michael**is**, Ott**en**, Peter**s**, Klas**ing**, Paul**sen**, Otte**na**
- *England*: Thomp**son**, Robert**s**, Thomm**en**, **Fitz**gerald

- *Estland*: Jank**uhn**, Stepp**at**
- *Finnland*: Erik**äinen**, Tapan**ainen**
- *Frankreich*: Guy**on**, Perr**in**, Jean**fils**, **De**georges, **D**aubert
- *Georgien*: Gaprindasch**wili**
- *Griechenland*: Petr**eas**, Petr**idis**, Petr**inos**, Petr**opoulos**, Andre**ou**
- *Irland*: **O'**Sullivan, **Mac**Donald [O': Nachkomme, Mac: Sohn]
- *Island*: Gunnars**son**, Gunnars**dottir** [dottir: weibliche Form]
- *Italien*: Gian**essi**, Gian**eschi**, Carl**esso**, **Firi**dolfi, **Fi**ttipaldi, **D'**Ambrosio, **Di** Stefano, **De** Felice, **Inter**bartolo, **Intra**simone
- *Kroatien*: Petr**ič**, Mich**eveč**
- *Niederlande*: Pieter**sma**, Reemt**sema**
- *Norwegen*: Amund**sen**, Gulbrands**son**
- *Polen*: Klemensie**wicz**, Michal**ski**, Jakub**owski**, Tomasz**ewski**
- *Portugal*: Martin**es**
- *Rumänien*: Ion**escu**
- *Russland*: Ivan**ov**, Nikit**in**, Aleks**eev**
- *Schottland*: **Mc**Gowan, **Mac** Robert
- *Schweden*: Eriks**son**
- *Serbien*: Petr**ovič**, Petra**čić**
- *Slowenien*: Petr**ič**, Miche**več**
- *Spanien*: Fernánd**ez**, **Ben**avides
- *Tschechien*: Michal**ský**
- *Türkei*: Vartan**oğlu**
- *Ukraine*: Isa**čenko**, Fedor**uk**, Mychajl**juk**
- *Ungarn*: Péter**fy**, Jakob**ffy**
- *Wales*: **P**ugh, **B**evan [ap (wal. Sohn) wird P oder B am Namensbeginn]
- *Weißrussland*: Petrov**skij**, Petry**kaŭ**, Michal**kevič**, Michal**ko**, Michal**koŭ**

Vornamen im 15. Jahrhundert: Im 15. Jahrhundert hieß jeder zweite deutsche Mann entweder Johannes, Heinrich oder Hermann, jede zweite Frau Margarete, Kunigunde oder Elisabeth.

Verbotene Vornamen: Eine Entscheidung des Bundesgerichtshofs in Deutschland legte fest, dass „die Namengebung die allgemeine Sitte und

Ordnung nicht verletzen darf. … dass nicht willkürliche oder ganz ungebräuchliche oder zur Kennzeichnung ihrer Träger ungeeignete Bezeichnungen genommen werden“. Daher mussten in den letzten 30 Jahren unter anderem folgende Vornamen abgelehnt werden: *Domino, Gott, Grammophon, Hemingway, Jazz, McDonald, Moon, Omo, Schröder, Sputnik, Störenfried, Verleihnix, Windsbraut* und *Woodstock*. In der Schweiz wurden *Mayor* und *Wiesengrund* abgelehnt, in Österreich Anträge auf *Bierstübl* und *Ho Chi Minh* zurückgewiesen. 2) Geschlechtsneutrale Vornamen sind erlaubt, wenn ein zweiter, eindeutig definierender Name hinzugefügt wird. Beispiele: Max Mikado, Bo Victoria, Raven Frederike, Uragano Mary.

Oscar Wilde

Wie lauten die berühmtesten Aphorismen von Oscar Wilde?

Kaum ein anderer Literat hat seinen Wortwitz derart ironisch-gesellschaftskritisch zur Geltung gebracht wie das irische Genie Oscar Wilde. Hier eine Auswahl seiner Aphorismen.

- Die Anzahl unserer Neider bestätigt unsere Fähigkeiten.
- Als ich klein war, glaubte ich, Geld sei das Wichtigste im Leben. Heute, da ich alt bin, weiß ich: Es stimmt.
- Allem kann ich widerstehen, nur der Versuchung nicht.
- Ein Zyniker ist ein Mensch, der von jedem Ding den Preis und von keinem den Wert kennt.
- Ich habe einen ganz einfachen Geschmack: Ich bin immer mit dem Besten zufrieden.
- Die Welt ist eine Bühne, aber die Rollen sind schlecht verteilt.
- Die Zigarette ist das vollendete Urbild des Genusses: sie ist köstlich und lässt uns unbefriedigt.
- Ich verschiebe niemals auf morgen, was sich auch übermorgen erledigen lässt.

Palindrome

Was ist am römischen Gruß „Ave, Eva“ bemerkenswert?

Nun, lesen Sie die Grußbotschaft mal von hinten. Wörter und Sätze, die vorwärts und rückwärts gelesen werden können, wurden erstmals von einem gewissen Sotades von Maroneia (um 275 v. Chr.) als Stilmittel in seinen Schriften eingesetzt. Offensichtlich ohne das nötige Feingefühl zu zeigen, denn Sotades wurde nach Beleidigung des großen Ptolemäus mit Blei beschwert im Ägaischen Meer ertränkt. Nun, dies hat zumindest den Palindrom-Freunden nicht allzu viel Kopfzerbrechen gemacht. Wunderbare Kreationen sind im Laufe der Geschichte entstanden. Im Englischen wurde das Wort „palindrome“ zum ersten Mal im Jahre 1629 von keinem Geringeren als Ben Jonson, dem Zeitgenossen Shakespeares, verwendet.

Deutsch

- Ave, Eva!
- Lagerregal
- Reliefpfeiler
- Anna & Otto
- Annasusanna
- Nur du, Gudrun
- Retsinakanister
- Erhabene Bahre
- Amor à la Roma
- Bei Liese sei lieb
- Liese, tu Gutes, eil!
- Eine Hure ruhe nie!
- Eine Blase salbe nie
- Die liebe Tote! Beileid!
- Ob Marx, Ajax, Rambo
- Alle Bananen, Anabella
- Rentner neben Rentner

- Ella rüffelte Detlef für alle
- Leben Sie mit im Eisnebel
- Einer Hetäre gerät Ehre nie
- Tim grub e' nie eine Burg mit.
- Erika feuert nur untreue Fakire
- O Genie, der Herr ehre dein Ego
- Leg in eine so helle Hose nie'n Igel
- Anna neben Otto, Otto neben Anna
- Nie, Amalia, lad'nen Dalai-Lama ein!
- Eine treue Familie bei Lima feuerte nie
- Ein Neger mit Gazelle zagt im Regen nie
- Trug Tim eine so helle Hose nie mit Gurt?
- Ida war im Atlas, Abdul lud Basalt am Irawadi

Englisch

- Diamond? No, maid! – *Ein Diamant? Nein, Fräulein.*
- Madam, I'm Adam! – Vielleicht heißen Sie ja zufällig so.
- Was it a cat I saw? – *War es eine Katze, die ich (gerade) sah?*
- Sex at noon taxes – *Sex zu Mittag zahlt sich aus.*
- Able was I ere I saw Elba – Napoleon auf St. Helena: *Fähig war ich, bevor ich Elba sah.* Ob er dabei wohl einen Stoßseufzer ausgestoßen hat?
- Was it Eliot's toilet I saw? – Na ja, zumindest fragen wird man ja dürfen.
- A man, a plan, a canal, Panama! – Im Original stand am Ende das Wort Suez. Aber da war es eben kein Palindrom.
- Diana is sure Tony named a cafe facade. Many note Russian aid. – *Diana ist sich sicher, dass Tony den Namen für eine Café-Façade fand. Viele wollen russische Hilfe bemerkt haben.*
- Hugo Kastner, sides reversed is, Rentsak Oguh! – Falls jemand gedenkt, sich selbst palindromisch zu verewigen, könnte diese syntaktische Konstruktion zweifellos helfen.

Finnisch

- Saippuakauppias – dt. *Seifenhändler*; dies dürfte das weltweit längste Palindrom sein, das aus einem einzigen Wort besteht.

Französisch

- Et Luc colporte trop l'occulte – *Und Lukas verbreitete etwas zu sehr das Okkulte.*

Lateinisch

- Sator Arepo tenet opera rotas – *Der Säer Arepo hält mit Mühe die Räder.* [Der Sinn des Satzes ist freilich zu hinterfragen]

S	A	T	O	R
A	R	E	P	O
T	E	N	E	T
O	P	E	R	A
R	O	T	A	S

Ortsnamen

- Illibilli (Sudan) – längster palindromischer Ortsname
- Uburubu (Nigeria) – zweitlängster palindromischer Ortsname

Walisisch

- Llad dafad dall – *Töte ein blindes Schaf* [nichts für Tierfreunde].

Spracheinflüsse im Deutschen

Woher kommt die Ukulele?

Das moderne Deutsch ist durchsetzt mit Wörtern aus anderen Sprachen, die dem nachhaltigen Einfluss der Kolonialzeit, dem gewaltigen Strom von Immigranten sowie dem Tempo des Medienzeitalters zu verdanken sind. Hier einige prominente Beispiele aus zahlreichen Sprachen der Welt, wobei (aus Platzgründen) für Griechisch, Lateinisch, Französisch und Englisch nur einige wenige Lehnwörter angeführt werden. Haben Sie gewusst, woher das Wort „Harem" kommt oder „Ketchup", „Radar", „Bambus" und „Krise"?

Afrikaans: Apartheid, Trek
Altnordisch: Riff, Strand
Arabisch: Algebra, Harem, Haschisch, Scheich, Sultan
Aborigine: Bumerang, Dingo
Chinesisch: Chow, Kaolin, Ketchup, Taifun
Dänisch: schmuggeln

Denglisch (in Klammer das im Englischen verwendete Wort): City (centre), Doping (drug taking), Handy (mobile phone, am. cell phone), Mobbing (bullying), Oldtimer (veteran car), Single (single person), Smoking (dinner-jacket, am. tuxedo), Training (exercise), Trainer (coach), Yellow Press (gutter press)
Englisch: Bar, Bluff, Boss, Clan, Computer, Container, Farm, Fesch, Frack, Gully, Jeans, Job, Jockey, Klosett, Klub, Know-how, Lady, Laser, Lord, Partner, Party, Pipeline, Radar, Service, Shorts, Snack, Steak, Stop, Streik, Team, Test, Vamp
Finnisch: Sauna
Französisch: Abenteuer, brav, Dusche, Garage, Kamerad, Lampe, Lanze, Möbel, Polizei, Prinz, Teller, Voyeur
Gälisch: Leprechaun
Griechisch: Dogma, Koma, Krise, Euphorie, Neurose
Hawaiianisch: Hula, Ukulele
Hindi: Dschungel, Guru, Pyjama, Sari
Holländisch: Backbord, Bö, Boje, Bord, Brackwasser, Dock, Düne, Ebbe, Flotte, Harpune, hissen, Kabel, kapern, kentern, klug, Koje, Kombüse, Leck, Lee, Lotse, Lotterie, Luke, Luv, Makler, Matrose, Niete, Plunder, Quacksalber, Reede, Ritter, Schleuse, Takelage, Waffel, Werft
Indianisch: Mokassin, Squaw, Totem, Wigwam
Inuit: Anorak, Iglu, Kajak
Isländisch: Geysir
Italienisch: Antenne, Arkade, Arsenal, Balkon, Balustrade, Bratsche, Cello, Dilettant, Kompass, Konfetti, Lava, Lazarett, Oper, Pizza, Paparazzo, Ravioli, Sonnet, Spaghetti, Studio, Tarantel, Torso
Japanisch: Judo, Kimono, Tycoon
Jüdisch/Hebräisch: Chuzpe, Ganove, Gauner, Knast, meschugge, malochen, Pleite, Schlamassel, Stuss, Tacheles, Zoff
Lateinisch: Alibi, Aquarium, Äquator, Diözese, Diskussion, Fokus, Genie, Index, kompakt, Ultimatum, Zirkus
Malaiisch: Amok, Bambus, Gong, Kakadu, Sarong

Nahuatl: Tomate
Norwegisch: Fjord, Krake, Ski, Slalom
Persisch: Bazar, Diwan, Karawane, Schah, Sofa
Polnisch: Fatzke, Grenze, Gurke, Klitsche, Pulk, Quark
Portugiesisch: Fetisch, Kobra, Marmelade
Quetschua: Lama
Rotwelsch: Beisl, Bock haben, Kaff, Kittchen, Kneipe, Mordskerl, Ramsch, Schickse, Schund
Russisch: Balalaika, Droschke, Ikone, Jurte, Mammut, Samovar, Sowjet, Sputnik, Steppe, Taiga
Sanskrit: Swastika, Yoga
Schwedisch: Ombudsman
Schweizerisch: Gletscher, jodeln, Lawine, Putsch
Serbokroatisch: Krawatte, Kren, Vampir
Spanisch: Adjutant, Albino, Alligator, Bolero, Brise, Eldorado, Embargo, Gala, Gitarre, Guerilla, Junta, Kakerlake, Kannibale, Karacho, Karamel, Kasko, Kastagnette, Liga, Major, Mestize, Moskito, Mulatte, Passat, Rodeo, Rumba, Savanne, Sherry, Silo, Tango, Torero, Vanille
Swahili: Safari
Tahiti: Tattoo
Tamilisch: Katamaran
Tibetisch: Sherpa, Yak, Yeti
Tonga: Tabu
Tschechisch: Dudelsack, Halunke, Pistole, Polka, Popanz, Roboter, Trabant, Zigeuner
Türkisch: Fez, Kaftan, Kaviar, Kiosk, Yoghurt
Ungarisch: Csardas, Gulasch, Kutsche, Paprika, Säbel. Tollpatsch
Walisisch: Corgi

Bemerkung: Diese Liste ist nur ein winziger Auszug aus einem riesigen Fundus an Wörtern, die unsere Sprache um neue Facetten bereichern. Um dem Thema wirklich voll gerecht zu werden, müsste ein eigenes Kapitel verfasst werden. Hier haben Sie jedenfalls einen ersten Denkanstoß!

Sprachenvielfalt

Auf welcher Insel werden mehr als 800 Sprachen gesprochen?

Auf der Insel Neuguinea werden mehr als 800 Sprachen gesprochen, immerhin ein Zwölftel aller bekannten Sprachen der Erde.

1 000 Menschen: Ein Viertel aller Sprachen hat weniger als Tausend Sprecher.
6 900 Sprachen: Diese werden in knapp 200 Staaten der Erde gesprochen.
96 zu 4: 96 Prozent der Weltbevölkerung sprechen nur 4 Prozent der Sprachen.
Japanisch: Drei Gründe machen Japanisch für Europäer zur schwierig zu erlernenden Sprache: (1) Schriftlicher und gesprochener Code stimmen nicht überein. (2) Es gibt drei Schriftsysteme, eine Silbenschrift und zwei Zeichenschriften. (3) Der Satzbau und die Formulierung hängen davon ab, ob man mit einem älteren oder jüngeren Menschen, mit Mann oder Frau bzw. mit einer armen oder reichen Person spricht.
Klicklaute: Die Klick- und Schnalzlaute vieler afrikanischer Völker sind fast schon legendär. Für unsere Ohren sind die fünfzehn „Klicks“ der in Südafrika beheimateten Xhosa oder die achtundvierzig der Xu praktisch nicht zu unterscheiden.
Nuu-chah-nulth: Diese auf wenige Hundert Menschen geschrumpfte Volksgruppe tabuisiert nach dem Tod eines Verwandten sowohl dessen Namen wie auch alle ähnlichen klingenden Wörter dieser Sprache. Daher müssen ständig neue Wege gefunden werden, alltägliche Dinge des Daseins zu benennen.
Ohne Schrift: Jede fünfte Sprache kennt keine Schrift.
Schwierigkeitsgrad: Das US State Department hat ermittelt, dass es für Englischsprachige deutliche Unterschiede im Schwierigkeitsgrad beim Erlernen einer Fremdsprache in Wort und Schrift gibt. 600 Stunden: Afrikaans, Dänisch, Französisch, Holländisch, Italienisch, Norwegisch,

Portugiesisch, Rumänisch, Spanisch, Schwedisch – 750 Stunden: Deutsch – 1 100 Stunden: Albanisch, Griechisch, Kroatisch, Persisch, Russisch, Tschechisch, Türkisch – 1 500 Stunden: Finnisch, Georgisch, Mongolisch, Thai, Ungarisch – 2 200 Stunden: Arabisch, Japanisch, Kantonesisch, Koreanisch, Mandarin.

Sprachkuriosa

Wieso liegt die typische Stewardess „links“?

Sprachrekord: Stewardess ist das längste gängige englische Wort, das nur mit der linken Hälfte einer Standard-Schreibmaschinentastatur geschrieben wird. Eine gewisse Miss Ellen Church war übrigens die erste Stewardess (15. Mai 1930, United Airlines) der Geschichte.

石室詩士施氏，嗜獅，
誓食十獅。
施氏時時適市視獅，十時，
適十獅適市。
是時，適施氏適市。
施氏視是十獅，恃矢勢，
使是十獅逝世。
施氏拾是十獅屍，適石室。
石室溼，施氏使侍拭石室，
石室拭，施氏始試食是十獅屍。
食時，始識是十獅屍是十石獅屍。
試釋是事。

shí shì shī shì shī shì, shì shī,
shì shí shí shī.
shī shì shí shí shì shì shì shī, shí shí,
shì shí shī shì shì.
shì shí, shì shī shì shì shì.
shī shì shì shì shí shī, shì shī shì,
shǐ shì shí shī shì shī.
shī shì shí shì shí shī shī, shì shí shì.
shí shì shī, shī shì shǐ shì shì shí shì,
shí shì shì, shī shì shǐ shì shí shì shí shī shī.
shí shí, shǐ shí shì shí shī shī shì shí shí shī shī.
shì shì shì shì.

Aa: Nichts Obszönes, bitte! Dieses polynesische Wort für eine überaus zähflüssige Brockenlava geht auf den Laut zurück, den man beim Barfußlaufen über das Gestein ausstößt.

Chinesische Geschichte: Die Homophonie im Chinesischen ist schier unglaublich. So wird in der hier abgebildeten Geschichte nur das Silbenzeichen „shi“ aus dem Mandarin verwendet. Unterschiede in der Tonhöhe werden nur zum Teil wiedergegeben. Übersetzt klingt dieser Text wie folgt: *Ein Dichter namens Shī lebte in einem Steinhaus und liebte es, Löwen-*

fleisch zu verzehren. So schwor er, zehn [Löwen] zu essen. Er pflegte auf der Suche nach Löwen zum Markt zu pilgern, und eines Tages, um zehn Uhr, sah er dort zufällig tatsächlich zehn [Löwen]. Shī tötete die Löwen mit Pfeilen und nahm ihre Körper auf, um sie zu seinem Steinhaus zu tragen. Sein Haus war triefend nass vom Wasser, und daher befahl er seinen Dienern, es trocken zu legen. Dann machte er den Versuch, die Körper der zehn Löwen zu verspeisen. Erst jetzt [allerdings] bemerkte er, dass es tatsächlich zehn Löwen aus Stein waren. Versuche, das Rätsel zu erklären.

Daghailchiih: Dieses Wort der Navajosprache trägt die Bedeutung „er riecht seinen Bart". Gemeint war damit Adolf Hitler.

„Fünf, vier, drei, zwei, eins, abheben!": Der deutsche Regisseur Fritz Lang erfand den berühmten Countdown für seinen Film „Die Frau im Mond" (1928).

Hello: Edisons Empfehlung, einen Telefonanruf mit dem simplen „Hello" zu beantworten, schuf dieses damals neue, heute weit verbreitete Begrüßungswort. Davor hieß es im Englischen „hullo". Edisons Begründung für seinen Rat mit „Hello" zu antworten war folgender: Man kann den Vokal „e" auch noch in fünf Meter Entfernung hören.

Idiot: Als *Idiotes* (gr. *idios* „privat") wurden Athener bezeichnet, die sich weigerten, sich mit öffentlichen Angelegenheiten zu beschäftigen. Heute hat der Begriff „Idiot" seine Bedeutung „leicht" geändert.

Maus: Eigentlich nannte Douglas Engelbart seine 1968 erfundene Computer-Maus „X-Y Position Indicator for a Display System" (frei übersetzt: „XY-Lageanzeiger für ein Bilddarstellungssystem").

Money: Das englische Wort für „Geld" kommt aus der Mythologie, nämlich dem zweiten Namen der Göttin Juno, Moneta. Der Grund: In Junos Tempel stand die römische Münze.

Monstrum: Eigentlich galt dieses Wort ursprünglich als göttliche Warnung vor einem bösen Omen (lat. *monere* „warnen"). Ein Beispiel: Ein unruhiger Vogel wurde im antiken Rom als ominöses Warnzeichen verstanden und von den Anguren entsprechend interpretiert.

Oxford English Dictionary: Die erste Ausgabe des „Oxford English Dictionary" enthielt zehntausende Eintragungen, die von einem Insassen

des Gefängisses für Geisteskranke, einem gewissen Dr. W.C. Minor, verfasst wurden. Er hatte im Verfolgungswahn einen Straßenmord begangen.
Uvulopalatopharyngoplastik: Bei diesem „Zungenbrecher"-Operationsverfahren werden Zäpfchen (uvula), Gaumen (palatum) und Rachen (pharynx) chirurgisch gestrafft, um das Schnarchen einzudämmen.

Wort des Jahres

Wie heißt das Unwort des 20. Jahrhunderts?

Als Unwort des 20. Jahrhunderts wurde der Begriff „Menschenmaterial" gewählt. Als „Unwort des Jahres" werden Ausdrücke „aus der aktuellen öffentlichen Kommunikation" genommen, die nach Ansicht der Juroren „sachlich grob unangemessen sind und möglicherweise sogar die Menschenwürde verletzen".

Unwort des Jahres:

	DEUTSCHLAND	ÖSTERREICH	SCHWEIZ
■ 1991:	ausländerfrei		
■ 1992:	ethnische Säuberung		
■ 1993:	Überfremdung		
■ 1994:	Peanuts		
■ 1995:	Diätenanpassung		
■ 1996:	Rentnerschwemme		
■ 1997:	Wohlstandsmüll		
■ 1998:	sozialverträgliches Frühableben		
■ 1999:	Kollateralschaden	Schübling	
■ 2000:	national befreite Zone	soziale Treffsicherheit	
■ 2001:	Gotteskrieger	nichtaufenthaltsverfestigt	
■ 2002:	Ich-AG	Besitzstandswahrer	
■ 2003:	Tätervolk	Rücktritt vom Rücktritt	Scheininvlide
■ 2004:	Humankapital	Bubendummheiten	Ökoterror
■ 2005:	Entlassungsproduktivität	Negativzuwanderung	erlebnisorientierter Fan
■ 2006:	Freiwillige Ausreise	Ätschpeck	erweiterter Selbstmord
■ 2007:	Herdprämie	Komasaufen	Klimakompensation
■ 2008:	notleidende Banken	Gewinnwarnung	Europhorie

Wort des Jahres: Seit 1977 werden von der Gesellschaft für deutsche Sprache in Wiesbaden die Wörter des Jahres herausgegeben. Dabei werden solche Wörter und Phrasen gewählt, die in der öffentlichen Diskussion des betreffenden Jahres eine besondere Rolle gespielt haben.

	DEUTSCHLAND	ÖSTERREICH	SCHWEIZ
■ 1977:	Szene		
■ 1978:	konspirative Wohnung		
■ 1979:	Holocaust		
■ 1980:	Rasterfahndung		
■ 1981:	Nulllösung		
■ 1982:	Ellenbogengesellschaft		
■ 1983:	Heißer Herbst		
■ 1984:	Umweltauto		
■ 1985:	Glykol		
■ 1986:	Tschernobyl		
■ 1987:	Aids, Kondom		
■ 1988:	Gesundheitsreform		
■ 1989:	Reisefreiheit		
■ 1990:	Die neuen Bundesländer		
■ 1991:	Besserwessi		
■ 1992:	Politikverdrossenheit		
■ 1993:	Sozialabbau		
■ 1994:	Superwahljahr		
■ 1995:	Multimedia		
■ 1996:	Sparpaket		
■ 1997:	Reformstau		
■ 1998:	Rot-Grün		
■ 1999:	Millennium	Sondierungsgespräch	
■ 2000:	Schwarzgeldaffäre	Sanktionen	
■ 2001:	Der 11. September	Nulldefizit	
■ 2002:	Teuro	Teuro	
■ 2003:	Das alte Europa	Hacklerregelung	Konkordanz
■ 2004:	Hartz IV	Pensionsharmonisierung	Meh Dräck
■ 2005:	Bundeskanzlerin	Schweigekanzler	Aldisierung
■ 2006:	Fanmeile	Penthouse-Sozialismus	Rauchverbot
■ 2007:	Klimakatastrophe	Bundestrojaner	Sterbetourismus
■ 2008:	Finanzkrise	Lebensmensch	Rettungspaket

Wortspielereien

Was haben „Untersuchungsausschuss“ und „Blutgruppenuntersuchung“ gemeinsam?

Exakt fünf „U“. Andere alphabetische Rekordhalter: Propagandaapparat, bemerkenswerterweise, vergnügungshungrig, höchstwahrscheinlich, Minibikini, Zivilisationsmüdigkeit, Mammutprogramm, Innenantenne, Namensnennung, Rokokokommode, papperlapapp, Kraftfahrzeugreparaturwerkstatt, Schulgemeinschaftsausschuss, Bestattungsinstitut, Mitternachtsgottesdienst, Wegwerfwindel, Herzinsuffizienz.

Dreifachbuchstaben: Einige Buchstaben erlauben Wortbildungen mit Zweifachwiederholungen.
B: Schrubbbesen
E: Teeei
F: Stofffleck
I: Hawaiiinsel
L: Rollladen
M: Stammmutter
N: Brennnessel
O: Zooorchester
P: Pappplakat
R: Geschirrreiniger
S: Fitnessstudio
T: Schritttempo
Einen „Doppeldreifachen“ bietet allein das Wort Flussschifffahrt.
Forty: Die Zahl „Vierzig“ ist die einzige in der englischen Sprache, deren Buchstaben in alphabetischer Anordnung stehen.
Scrabble: Das Wort Myxödem ($M_3Y_{10}X_8Ö_8D_1E_1M_3$) bringt im deutschen Scrabble mit 34 Punkten den Rekordwert. Es handelt sich hier um eine seltene Krankheit. In der englischen Ausgabe kommt „quartzy“ immerhin auf 28 Punkte.

Uncopyrightable: Das längste gängige englische Wort mit verschiedenen Buchstaben (dt. darauf kann kein Copyright-Anspruch erhoben werden).

Zitate & Redensarten

Wer pflegte mit Gott spanisch zu sprechen?

Kaiser Karl V.: „Ich spreche spanisch mit Gott, italienisch mit Frauen, französisch mit Männern und deutsch mit meinem Pferd."

Brecht: „Erst kommt das Fressen, dann kommt die Moral." In der Dreigroschenoper versteht es Brecht wunderbar, auf die elementaren Bedürfnisse der Menschen hinzuweisen.
Der Himmel stürzt ein: In der Tat hat liegt dieser – auch bei Asterix häufig gehörten – Redensart eine schöne Legende zugrunde. Keltische Krieger, die für ihre Furchtlosigkeit gerühmt wurden, antworteten auf die Frage Alexanders des Großen, wovor sie Angst hätten: „Nur davor, dass uns der Himmel auf den Kopf fällt."
Der kleine Prinz: Antoine de Saint-Exupéry legt einem Fuchs die weise Erkenntnis in den Mund: „Man sieht nur mit dem Herzen gut." (Das Wesentliche bleibt für die Augen unsichtbar.)
Dreigroschenoper: In der „Moritat von Mackie Messer" vergleicht Berthold Brecht sozialkritisch das Schicksal der Begünstigten (Licht) mit dem der Benachteiligten (Dunkel). Die vorletzte Zeile dieser Brecht-Schöpfung wird meist in folgender Form zitiert: „Und man sieht nur die im Lichte, die im Dunkeln sieht man nicht."
Eiserner Vorhang: Nicht Winston Churchill war es, der den Begriff „Eiserner Vorhang" für die Grenzsperre zu Osteuropa (nach Beendigung des Zweiten Weltkriegs) erfand, sondern vielmehr Joseph Goebbels. Um den Untergang des alten Russlands zu beschreiben, verwendete allerdings schon der Autor Wassilij Rosanow 1918 die Textzeile „... senkt sich ein eiserner Vorhang auf die russische Geschichte herab."

„Ich habe fertig“: Ein Wutausbruch Giovanni Trappatonis nach einer Bayern-Niederlage brachte dieses grammatikalisch inkorrekte „Sprachjuwel“ zustande. Offensichtlich hatte der Trainer genug von der Einstellung seiner Fußballer. „Flasche leer“ ist eine weitere Trappatoni-Wortschöpfung.
Kamel: „Es ist leichter, daß ein Kamel durch ein Nadelöhr gehe, als dass ein Reicher ins Reich Gottes komme.“ Diese berühmte Zeile aus dem Evangelium ist vermutlich ein Übersetzungsfehler: Aramäisch *gamta* „dickes Tau“ wurde mit *gamla* „Kamel“ verwechselt.
König Christian X.: Nur Stunden nach dem Hitler-Erlass, dänische Juden durch einen Davidsstern zu brandmarken, trugen Bürger aller Religionen dieses Zeichen. König Christian X. ließ verlauten: „Ich bin der erste Jude meines Landes!“
Marie Antoinette: „Dann gebt ihnen eben Kuchen“ („Qu'ils mangent de la brioche“) ist ein in jeder Hinsicht falsch wiedergegebenes Zitat. Erstens beschreibt das im 18. Jahrhundert verwendete Wort „brioche“ nur ein besseres Weißbrot, womit dieses Zitat als Akt der Freundlichkeit verstanden werden könnte, und zweitens hat Marie Antoinette diesen Satz nie gesagt. Die Wendung war vielmehr seit Jahrzehnten gebräuchlich, um die aristokratische Dekadenz der Zeit zu persiflieren.
Nach Adam Riese: (1) Der Sohn eines Mühlenbesitzers (1492–1559) gilt als der Rechenmeister Deutschlands, der auch in der Volkssprache schrieb, statt im damals üblichen, gelehrten Latein. Anstelle der bis dahin allgemein gebräuchlichen römischen verwendete er arabische Ziffern. Der Lehrmeister des Rechenbretts wurde „nach Adam Riese“ 67 Jahre alt. (2) Kurioserweise wurde sein drittes Buch, die *Coß*, in der er sich der Algebra widmete, erst 1992 gedruckt, 500 Jahre nach seinem Geburtsjahr.
Sintflut: Die Mätresse Ludwigs XV., die Marquise de Pompadour, kommentierte eine verlorene Schlacht 1757 mit den Worten: „Après nous le déluge!“ (Nach uns die Sintflut!) Heute hört man meist die Phrase: „Nach mir die Sintflut!“
Wer zu spät kommt, ...: So wunderbar elegant das „Wer zu spät kommt, den bestraft das Leben“ auch klingen mag, hat Michael Gorbatschow im

denkwürdigen Revolutionsjahr 1989 in Wahrheit Folgendes gesagt: „Ich glaube, Gefahren warten nur auf jene, die nicht auf das Leben reagieren." Deutlich holpriger, nicht wahr!

Zungenbrecher

Können Sie die folgenden Sätze in höchstem Sprechtempo lesen?

Zungenbrecher schaffen immer wieder amüsante Momente und sind gleichzeitig eine ziemliche sprachliche Herausforderung. Tipp: Einfach probieren.

Deutsch
Fischers Fritze fischt frische Fische. Frische Fische fischt Fischers Fritze. [Klassiker]
Flößers Vroni flog frohlockend vom frostigen Floß; vom frostigen Floß flog frohlockend Flößers Vroni.
Zwischen zwei Zwetschgenzweigen zwitscherten zwei Zeiserln.
Im dichten Fichtendickicht sind dicke Fichten wichtig.
Blaukraut bleibt Blaukraut und Brautkleid bleibt Brautkleid.
Afrikaans
Wat was was voor was was was? [*Was war Wachs, bevor es Wachs war?*]
Baskisch
Akerrak adarrak okerrak ditu. Okerrak adarrak akerrak ditu. [*Die Hörner des Geißbocks sind gekrümmt. Gekrümmte Hörner besitzt der Geißbock*]
Dänisch
Da de hvide kom til de vilde, ville de vilde vide hvad de hvide ville de vilde. [*Als der Weiße zu den Wilden kam, wollten die Wilden wissen, was der Weiße will*]
Englisch
The Leith police dismisseth us. [*Die Polizei von Leith entlässt uns*]
The sixth sheik's sixth sheep's sick. [*Das sechste Schaf des sechsten Scheichs ist krank*]

How many cuckoos could a good cook cook if a good cook could cook cuckoos. [*Wie viele Kuckucke könnte ein guter Koch kochen, wenn ein guter Koch Kuckucke kochen könnte*]

She sells sea-shells on the sea-shore. [*Sie verkauft am Strand Meeresmuscheln*]

Estnisch

Kuuuurija istus töööös jääääres. [*Der Mondwissenschaftler saß in einer Arbeitsnacht am Rande des Eises*]

Finnisch

Etsivät etsivät etsivät etsivät etsivät. [*Suchende Detektive werden suchende Detektive suchen*]

Französisch

Les chaussettes de l'archiduchesse sont-elles sèches? Archisèches! [*Sind die Socken der Erzherzogin trocken? Extra trocken!*]

Hausa (Nigeria)

Ta tabbata ba ta taba taba taba ba. [*Sie ist sicher, dass sie niemals Tabak geschmeckt hat*]

Indonesisch

Kuku kaki kakak kakak ku kayak kuku kaki kakek kakek ku. [*Die Zehennägel meiner Schwester sehen genauso wie die meines Großvaters aus*]

Jiddisch

Fin Minsk kin Brisk geit a fux in holt a bix in pisk. [*Von Minsk nach Brisk geht ein Fuchs und hält eine Hose in der Schnauze*]

Tschechisch

Strč prst skrz krk. [*Steck den Finger durch den Hals*]

Witches & watches

Hier finden Sie ein kleines Sprechtraining für den englischen Kulturraum. Bitte Schritt für Schritt vorgehen! Lektion 1 ist ja noch einfach …

Lektion 1 (Lesson 1) – Englisch für Anfänger (*English for beginners*)

Drei Hexen schauen sich drei Swatch-Uhren an.
Welche Hexe schaut welche Swatch-Uhr an?
Three witches watch three Swatch watches.
Which witch watches which Swatch watch?

Lektion 2 (Lesson 2) – Englisch für Fortgeschrittene (*English for Runaways*)
Können Sie den Text noch flüssig lesen?

Drei geschlechtsumgewandelte Hexen schauen sich drei Swatch-Uhren-Kronen an. Welche geschlechtsumgewandelte Hexe schaut sich welche Swatch-Uhren-Krone an?

Three switched witches watch three Swatch watch switches.
Which switched witch watches which Swatch watch switch?

Lektion 3 (Lesson 3) – Englisch für Hexen und Zauberer (*English for Witches and Wizards*) – HNO-Ärzte zur Behandlung gebrochener Zungen finden Sie im Branchenverzeichnis!

Drei Schweizer Hexen-Schlampen, die sich wünschen, geschlechtsumgewandelt zu sein, wünschen sich, Schweizer Swatch-Uhren-Kronen anzuschauen.

Welche Schweizer Hexen-Schlampe, die sich wünscht, geschlechtsumgewandelt zu sein, wünscht sich welche Schweizer Swatch-Uhren-Krone anzuschauen?

Three Swiss witch-bitches which wish to be switched Swiss witch-bitches wish to watch three Swiss Swatch watch switches.
Which Swiss witch-bitch which wishes to be a switched Swiss witch-bitch wishes to watch which Swiss Swatch watch switch?

Vögel im Nest

aus: Sarcone/Waeber, Optische Illusionen

Wie viele Vögel zählen Sie?

Lösung: 10. Bitte achten Sie auf die Schnäbel.

Statistik & Zahlenwelt

Werte Leserin, werter Leser!
Sie wollten vielleicht schon immer schnell im Kopf den Wochentag des Geburtstages eines Ihrer Freunde errechnen? Oder aber den Unterschied zwischen unserer Erde und einem Fußball wissen? Keine Angst, das ist nicht als Scherzfrage zu verstehen. Bitte schlagen Sie einfach die betreffende Frage in diesem Kapitel „Statistik & Zahlenwelt" nach. Selbst dem weltbewegenden Problem, welche Zahlen von Bienen bevorzugt werden, wird gebührender Raum gegeben. Ganz besonders ans Herz legen möchte ich Ihnen den Abschnit über den puren Zufall. Frage: Was verbindet Abraham Lincoln mit John F. Kennedy? Oder: War der Terroranschlag vom 11.9.2001 wirklich reiner Zufall?

Wissen Sie's? – So Pi mal Daumen?

A. **Barrel:** Wie viele Liter gehen in ein Barrel Petroleum?

B. **British Empire:** Welchen Prozentanteil der Welt umfasste das Britische Weltreich am Ende des 1. Weltkriegs?

C. **Ei:** Wie viel Prozent Wasser enthält ein Hühnerei?

D. **Fallschirmsprung:** Mit welcher durchschnittlichen Geschwindigkeit sinkt ein Fallschirmspringer, nachdem sich der Schirm geöffnet hat?

E. **Gewitter:** Wie hoch ist die Wahrscheinlichkeit, dass ein Flugzeug in einer Gewitterfront von einem Blitz getroffen wird?

F. **Kartenhaus:** Wie viele Stockwerke umfasste das höchste je mit Standardkarten gebaute Kartenhaus? (ohne Klebstoff)

G. **Schafschur:** Wie viele Schafe schafft ein professioneller Scherer mithilfe elektrischer Scheren pro Tag?

H. **Vierlinge:** Wie hoch ist in der westlichen Welt die statistische Wahrscheinlichkeit, ohne Hormonbehandlung Vierlinge zur Welt zu bringen?

> **I. Wasser:** Wie lang müssten die Seiten eines Riesenwürfels sein, in den man alles Wasser der Flüsse der Erde schütten könnte?
>
> **J. Yard:** König Heinrich I. bestimmte 1101 die Länge eines englischen Yards: Es sollte der Abstand zwischen seiner Nase und dem Ende seines Daumens sein. Wie viel ist dies in Millimetern?
>
> Antworten: A: 159 l/B: 25 Prozent/C: 74 Prozent/D: 20 km/h/E: 5 Prozent/ F: 81 – von einem gewissen Brian Berg/G: ca. 200/H: 1 zu 500 000/ I: 60 km/J: 914 mm

Ewiger Kalender

Auf welchen Wochentag fiel die erste Mondlandung?

Sie wollten schon immer wissen, welcher Wochentag auf ein bestimmtes Datum fällt? Kein Problem, dieses Wissen lässt sich in wenigen Minuten aneignen. Es bedarf nur einiger simpler Rechenoperationen, um jeden Tag (innerhalb maximal einer Minute) einem Wochentag zuzuordnen. Vorweg die notwendigen Codezahlen.

Code 1: Codezahl für jeden Wochentag

Montag	1
Dienstag	2
Mittwoch	3
Donnerstag	4
Freitag	5
Samstag	6
Sonntag	7/0

Code 2: Codezahl für jeden Monat – Memohilfe

Januar	6 (5 in Schaltjahren) – 1. „Winter“-Monat (6 Buchstaben)
Februar	2 (1 in Schaltjahren) – Zweiter Monat
März	2 – Zweiter Monat mit 31 Tagen

April	5 – 5 Buchstaben
Mai	0 – Monat mit den wenigsten Buchstaben
Juni	3 – 3 Buchstaben gleich mit dem Juli
Juli	5 – römisch L steht für 50
August	1 – beginnt mit dem ersten Buchstaben im Alphabet
September	4 – Abkürzung oft vierbuchstabig: Sept.
Oktober	6 – 1. „Herbst"-Monat (6 Buchstaben)
November	2 – Allerseelen
Dezember	4 – Christkind am 24. Dezember

Achtung: Alle durch 4 teilbaren Jahre sind Schaltjahre, mit Ausnahme der Jahre, die durch 100 teilbar sind. Ausnahme der Ausnahme: Jahre, die durch 400 teilbar sind, sind wiederum Schaltjahre.

Schaltjahre: 1600, 2000, 2400, …

Keine Schaltjahre: 1700, 1800, 1900, 2100, 2200, 2300, 2500, …

Code 3: Codezahl für jedes Jahr (von 00 bis 99, egal welches Jahrhundert)

Dieser Code lässt sich schnell und verlässlich im Kopf berechnen, etwas Übung vorausgesetzt.

Die Formel: … das Jahr (die letzten beiden Zahlen) wird durch 4 dividiert (der Rest wird vernachlässigt) … das Ergebnis zum Jahr addiert … die neue Zahl durch 7 dividiert … der Rest ist die Codezahl.

Beispiel 1: 2008 – 8 : 4 = 2 (Rest 0) … 8 + 2 = 10 … 10 : 7 = 1, Rest 3

***3** ist der Code des Jahres 08*

Beispiel 2: 2050 – 50 : 4 = 12 (Rest 2) … 50 + 12 = 62 … 62 : 7 = 8, Rest 6

***6** ist der Code des Jahres 50*

Beispiel 3: 2099 – 99 : 4 = 24 (Rest 3) … 99 + 24 = 123 … 123 : 7 = 17, Rest 4

***4** ist der Code des Jahres 99*

Tabelle für alle Jahre:

00/0	01/1	02/2	03/3	04/5	05/6	06/0	07/1	08/3	09/4
10/5	11/6	12/1	13/2	14/3	15/4	16/6	17/0	18/1	19/2
20/4	21/5	22/6	23/0	24/2	25/3	26/4	27/5	28/0	29/1
30/2	31/3	32/5	33/6	34/0	35/1	36/3	37/4	38/5	39/6
40/1	41/2	42/3	43/4	44/6	45/0	46/1	47/2	48/4	49/5

50/6	51/0	52/2	53/3	54/4	55/5	56/0	57/1	58/2	59/3
60/5	61/6	62/0	63/1	64/3	65/4	66/5	67/6	68/1	69/2
70/3	71/4	72/6	73/0	74/1	75/2	76/4	77/5	78/6	79/0
80/2	81/3	82/4	83/5	84/0	85/1	86/2	87/3	88/5	89/6
90/0	91/1	92/3	93/4	94/5	95/6	96/1	97/2	98/3	99/4

Code 4: Codezahl für das Jahrhundert (zyklisch)

1500–1599 – 1
1600–1699 – 0
1700–1799 – 5
1800–1899 – 3
1900–1999 – 1
2000–2099 – 0
2100–2199 – 5
2200–2299 – 3
2300–2399 – 1
2400–2499 – 0

Achtung: Alle Berechnungen beruhen auf dem 1582 eingeführten Gregorianischen Kalender (auf den 4. Oktober folgte der 15. Oktober). England sowie die Kolonien dieses Landes (auch Amerika) hatten bis 1752, als auf den 3. September (Mittwoch) der 14. September (Donnerstag) folgte, den Julianischen Kalender. Und Russland folgte dem Beispiel erst nach der Revolution am 18. Februar 1918. (Da im Russischen Reich die Jahre 1700, 1800 und 1900 Schaltjahre waren, betrug die Abweichung inzwischen 13 Tage. Die orthodoxe Kirche feiert bis heute gemäß dem Julianischen Kalender, sodass Weihnachten auf den 7. Januar fällt.) Japan nahm den Greogianischen Kalender am 1. Januar 1873 an, China am 1. Januar 1912.

Beispiele:

Tagescode + Monatscode + Jahrescode + Jahrhundertcode dividiert durch 7 … Rest ergibt den Wochentagscode

- 4. Juli 1776 (Unabhängigkeitserklärung der USA)

4 + 5 + 4 + 5 = 18 … dividiert durch 7 ergibt Rest 4 – Donnerstag

- 15. Juni 1952 (Geburtstag des Autors)

15 + 3 + 2 + 1 = 21 … durch 7 … Rest 0 – Sonntag

- 20. Juli 1969 (Mondlandung)

20 + 5 + 2 + 1 = 28 … durch 7 … Rest 0 – Sonntag

- 1. Januar 2001 (Jahrtausendbeginn)

1 + 6 + 1 + 0 = 8 … durch 7 … Rest 1 – Montag

- 14. Februar 2012 (Schaltjahr)

14 + 1 + 1 + 0 = 16 … durch 7 … Rest 2 – Dienstag

- 22. 2. 2222 (kurioses Datum)

22 + 2 + 6 + 3 = 33 … durch 7 … Rest 5 – Freitag

Kalender

Warum hat der Februar nur 28 Tage?

Diebstahl – würde man heute wohl sagen. Oder aber auch Allmacht. Ursprünglich hatte der Monat Februar immer 29 Tage. Im Jahr 8 v. Chr. entschied sich jedoch Kaiser Augustus, den Monat Sextilius nach sich selbst umzubenennen. Da nun der nach Cäsar benannte Juli 31 Tage aufwies, musste der August zumindest gleichziehen. Wo also einen Tag hernehmen? Der Rest der Geschichte ist bekannt. Vermutlich nahm man den Februar, weil dieser Monat auch verlängert werden konnte, nämlich dann, wenn ein Schaltjahr war.

Astrologie: Wenn in Bhutan die Zeichen den Astrologen zufolge für einen bestimmten Tag ungünstig stehen, wird dieser Zeitraum einfach aus dem Kalender gestrichen. So wurde etwa einmal der Dezember ausgelassen, der Januar dafür doppelt gezählt.

Ehrentage: Bisweilen fallen Ehrentage berühmter Personen auf ganz spezielle Kalendertage. Hier eine kleine Auswahl:

- 8. Januar: Stephen Hawking wurde am Todestag Galileo Galileis geboren (1942) – allerdings exakt 300 Jahre später.
- 27. Januar: Die Geburtstage Wolfgang Amadeus Mozarts (1765) und Lewis Carols (1832) fallen mit dem Sterbetag Giuseppe Verdis (1901)

zusammen. Auch Kaiser Wilhelm II. wurde an einem 27. Januar geboren (1859). Thomas Edison reichte das Patent für die Glühlampe am 27. Januar 1879 ein, und John Bird demonstrierte zum ersten Mal eine TV-Szene (1926).

- 24. Dezember: Karl der Große wurde am Weihnachtstag (800) zum Kaiser gekrönt. Ebenso brachte der Weihnachtstag des Jahres 1066 William the Conqueror (Wilhelm der Eroberer) die englische Krone. Die Kehrseite: Am Weihnachtstag 1989 wurde der rumänische Diktator Nicolai Ceaucescu hingerichtet.

Gregorianischer Kalender: Als in England der in den katholischen Ländern schon lange geltende Gregorianische Kalender eingeführt wurde und auf den 3. September 1752 plötzlich der 14. September folgte, gab es einen Aufstand. Viele Menschen glaubten, ihnen wären zehn Tage gestohlen worden.

Halleyscher Komet: Mark Twain wurde im Jahr 1835 geboren, als der Halleysche Komet erschien. Er selbst prognostizierte seinen Tod für das Jahr des nächsten Erscheinens, 1910. Und so kam es dann auch. Der große Schriftsteller starb am 21. April 1910.

Kalenderinseln: Dieser treffende Name beschreibt die exakt 365 Inseln in der Casco Bay vor Maine.

Monatsregel: Im Wort Menstruation deutet das lateinische *mens* (Monat) darauf hin, dass der weibliche Zyklus mit der Mondrotation (29,5 Tage) zu tun hat. Doch Amerikanerinnen haben einen um zwei Tage längeren Zyklus als Japanerinnen. Und in der Welt der Säugetiere differiert die Länge dieses Zyklus noch viel deutlicher: Mäuse 5 Tage, Meerschweinchen 11, Schafe 16, Kühe 21, Schimpansen 37. Ist die Dauer dieses Zyklus vielleicht reiner Zufall?

Oktoberrevolution: Diese war wegen des damals in Russland gültigen Julianischen Kalenders „eigentlich" im November. In der Nacht zum 25. Oktober/7. November 1917 besetzten Truppenteile strategische Punkte der Stadt Sankt Petersburg. Der Aufstand begann. Mit einem Platzpatronenschuss aus einer Bugkanone gab der Kreuzer *Aurora* das Signal für den Sturm auf das Winterpalais.

Sommerzeit: Ein vom britischen Parlament im Mai 1916 verabschiedetes Gesetz wurde von Lord Balfour aus rechtstechnischen Gründen verurteilt. Angenommen, so seine Argumentation, Zwillinge werden im Herbst einige Minuten vor dem Zurücksetzen der Uhren auf die Normalzeit geboren … dann könnte das erstgeborene Kind plötzlich als Zweitgeborenes seine Besitz- und Titelrechte verlieren. Dem Einspruch wurde nicht stattgegeben.
Wochenzählung: Gemäß einer Regelung der ISO (International Standard Organisation) ist die erste Kalenderwoche des Jahres immer die Woche, in die der 4. Januar fällt.

Mathe-Mix

Wie stark unterscheidet sich die Erde von einem Fußball?

Diesmal sind Sie zu einem kleinen Gedankenexperiment eingeladen. Nehmen Sie einen Fußball zur Hand, mit einem Durchmesser von 22 cm, und stellen Sie sich vor, dass darum ein Faden gelegt wird. Nun verlängern Sie den Faden um genau einen Meter und lassen ihn gleichmäßig abstehen. Dies wird einen Abstand von ca. 16 cm zur Folge haben. So weit, so gut. Nun zur Frage: Wie weit würde der Faden von der Erde abstehen, wenn man diesen zunächst um den Äquator legte und dann ebenfalls um exakt einen Meter verlängerte?

Antwort: Wieder ca. 16 cm. Was für Mathematiker vielleicht offensichtlich scheint, ist für Laien verblüffend. Der Abstand des um einen Meter verlängerten Fadens verändert sich überhaupt nicht, egal wie groß der Körper ist, um den dieser Faden gelegt wird. Sie können diese Berechnung einfach nachvollziehen: Umfang des Fußballs, $2r\pi$ (22 x 3.14) plus (Verlängerung des Fadens um) 100 cm dividiert durch 3,14 ergibt den neuen Durchmesser von 53,8 cm. Werden von diesem die 22 cm abgezogen, ergibt sich ein Durchmesser von 31,8 cm, also ca. 16 cm Abstand von der Oberfläche des Fußballs. Auch wenn Sie den Äquatorumfang von 40 075,012 km zur Berechnung heranziehen und den Faden um einen Meter verlängern, kommen Sie exakt auf obige 31,8 cm. Der Abstand ist genau die Hälfte davon, wieder ca. 16 cm. Hier darf man also wahrlich behaupten: „Die Welt ist ein Fußball".

Fußball: Aus wie vielen Teilen besteht ein Fußball? Und wie sind diese zusammengesetzt? Bitte zuerst raten, dann erst nachsehen! Es sind exakt 12 Fünfecke und 20 Sechsecke. Solche aus regelmäßigen Vielecken gebildete Strukturen nennt man archimedische Körper. Und wie setzt sich ein Tip-Kick-Ball zusammen? *Antwort*: Aus Quadraten und Dreiecken [siehe: Das große Tipp-Kick-Buch, humboldt].

Korken: Die Korken aller momentan auf dem Markt befindlichen französischen Weine würden, mit den Enden aneinandergereiht, die Erde mehrmals umspannen.

McLuhan: Marshall McLuhans Ausspruch „Die Welt ist nur ein Dorf" kann man in einem Gedankenexperiment wunderbar veranschaulichen! Beginnen wir mit einer Frage: *„Über wie viele Stationen sind Sie mit Barack Obama, Jürgen Klinsmann, Arnold Schwarzenegger oder dem Papst bekannt?"* Stationen bedeutet in diesem Fall: Wie viele Menschen liegen in der Bekanntenkette zwischen dem Befragten und der ausgewählten Person. (Ein kleines Beispiel: Die Mutter eines Freundes kenne ich über eine einzige Station, nämlich meinen Freund.) Die überraschende *Antwort*: Vier Stationen. Nun, es kommt auf die Definition des Begriffs „Bekannter" an. Wenn Sie akzeptieren, dass jemand, den Sie auf der Straße grüßen, ein Bekannter ist, so werden Sie über deren hohe Zahl überrascht sein. Egal ob Freundin, Tante, Geschäftspartner, Polizist, Lehrer, Kirchengemeindemitglied oder Vereinskollege, alle zählen zu Ihren Bekannten. Wir gehen bei obigen vier Stationen davon aus, dass jeder von uns im Durchschnitt ca. 1 000 Bekannte hat. Diese haben wiederum 1 000 Bekannte, wobei allerdings 900 Überschneidungen zu beachten sind. Immerhin, je 100 Leute gehören nicht in den gemeinsamen Topf. Wenn Sie diese Bekanntenkette miteinander multiplizieren, erreichen Sie im Durchschnitt über vier Stationen praktisch jeden Bewohner unseres Planeten. Mehr als sieben Stationen sind auch im Extremfall kaum zu überschreiten. Ein Beispiel? Kennen Sie jemanden, der jemanden kennt, der Arnold Schwarzenegger kennt? Oder Barack Obama? oder Jürgen Klinsmann? Oder den Papst?

Pi: (1) Eines der langweiligsten Bücher, die je erschienen sind, wurde 1973 von den Mathematikern Jean Gilloud und Martine Bouyer herausgegeben. Auf über 400 Seiten wird die Zahl Pi auf 1 000 000 Dezimalstellen genau abgedruckt. Dieses Buch wurde wohl von niemandem vom Anfang bis zum Ende gelesen. (2) Ein im Jahr 1897 in Indiana eingebrachter Gesetzesentwurf, Pi auf den Wert 3,2 festzulegen, hatte bereits zwei Ausschüsse des Parlaments passiert und war auch in dritter Lesung im Repräsentantenhaus mit 67 zu 0 angenommen worden. Erst der Senat stoppte dieses „seltsamste ‚mathematische' Gesetz", nachdem ein Mathematiker auf den Unsinn hingewiesen hatte. Der „Erfinder" war ursprünglich mit der Behauptung, die Quadratur des Kreises gefunden zu haben, an einen Abgeordneten herangetreten.

Schönheit: Einer Hongkong-Studie zufolge kann die Attraktivität von Frauen annähernd genau berechnet werden: Volumen in Kubikmetern geteilt durch das Quadrat der Körpergröße. Die Frage stellt sich jedoch: Wie erhält man das Volumen?

Mathematik in der Natur

Wie lang ist die Küste Großbritanniens?

1967 erschien in der Zeitschrift „Science" ein sehr überraschender Artikel mit der im Titel gestellten „harmlosen" Frage des brillanten Mathematikers Benoît Mandelbrot. Dies löste damals eine Diskussion zum Thema „Umfang von Staaten" aus. Mathematisch und geografisch interessierte Leser lade ich zu einer kleinen Gedankenreise ein: Angenommen, so Mandelbrot, wir vermessen die britische Küste von einem Flugzeug aus, das in 10 000 m Höhe dahinfliegt. Auf Grund der maßstabgetreuen Auswertung der Luftaufnahmen kommen wir zu einem bestimmten, natürlich ungenauen Umfang. Kleinere Buchten werden dabei nicht erkannt. Bei gleicher Messung aus einem Ballon in 500 Meter Höhe werden viele zusätzliche Details sichtbar. Die Küstenlinie wird vermessungstechnisch „länger". Was passiert nun, wenn wir zu Fuß, mit einem Zirkel, dessen Weite auf 1 Meter eingestellt ist, die Küste abgehen? Nun, wir haben dann eine wesentlich längere Küstenlinie ins Messprotokoll einzutragen. Wiederholen wir unsere Messungen mit einem Stechzirkel von 10 cm, oder 1 cm, oder ... Sie sehen schon, wo das hinläuft? Mathematisch ist ja alles bis in atomare Strukturen denkbar. Schließlich schwant auch dem Amateurkartografen, dass dem Umfang Großbritanniens, wie natürlich auch Deutschlands oder Liechtensteins, nach oben keine Grenze gesetzt ist. Wir befinden uns gedanklich bereits in der neuen Welt der Fraktale. (Mehr zu diesem Thema in den Büchern „Atlasrätsel" und „88 neue Atlasrätsel", siehe Literaturverzeichnis.)

Sonnenblumen: In der Schule lernt man irgendwann die berühmte Fibonacci-Zahlenfolge: 1, 2, 3, 5, 8, 13, 21, 34, 55 – jede der Zahlen ist jeweils die Summe der beiden vorhergehenden Zahlen. In der Natur dürfte davon auch die Sonnenblume profitieren, sind doch ihre links- und rechtsdrehenden Samenspiralen in exakt dieser Zahlenfolge ausgerichtet. Bitte genau hinsehen! Weiteres Phänomen: Während der Wachstumsphase richten die Sonnenblumen ihre Köpfe tatsächlich nach der Sonne aus, blicken also Richtung Osten. Leonardo von Pisa, Sohn des Bonacci, hat übrigens in seinem 1202 veröffentlichten *Liber abbaci* die fiktive Vermehrung der Kaninchen als Fibonacci-Folge beschrieben.

Zikaden: Manche Zikadenart tritt exakt alle 17 Jahre in Myriaden von Exemplaren auf, manch andere im Rhythmus von 13 Jahren. Zufall? Nein, vermutlich schützt dieser Primzahlenabstand die Zikaden vor ihren Feinden. Die meisten Räuber haben einen Zwei-, Drei- oder Vierjahresrhythmus. Dadurch müssen sie lange darauf warten, wieder ein Zikadenjahr zu erwischen. Schützt sich also die Zikade durch die Anwendung der Primzahlen vor dem Aussterben? Jedenfalls ist bis heute noch keine wirklich befriedigende Erklärung dafür gefunden worden, wie die Zikaden zu dieser „Berechnung" der sicheren Jahre kommen. Die Natur ist voller Wunder.

Prüfzahlen

Wie berechnet man in Sekundenschnelle die Verdopplungszeit?

Phänomenales Wachstum mit einer schier unglaublichen Verdopplungszeit ist für die meisten Menschen schwer vorstellbar. Der Grund ist einfach: Wir denken normalerweise linear und nicht exponentiell. Ähnlich ging es ja schon dem indischen Maharadscha, der dem Erfinder des Schachspiels ein Reiskörnchen auf dem ersten Feld, zwei auf dem zweiten, vier auf dem dritten usw. versprach, nur um dann zu seinem Leidwesen feststellen zu müssen, dass aller Reis der Welt nicht ausreichen würde, um seinen Dank für dieses strategische Spiel zu vermitteln. Frage: Wie können Sie die Verdopplungszeit schnell und ohne Hilfsmittel berechnen? Es gibt einen kleinen „Trick", der auch dem mathematischen Laien hilft. Nehmen Sie einfach die Zahl 70 und dividieren Sie diese durch die Wachstumsrate. Sie bekommen dann sozusagen vollautomatisch die Verdopplungszeit! Beispiel: Sie haben 1.000 Euro auf dem Sparbuch, verzinst mit 3,5 %. In zwanzig Jahren werden Sie sich über 2.000 Euro freuen dürfen – falls Sie keine Steuern auf die Zinsen zahlen müssen!

X – ISBN-10: (1) Vielleicht haben Sie sich schon gefragt, warum beim ISBN-Code (International Standard Book Number) an letzter Stelle manchmal statt einer Ziffer ein X steht. Nun, dieses X, die römische Zahl 10, ist eine der sogenannten Prüfziffern. Bei der alten (10-stelligen) ISBN multiplizierte man die erste Ziffer mit 10, die nächste mit 9, die dritte mit 8 usw. und addierte dann die Prüfziffer dazu. Das Ergebnis musste sich durch 11 glatt ohne Rest dividieren lassen. Andernfalls stimmte irgendetwas nicht. (2) Beim ISBN-13-Code werden die ersten zwölf Ziffern abwechselnd mit 1 und 3 multipliziert (also: 1–3–1–3–1–3–1–3–1–3–1–3). Danach wird die Prüfziffer so gewählt, dass die Quersumme der gesamten Zahl eine Zehnerzahl ist.

5 & 7 – Münzwurfserien: Wenn Sie eine unpräparierte Münze 100-mal oder gar 200-mal werfen und die Ergebnisse „Kopf" oder „Zahl" mit „1" und „0" in eine Reihe schreiben, wird im ersten Fall fast immer eine 5er-Serie vorkommen, im zweiten Fall sogar eine 7er-Serie. Lassen Sie dagegen jemanden eine Zufallsreihe einfach so aufsagen, werden diese langen Serien aus psychologischen Gründen vermieden. Bitte ausprobieren!

23 – Geburtstagsparadoxon: (1) Sie sind zu einer typischen Geburtstagsparty eingeladen. Die Gäste lassen ein mehrstimmiges „Happy Birthday" erschallen. Dann überrascht das Geburtstagskind mit einer erstaunlichen Frage: *„Wie viele Personen müssten heute in diesem Raum sein, damit mit mehr als 50-prozentiger Wahrscheinlichkeit zwei Gäste am gleichen Tag Geburtstag haben? Jeder darf einen Tipp abgeben. Wer am besten schätzt, wird mit einem Glas Sekt-Orange prämiert."* Jetzt sind Sie dran! *Antwort:* Genau 23 Personen sind nötig, um mit mehr als 50 Prozent Wahrscheinlichkeit ein Geburtstagspärchen zu finden. Bei 366 Partygästen ist die Wahrscheinlichkeit 100 Prozent, das liegt auf der Hand. (Außer wir haben ein Schaltjahr, dann müssen es 367 Personen sein.) Daher gehen viele Schätzungen in die Richtung 182, 183 Personen, also genau die Hälfte. Das ist jedoch falsch. Bei einer Minimalgruppe aus zwei Personen ist die Wahrscheinlichkeit für identische Geburtstage genau 1/365, d.h. 0,3 Prozent. Bei drei Personen beträgt die Wahrscheinlichkeit für zwei identische Geburtstage schon 0,9 Prozent. … Bei 22 Personen sind wir bei 47,6 Prozent und bei 23 Partygästen wird mit 50,7 Prozent die Halbe-halbe-Marke überschritten. (2) Weitere Erwartungswerte: 30 Personen – 70,6 Prozent, 40 Personen – 89,1 Prozent, 50 Personen – 97,0 Prozent. Ergänzung: (3) Für drei identische Geburtstage mit mehr als fünfzigprozentiger Wahrscheinlichkeit sind 88 Personen nötig, bei vier gleichen Geburtstagen steigt die Zahl der Partygäste auf 187.

23,74 – Rot-Schwarz-Wette: Hier darf ich Ihnen ein kleines Wettspiel für den nächsten Stammtischabend empfehlen. Sie verwenden genau zehn Spielkarten, fünf rote und fünf schwarze. Diese werden gut gemischt und verdeckt in einem Zehnerstapel abgelegt. Ihr Wettgegner hat 100 Euro Startkapital. Bei jeder Wette wird genau die Hälfte seines zu diesem Zeitpunkt vorhandenen Kapitals eingesetzt. Jede der zehn Karten wird nun nacheinander einzeln aufgeschlagen, und die Wetten werden unmittelbar abgerechnet. Immer dann, wenn eine schwarze Karte vom Zehnerstapel aufgeschlagen wird, gewinnt der Spieler den einfachen Wetteinsatz zu seinem Kapital dazu. In unserem Fall wären dies 50 Euro. Ist dagegen die aufgeschlagene Karte rot, geht der Einsatz verloren. *Nun zur Frage: Sollte sich Ihr Stammtischfreund auf dieses Wettspiel einlassen? Antwort:* Entschieden nein. Egal, in welcher Reihenfolge die Karten aufgeschlagen werden, Ihr Wettgegner wird nach der zehnten Karte nur mehr knapp 24 Euro Kapital haben (konkret: 23,74 €). Dies mag für viele Leser überraschend sein, ergibt sich aber nach dem mathematischen Prinzip ganz zwingend. Der kanadische Mathematiker Enn Norak hat dieses kleine Spiel erdacht. Hätten Sie übrigens mit einem vollen 52-Karten-Päckchen gespielt, wäre Ihr Gegner 99,9 € losgewesen. Immerhin, 10 Cent wären ihm als Lohn für diese neuartige Erfahrung geblieben. Bitte ausprobieren!

62,3 – Zuordnung: Stellen Sie sich vor, bei der Weihnachtsfeier Ihres Vereins bringt jedes Mitglied genau ein Päckchen mit, das dann nach reinem Zufallsprinzip einem der Clubfreunde geschenkt wird. *Mit welcher Wahrscheinlichkeit bekommt zumindest einer der Gäste sein eigenes Geschenk wieder zurück?* Die verblüffende Antwort: Die Wahrscheinlichkeit beträgt exakt 62,3 Prozent. Allerdings sollten mindestens sechs Clubmitglieder anwesend sein. Nach oben gibt es dagegen keine Beschränkung. Urteilen Sie selbst bei der nächsten Veranstaltung dieser Art.

Schneeflockenkurve

Kann es gleichzeitig Unendliches und Endliches geben?

In der Geometrie gibt es zahlreiche Beispiele für obige Frage, darunter die wunderschöne, selbst von Laien konstruierbare Schneeflockenkurve, die sich aus der sogenannten Kochkurve konstruieren lässt. Bei dieser wird zunächst mit einer Einheitsstrecke begonnen, wobei das mittlere Drittel entfernt wird. Dieses wird durch zwei Seiten der Länge $1/3$ eines gleichseitigen Dreiecks gefüllt. Schon haben wir das Basismodell mit einer Gesamtlänge von $4/3$. Der nächste Schritt *fasst jedes dieser vier Liniensegmente als Basis auf und ersetzt diese wieder durch obiges Modell, allerdings im kleineren Maßstab. Wird dieser Prozess bei einem regelmäßigen Sechseck angewandt, entsteht die wunderbare Schneeflockenkurve mit dem charakteristisch unendlichen Umfang sowie der klar definierten endlichen Fläche.*

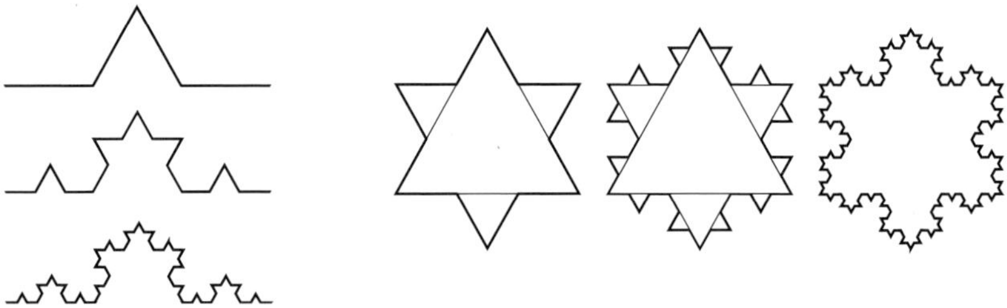

Statistik

Welcher ist der Wonnemonat der Liebe?

Wenn man die Geburtenstatistiken in Deutschland und Österreich betrachtet, werden im Monat November die meisten Kinder gezeugt. Dabei dauert das durchschnittliche Vorspiel 20 Minuten, der eigentliche Liebesakt knapp 17 Minuten. Beim Höhepunkt arbeiten immerhin 500 Muskeln rhythmisch zusammen. Dabei werden 300 Kilokalorien verbrannt, was ungefähr einer Stunde Brustschwimmen entspricht. Der wöchentliche Schnitt an Sexbegegnungen liegt bei exakt 2, also machen Deutsche und Österreicher 104-mal pro Jahr „Liebe". Jeder Mann hat zwischen dem 15. und 60. Lebensjahr um die 12 000 Ejakulationen, wobei jeweils 3 bis 5 Milliliter „ausgeschüttet" werden. Während des gesamten Lebens kommen dabei schon zwischen 35 und 50 Liter Samenflüssigkeit zusammen. Randbemerkung: Der durchschnittliche Penis misst in erigiertem Zustand circa 14,5 cm.

Amerikaner: Im 20. Jahrhundert sind mehr US-Amerikaner durch Mord als durch Krieg gestorben.

Astronomische Größenverhältnisse: Sie wünschen einen kleinen Blick auf die Größe der Himmelskörper? Hier einige Vergleichswerte: Stellen Sie sich vor …

- Pluto als Stecknadelkopf
- Erde als Linse
- Uranus und Neptun als Golfbälle
- Saturn als Snookerkugel
- Jupiter als Orange

- Jupiter als Linse
- Sonne als Orange

- Sonne als Stecknadelkopf
- Pollux als Golfball
- Arcturus als Orange

- Arcturus als Stecknadelkopf
- Aldebaran als Golfball
- Beteigeuze als Snookerkugel
- Antares als Orange

Atome: Wenn es stimmt, dass Atome selbst nach unserem Tod weiterexistieren und sich nur unter die riesige Zahl aller Atome mischen, so besteht eine realistische Wahrscheinlichkeit, dass in manchem von uns ein Teilchen steckt, das einmal „Caesar" oder vielleicht „Kleopatra" war.

Augenpaare: Alle Menschen haben im Durchschnitt weniger als zwei Augen. Achtung: Bitte auf der Zunge zergehen lassen! Es ist eine Art statistische Fangfrage, da schon ein einziger Einäugiger die Behauptung rechtfertigt.

Benfords Gesetz: Eine interessante Feststellung von Dr. James Benford aus dem Jahr 1938 kann eingehender Prüfung standhalten: Zahlen in Büchern, Zeitungen, Magazinen oder anderen Printmedien beginnen am häufigsten mit der „1" (30,1 %). Mit Abstand folgen die „2" (17,6 %), die „3" (12,5 %), „4" (9,7 %), „5" (7,9 %), „6" (6,7 %), „7" (5,8 %), „8" (5,1 %) und zuletzt die „9" (4,6 %). Der Grund liegt im Zählprozess. Bis 9 kommen alle Zahlen gleich häufig vor, dann jedoch zwischen 10 und 19 geht die „1" deutlich in Führung. Ebenso zwischen 100 und 199 oder 1 000 und 1 999. Abgesehen davon beginnen alle Aufzählungen von vorne. Nehmen Sie eine Zeitung zur Hand und prüfen Sie in Ruhe nach!

Bombe: Trotz der Begründung, dass „zwei Bomben in einem Flugzeug extrem unwahrscheinlich sind", hat es, statistisch gesehen, keinen Sinn, eine Bombe in einem Flugzeug mitzunehmen, um damit einem Terrorangriff zu entgehen.

Durchschnittsmensch: In den hoch zivilisierten Staaten beträgt die statistische Lebenserwartung, grob gesprochen, 80 Jahre. In dieser Zeitspanne werden Sie ca. 460 000 000-mal blinzeln, ca. 260 000-mal gähnen, Ihre Körperbehaarung wird um ca. 950 km wachsen. Fast 20 Kilo Haut werden bis zum Greisenalter abgestoßen, Finger- und Zehennägel werden um ca. 3 m bzw. 1 m pro Glied, die Nasenhärchen um fast 2 m wachsen. Zu Fuß legen Sie rund 22 000 km zurück, mehr als die Strecke um den halben Äquator. Schon bis zur Volljährigkeit werden Sie genug Luft ein- und ausgeatmet haben, um mehr als 3 000 000 Luftballons aufzublasen. Ihr Speichelfluss wird ein Volumen von 38 000 Liter eingenommen haben. Über 3 Jahre werden Sie mehr oder weniger wichtige Gespräche am Telefon geführt haben. Fast 8 000 Eier und ca. 160 kg Schokolade werden durch Ihren Gaumen gegangen sein. Ein halbes Jahr haben Sie bis zu Ihrem Lebensende auf der Toilette verbracht. Die Statistik spricht Ihnen auch 5 Sexualpartner zu, mit denen Sie mehr als zweieinhalbtausend Mal Geschlechtsverkehr gehabt haben sollten. Der großen Liebe werden Sie allerdings nur zweimal begegnet sein. Voraussetzung für all dies: Ihr Herz muss rund 3 Milliarden Mal geschlagen haben. Die im Laufe eines Lebens vom Durchschnittsmenschen verzehrte Nahrung wiegt ungefähr das Gleiche wie ein ausgewachsener Blauwal. Kommentar: Bitte alle diese Angaben mit einem Augenzwinkern zu betrachten!

Flammenmeer: Nicht die Flammen, sondern der Rauch sind die Haupttodesursache bei Bränden. Das zumindest besagen die Statistiken. Ein möglicher Grund: Schwelbrände durch den hohen Kunststoffanteil der Möblierung und der Elektrogeräte.

Freitag der 13.: Es ist wahrscheinlicher, dass der 13. eines Monats auf einen Freitag fällt als auf irgendeinen anderen Wochentag. Wenn man den 400-Jahr-Zyklus des Gregorianischen Kalenders betrachtet, so gibt es 688 Freitage, 687 Mittwoche und Sonntage, 685 Montage und Dienstage und nur 684 Donnerstage und Samstage, die auf einen 13. fallen.

Gefängnis: Etwa 0,64 Prozent aller US-Amerikaner bzw. 0,63 Prozent aller Russen sitzen im Gefängnis. In Deutschland, Österreich und der Schweiz beträgt dieser Wert um die 0,1 Prozent.

Hamlet und der Affe: Wie groß ist die Wahrscheinlichkeit, dass ein Affe durch Zufall auf einer normalen Schreibmaschine den ganzen „Hamlet" tippt? Diese Frage bewegte in den Sechzigerjahren zahlreiche Statistiker. Wenn auch die Berechnungen schwanken, wobei von einer 35er-Tastatur ausgegangen wird, so scheint die Chance unserer nahen Verwandten doch verschwindend gering: 10^{41600} ist eine der veröffentlichten Berechnungen, eine Zahl, die selbst Mathematiker nicht mehr benennen können.

Kalifornien: Mehr als ein Kalifornier pro Tag behauptet, von Aliens entführt worden zu sein.

Kriminelle & Wissenschaftler: Männliche Kriminelle und männliche Wissenschaftler haben ihre größten Erfolge vor der Eheschließung.

Linkshänder: Im starken Gegensatz zur übrigen Bevölkerung (12 Prozent) sind ca. 20 Prozent aller Maler Linkshänder.

Pravda: „Gratulation! Wir wurden Zweite, die Amerikaner dagegen Vorletzte." [Es gab nur zwei Bewerber. Ergebnis: USA vor UdSSR.] So oder ähnlich hätten die Schlagzeilen in der kommunistischen Medienwelt seinerzeit lauten können. Vermutlich haben sie das auch!

Reisefieber: Was ist sicherer, die Bahn oder das Flugzeug. Nun, die Statistik weist pro Million Passagierkilometer 9 Bahnopfer, doch nur 3 Flugopfer aus. Umgekehrt sieht dies aus, wenn die Passagierstunden gerechnet werden: Bahn 7 Todesopfer, Flugzeug 24 Todesopfer. Die Gefahr, die nächste Stunde nicht zu überstehen, kann im Flieger schon ein Kribbeln erzeugen. Randbemerkung: Nach Todesfällen pro Kilometer ist das Raumschiff vermutlich das sicherste Fahrzeug, nach Todesfällen pro Flug das unsicherste.

Roulette: Bei jeder Wette auf die „einfachen Chancen“ (z. B. Rot/Schwarz, Gerade/Ungerade) verlieren Sie im Roulette 2,7 Prozent Ihres Einsatzes. Angenommen, Sie spielen mit 100-Euro-Jetons, dann heißt dies, pro Kugel 2,70 Euro. Angenommen, Sie ziehen diese Strategie einen ganzen Abend durch. Dann werden Sie nach 37 Kugeln, statistisch gesehen, 100 Euro verloren haben!

Sechs richtige: Beim Lotto 6 aus 49 beträgt die Wahrscheinlichkeit für 6 Treffer exakt 1 zu 13 983 816. 5 Richtige mit Zusatzzahl sind bei 2 330 636 Tippversuchen zu erwarten. Für 5 Treffer sollten Sie, statistisch gesehen, 54 201 Scheine ausfüllen. Günstiger sieht die Sache beim österreichischen 6 aus 45 aus: Hier bringen schon 8 145 060 Versuche sechs Richtige.

Sterbeort: Die meisten Menschen sterben im Bett, daher ist dieses unbedingt zu meiden. Anmerkung: Auch diese Statistik hat scherzhaften Charakter!

Versicherungen: Heute ist der erste Tag Ihres restlichen Lebens. Das wissen auch Versicherungen und berechnen die Prämien entsprechend der Restlebenserwartung. Diese kann übrigens niemals „null“ werden, denn sonst müssten alle Menschen in einem bestimmten Alter gleichzeitig sterben. Selbst 100-Jährige haben noch Monate vor sich.

Vollmond: Geburtenzahl, Verbrechensquote, Selbstmordrate – all das bleibt bei Vollmond statistisch vollkommen unverändert. Allein unsere selektive Wahrnehmung bestätigt eingefahrene Erkenntnisse und damit unseren Glauben an die Wirkung des Vollmonds.

Wahrscheinlichkeiten: Es ist unwahrscheinlicher, durch einen Flugzeugabsturz ums Leben zu kommen, als durch einen Eselstritt.

Wartezeit: Untersuchungen zeigen, dass Menschen beim Warten auf einen Lift nach rund 15 Sekunden beginnen, ungeduldig zu werden. Nach 35 Sekunden zeigt bereits die Mehrheit Stresssymptome.

Wissenschaftliche Publikationen: Im letzten halben Jahrhundert erschienen mehr wissenschaftliche Publikationen als in der gesamten Menschheitsgeschichte davor.

Würfelaugen: Um mit einem normalen Sechserwürfel alle Augen zu werfen, benötigt man im Durchschnitt 14 Versuche. Bitte ausprobieren!

Zahlenzauber

Welche Zahl wird von Bienen bevorzugt?

Sechsecke bilden die stabilsten Parkette, bieten daher für die „runden“ Larven der Bienen optimale Platznutzung. Die Antwort lautet folglich: 6.

Null: Platon begann bei 1 zu zählen. Er wusste noch nichts von einer Null. Selbst im „Salem-Klostermanuskript“ aus dem 12. Jh. steht noch voller Ehrfurcht: *Jede Zahl leitet sich von der Eins ab, diese allein geht jedoch auf die Null zurück. Darin liegt ein großes und geheiligtes Mysterium.*

Eins: (1) Die Griechen betrachteten die Eins überhaupt nicht als Zahl, sondern vielmehr als unteilbare Einheit (Monade). Sie fanden auch bereits heraus, dass 1 die einzige Zahl ist, die bei einer Addition mehr produziert als bei einer Multiplikation. (2) In einer unter dem Pseudonym Nicholas Bourbaki herausgegebenen Enzyklopädie der Mathematik werden der Eins volle 200 Seiten gewidmet.

Zwei: (1) Die Griechen sahen die Zwei als weiblich an, wie auch alle anderen geraden Zahlen, die ungeraden dagegen als männlich. (2) Im Binärsystem kann jede Zahl durch Potenzen von 2 ausgedrückt werden. Das erst ermöglichte die modernen Computer. Die ersten 15 Zahlen als Beispiel: Null: 0 – Eins: 1 – Zwei: 10 – Drei: 11 – Vier: 100 – Fünf: 101 – Sechs: 110 – Sieben: 111 – Acht: 1000 – Neun: 1001 – Zehn: 1010 – Elf: 1011 – Zwölf: 1100 – Dreizehn: 1101 – Vierzehn: 1110 – Fünfzehn: 1111

Drei: (1) Das Christentum kennt die Dreifaltigkeit Gottes, wie auch bereits in anderer Form die Ägypter und Babylonier. (2) Fermats Letztes Theorem $x^3 + y^3 = z^3$ hielt die Welt der Mathematik über 350 Jahre in Atem. Es war unendlich schwer zu beweisen, dass es für diese Gleichung keine ganzzahligen Lösungen gibt. 1995 (und in verbesserter Form 1997) gelang dem Engländer Andrew Wiles der Beweis.

Vier: (1) Das Vierfarbenproblem beschäftigte Mathematiker mehr als hundert Jahre lang. *Wie viele Farben sind nötig, um eine Landkarte von England mit allen Counties so einzufärben, dass keine benachbarten Gebiete die gleiche Farbe tragen?*

Ja, Sie ahnen es, die Antwort lautet: 4. (2) Diese Zahl hat auch biblische Bedeutung, kennt doch die heilige Schrift die vier Flüsse des Paradieses sowie die vier Evangelien. (3) In japanischen Krankenhäusern ist die Vier verpönt, da das Wort „vier“ so ähnlich klingt wie das Wort für „Tod“.

Fünf: Das mystische Pentagramm (Fünfstern), für die Pythagoräer von eminenter Bedeutung, war schon den Babyloniern bekannt. Es gibt fünf platonische Körper: Tetraeder (4-Seiter), Hexaeder (Kubus, 6-Seiter), Oktaeder (8-Seiter), Dodekaeder (12-Seiter) und Ikosaeder (20-Seiter).

Sechs: (1) Euklid definierte den Begriff der „perfekten Zahl“, die die Summe ihrer Faktoren darstellt. Die 6 ist die erste dieser Zahlen: 1 + 2 + 3 = 6. (2) Augustinus schrieb: *Die Sechs ist in sich perfekt. … Gott schuf alle Dinge in sechs Tagen …*

Sieben: (1) Ein regelmäßiges Siebeneck kann nicht mit Lineal und Zirkel allein konstruiert werden. (2) Das erste dokumentierte Rätsel, das vielleicht älteste Rätsel der Welt, wurde vom Ägyptologen Henry Rhind 1858 in Luxor erworben. Die „Katzen und Mäuse“ sind daher mehr als 3 850 Jahre alt. *Es gibt sieben Häuser, wobei in jedem Haus sieben Katzen wohnen. Jede Katze tötet sieben Mäuse, von denen wiederum jede sieben Kornähren gefressen hat. In jeder Ähre sind sieben Körner. Wie hoch ist die Gesamtzahl (der genannten Objekte)? Nun, wie geht es Ihnen? Die Lösung ist sicherlich nicht allzu schwer zu finden, auch wenn Sie nicht besonders mathematisch begabt sind: 7 + 49 + 343 + 2 401 + 16 807 = 19 607.*

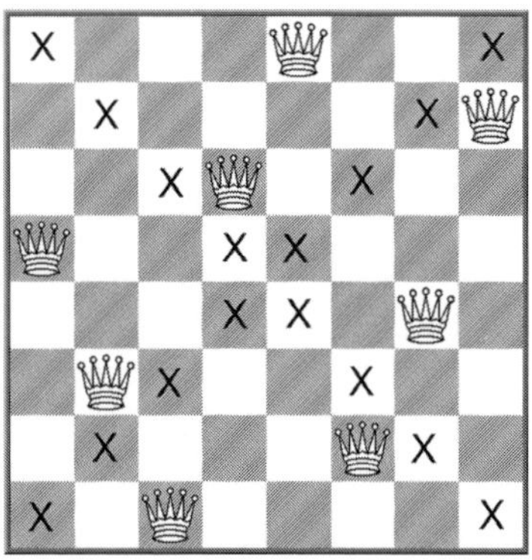

Acht: (1) Maximal acht Damen, die sich gegenseitig nicht angreifen, können auf einem Schachbrett platziert werden. Kein Geringerer als der große Mathematiker Carl Friedrich Gauß hat nachgewiesen, dass es ohne Spiegelungen für das Acht-Damen-Problem nur 12 Grundlösungen gibt (bzw. 92 Möglichkeiten mit Rotationen). (2) Eine Oktave umfasst acht Noten. Die Acht ist also die Zahl der Musik.

4	9	2
3	5	7
8	1	6

Neun: (1) Die ersten neun Zahlen können ein Magisches Quadrat bilden, wobei die Summe jeder Spalte, Reihe und Diagonale 15 ausmacht. Das Zentrum bildet bei allen Lösungen die Fünf. Die Chinesen nannten dieses Quadrat *Lo Shu*. (2) Ebenso wie die Vier hat die Neun im Japanischen eine phonetische Ähnlichkeit mit dem Wort für „leiden" und wird daher in Krankenhäusern gemieden.

Zehn: (1) Der Philosoph Aristoteles und der Dichter Ovid waren überzeugt, dass die Zehn ihre Bedeutung der Zahl unserer Finger verdankt. (2) In der englischen Sprache ist 10 (ten) die einzige Summe (six + four), die ohne Wiederholung eines Buchstabens geschrieben werden kann.

Elf: 11 ist die einzige palindromische Primzahl (kann von vorne und hinten gelesen werden) mit einer geraden Zahl von Ziffern. In der englischen Schreibweise ‚II' kann die Zahl auch auf dem Kopf stehen.

Zwölf: (1) Es gibt exakt 12 unterschiedliche Pentominos (Figuren, die aus fünf Quadraten zusammengesetzt sind). (2) Man braucht 12 Springer, um alle Felder eines Schachbrettes zu besetzen oder zu bedrohen.

Dreizehn: (1) Die 13 ist die Unglückszahl! Im Volksmund wurde sie lange Zeit als „Dutzend des Teufels" bezeichnet. Möglicherweise geht dies auf die dreizehn Personen zurück, die sich beim Letzten Abendmahl trafen. (2) Bis heute gibt es bei japanischen Fluggesellschaften keine 13. Reihe. (3) Da Jesus an einem Freitag gekreuzigt wurde und Adam und Eva an einem Freitag vom Baum des Lebens gekostet haben, sieht man diesen Wochentag als mit Unglück verbunden an.

Fünfzehn: Die Summe der Reihen im kleinsten magischen Quadrat aus 3 x 3 Feldern ist 15.

16	3	2	13
5	10	11	8
9	6	7	12
4	15	14	1

Sechzehn: Die Zahlen des berühmten in Dürers „Melancholie" dargestellten magischen Quadrats gehen von 1 bis 16. Die Summe in allen Reihen, Spalten und Diagonalen ist 34.

20: Seit 2008 ist nachgewiesen, dass für den berühmten Rubik's Cube (Zauberwürfel) mit seinen 43 Trillionen unterschiedlichen Anordnungen der 27 Würfel (901 Billionen, wenn man Spiegelungen ausnimmt) theoretisch maximal 22 Züge zur Lösung führen müssen. Bis heute kennt man mehr als eine Millionen Stellungen, für die 20 Züge erforderlich sind, jedoch keine einzige, die noch weniger Drehungen benötigt. Ist also beim Zauberwürfel 20 „Gottes Zahl"?

22: Dies ist die größte Zahl an Stücken, in die eine Torte mit sechs Schnitten geteilt werden kann. Bitte ausprobieren!

24: Die einzige Zahl, die sowohl durch die Summe wie auch das Produkt ihrer Ziffern ohne Rest teilbar ist.

25: $3^2 + 4^2 = 5^2$; 25 ist die kleinste quadratische Summe von zwei Quadratzahlen.

27: Die Summe der farbigen Kugeln beim Snooker.

28: Nach 6 ist dies die zweite perfekte Zahl: 1 + 2 + 4 + 7 + 14.

33: 1! + 2! + 3! + 4! [sprich: ein faktoriell plus zwei …; 4! = 1 x 2 x 3 x 4, 3! = 1 x 2 x 3, 2! = 1 x 2, 1! = 1]

37: Diese Primzahl hat eine kuriose Eigenschaft. Sie teilt alle dreistelligen Zahlen, die aus dreimal der gleichen Ziffer gebildet werden: 111, 222, 333, 444, 555, 666, 777, 888, 999. Probieren Sie es aus!

52: Dies ist die maximale Zahl an Zügen, die bei perfektem Spiel sowie schlechtester Ausgangsstellung nötig ist, um in Sam Lloyds „Fünfzehnerpuzzle" die Lösung zu erhalten. Bitte dieses Puzzle in einem Spielzeugladen erwerben und ausprobieren!

100: (1) Die Summe der ersten vier Kubikzahlen ergibt 100: $1^3 + 2^3 + 3^3 + 4^3$. (2) Ernest Dudeney stellte in seinen Rätselbüchern eine elegante Lösung zu folgender Aufgabe vor: Bilde mit Hilfe der mathematischen Zeichen sowie Klammern aus der aufsteigenden Zahlenreihe 1 bis 9 eine korrekte Gleichung: 1 2 3 4 5 6 7 8 9 = 100. Lösung A: 1 + 2 + 3 + 4 + 5 + 6 + 7 + (8 x 9) = 100. Lösung B: 123 – 45 – 67 + 89 = 100. (Es sind weitere Lösungen bekannt.)

132: Alle zweiziffrigen Zahlen, die aus den Ziffern der Zahl 132 gebildet werden können, ergeben als Summe wieder 132. Addieren Sie also: 12 + 13 + 21 + 23 + 31 + 32.

145: Die Summe der Faktoriellen ihrer Ziffern (1! + 4! + 5!) ergibt 145 (1 + 4 x 3 x 2 x 1 + 5 x 4 x 3 x 2 x 1).
147: Das Maximum Break beim Snooker. Dieses wurde in der Geschichte des Sports (bis knapp 2008) erst 65-mal gespielt. Für weitere Rekorde siehe: Snooker – Spiele, Regeln & Rekorde.
196: Diese Zahl hat eine kuriose Eigenschaft, die bei keiner anderen Zahl unter 10 000 zu finden ist. Sie wird nicht palindromisch. Was heißt das? Nehmen Sie zum Beispiel 87, vertauschen Sie die Ziffern und addieren Sie die beiden Zahlen. Vom Ergebnis werden wieder die Ziffern vertauscht usw. Nach nur vier Schritten haben Sie ein Zahlenpalindrom, das heißt eine Zahl, die von vorne und hinten gelesen werden kann: 87 + 78 = 165; 165 + 561 = 726; 726 + 627 = 1 353; 1 353 + 3 531 = 4 884. Die große Ausnahme: 196! Bei dieser Zahl ergibt sich eine endlose Reihe von Additionen. (Eines der vielen Geheimnisse der Mathematik!) Mühsam ist auch der Weg bei der Zahl 89: Ganze vierundzwanzig Rechenschritte sind erforderlich.
212: Wasser siedet bei diesem Wert – gemessen in Grad Fahrenheit.
256: 10 000 000 im Binärcode, d. h. 2^8.
360: Der griechische Astronom Hipparchus (2. Jh. v. Chr.) teilte als Erster den Kreis in 360 Grad.
666: (1) Die ‚Zahl der Bestie' [Zahl des Tiers] in der Offenbarung des Johannes könnte vielleicht eine Anspielung auf Kaiser Nero gewesen sein oder aber auf Caligula, der ja ebenfalls für die frühe Christenverfolgung bekannt ist. Johannes wagte es offenbar nicht, ein Wort anstelle der Zahl zu verwenden. (2) 2003 wurde der Highway 666 in den USA („Highway of the Beast") in Highway 491 umbenannt, vermutlich, weil fundamentalistische Christen ihn sonst nicht befahren wollten. (3) Vielleicht liegt dieser Zahl aber auch die mathematische Operation M + D + C + L + X + V + I (römische Zahlzeichen) zugrunde? (4) 666 ist zudem die Summe der Quadrate der ersten sieben Primzahlen: $2^2 + 3^2 + 5^2 + 7^2 + 11^2 + 13^2 + 17^2$. (5) Zuletzt entspricht 666 der Summe aller 37 Zahlen im Roulettekessel.
1 000: 10^3 … *One thousand* ist die niedrigste englische Zahl mit einem „a" im Namen.

1 024: Dies ist die kleinste Zahl, die aus zehn Primfaktoren besteht: 2^{10}. Ein Kilobyte Speicher im Computer sind 1 024 Byte. Ein schöner Zufall, dass 2^{10} und 10^3 so knapp beisammen liegen.
1 729: Dies ist die kleinste Zahl, die aus unterschiedlichen Kubikzahlen gebildet werden kann: $12^3 + 1^3$ und $10^3 + 9^3$.
2 520: Diese Zahl ist durch 1, 2, 3, 4, 5, 6, 7, 8, 9 und 10 teilbar. Darüber hinaus auch noch durch 12, 14, 15, 18, 20, 21, 24 usw.
3 600: Die Zahl der Sekunden pro Stunde beträgt 3 600.
5 000: Dies ist die höchste Zahl, die in der englischen Sprache ohne Wiederholung eines Buchstabens buchstabiert werden kann (five thousand). Die nächstniedrige wäre 84 (eighty-four).
6 000: Die Zahl der Drachmen, die ein – aus 60 Minen zu 100 Drachmen bestehendes – Talent enthielt.
10 000: Die Myriade, also die Zahl 10 000, war bis um etwa das Jahr 1 300 die höchste im Sprachgebrauch verwendete Zahl. Archimedes etwa musste die Zahl der Mohnsamen im Universum mit „Myriaden von Myriaden von Myriaden …" umschreiben.
142 857: Diese zyklische Zahl ist die Dezimalperiode von $\frac{1}{7}$: 0,142857142857142… Multipliziert mit 1, 2, 3, 4, 5, und 6 ergeben sich Permutationen (wobei die Ziffern im Kreis verschoben werden): 142 857 x 1 = 142 857; 142 857 x 2 = 285 714; 142 857 x 3 = 428 571; 142 857 x 4 = 571 428; 142 857 x 5 = 714 285; 142 857 x 6 = 857 142.
666 666: Ein rechtwinkeliges Dreieck mit den Seitenlängen 693, 1 924 und 2 045 ergibt den Flächeninhalt 666 666.
10 213 223: Von links nach rechts gelesen beschreibt diese Zahl sich selbst. Beginnen Sie mit „Eine Null, zwei Einser, …".
123 456 787 654 321: Ziffern „eins bis acht, acht bis eins"! Rechenoperation: 11 mal 111 mal 111.
$9^{9[\text{hoch}]9}$: Die größte Zahl, die mit nur drei Ziffern angeschrieben werden kann, beginnt mit 428 124 773… Um die 369 Millionen Ziffern nur zu lesen, würden Sie mehrere Jahre benötigen.
∞: „Unendlich" wird mathematisch nicht als Zahl verstanden.

Zufall?

Was verbindet Abraham Lincoln mit John F. Kennedy?

Ob Sie an Zufall glauben wollen oder nicht, die folgenden Parallelen zwischen den populären amerikanischen Präsidenten Abraham Lincoln und John F. Kennedy sind unübersehbare Tatsachen, wenn auch mehr als verblüffend und erstaunlich. Anmerkung: Beide amerikanischen Präsidenten gelten als hervorragende Redner und werden bis heute immer wieder zitiert.

- Lincoln wurde 1860 zum Präsidenten der Vereinigten Staaten von Amerika gewählt, Kennedy 1960, genau 100 Jahre später.
- Beide Präsidenten haben sich für die Bürgerrechte der Afro-Amerikaner stark gemacht.
- Beide Männer wurden an einem Freitag ermordet, in Gegenwart ihrer Gattinnen.
- Beide Präsidentenwitwen hatten während ihrer Zeit im Weißen Haus ein Kind verloren.
- Beide Präsidenten wurden durch eine Kugel ermordet, die in den Hinterkopf eindrang.
- Lincoln starb im Ford's Theatre, Kennedy wurde in einem offenen Lincoln tödlich verwundet, einem Auto der Ford Motor Company.
- Die Vizepräsidenten hießen in beiden Fällen Johnson. Beide stammten aus dem Süden, beide waren ehemalige demokratische Senatoren. (Lincoln war Republikaner; aber diese arbeiteten mit einem Flügel der Demokraten zusammen.)
- Andrew Johnson wurde 1808 geboren, Lyndon B. Johnson 1908, genau 100 Jahre später.
- Der Vorname von Lincolns Privatsekretär war John, der Familienname von Kennedys Privatsekretär Lincoln.
- John Wilkes Booth, der Mörder Lincolns, wurde (einigen Quellen zufolge) 1839 geboren, Lee Harvey Oswald (der Kennedy erschoss) 1939, genau 100 Jahre später.

- Beide Mörder stammten aus dem Süden und hatten extreme politische Ansichten.
- Beide Mörder konnten nicht vor Gericht gestellt werden, da sie ihrerseits kurz nach der Tat ermordet wurden.
- Booth erschoss Lincoln in einem Theater und floh anschließend in ein Lagerhaus. Oswald erschoss Kennedy von einem Lagerhaus aus und floh danach in ein Theater.
- Die Namen „Lincoln“ und „Kennedy“ bestehen aus sieben Buchstaben.
- Die Namen „Andrew Johnson“ und „Lyndon Johnson“ setzen sich aus 13 Buchstaben zusammen.
- Beide Mörder haben Vor- und Familiennamen, die zusammen aus 15 Buchstaben bestehen: „John Wilkes Booth“ und „Lee Harvey Oswald“.
- Ein Mitglied aus Lincolns Team namens Miss Kennedy warnte ihn, nicht ins Theater zu gehen. Ein Mitglied aus Kennedys Team namens Miss Lincoln warnte den Präsidenten vor dem Besuch in Dallas.
- Ergänzung: Der Harvardstudent Robert Lincoln fiel auf dem Bahnhof von New Jersey zwischen zwei Eisenbahnwagen. Er wollte seine Eltern besuchen. Ein Schauspieler namens Edwin Booth, der gerade auf dem Weg zu seiner Schwester nach Philadelphia war, half ihm aus dieser gefährlichen Situation. Wenige Wochen später würde der Vater des Schauspieles den Vater des Studenten ermorden.

9/11: *Auch dieses Beispiel wird manchen Leser nachdenklich stimmen.*

- „New York City“ hat 11 Buchstaben.
- „Afghanistan“ hat 11 Buchstaben.
- „Ramsin Yuseb“ (der Name eines Terroristen, der bereits 1993 angedroht hat, die Twin Towers zu zerstören) hat 11 Buchstaben.
- „George W. Bush“ hat 11 Buchstaben.
- Das erste Flugzeug, das in die Twin Towers stürzte, war Flug Nr. 11.
- Flug Nr. 11 hatte 92 Passagiere. Zahlenspiel: 9 + 2 = 11.
- Flug Nr. 77, ebenfalls am Crash beteiligt, hatte 65 Passagiere: 6 + 5 = 11.
- Die Katastrophe ereignete sich am 11. September, in den USA: 9/11. Zahlenspiel: 9 + 1 + 1 = 11.

- Der Tag (9/11) entspricht der Notrufnummer der Polizei der Vereinigten Staaten von Amerika: 911.
- Die Gesamtzahl der Opfer in allen abgestürzten Flugzeugen dieses Tages betrug 254: 2 + 5 + 4 = 11.
- Der 11. September ist der 254. Tag des Kalenderjahres. Wieder ergibt 2 + 5 + 4 = 11.
- Die Terror-Anschläge von Madrid ereigneten sich am 3.11.2004: 3 + 1 + 1 + 2 + 4 = 11.
- Die Anschläge von Madrid ereigneten sich exakt 911 Tage nach dem Vorfall der Twin Towers in New York.
- Nun ein kleines Computerexperiment. (1) Tippen Sie in eine Word-Datei folgenden Code ein: Q33 NY (die Flugnummer des ersten Flugzeugs, das in die Twin Towers stürzte). (2) Ändern Sie die Schriftgröße auf „48". (3) Ändern Sie nun die Schriftart auf „Wingdings". Wer keinen Computer zur Hand hat, darf das Ergebnis am Beginn des Kapitels „Wissenschaft & Technik" bestaunen.

Chemie: *Ein purer Zufall der Wissenschaftsgeschichte?*

- Martin Hall hörte seinen Chemieprofessor sagen, dass derjenige reich werden würde, der Aluminium von seinen Erzen zu trennen vermöchte. 1886 entwickelte Hall ein entsprechendes Verfahren.
- Paul Heroult, ein französischer Chemiker, machte unabhängig davon – ebenfalls 1886 – die gleiche Entdeckung.
- Beide waren zu diesem Zeitpunkt 22 Jahre alt.
- Beide starben 28 Jahre später.
- Beide starben genau einen Monat nach ihrem 51. Geburtstag.

Der Handlungsreisende: George D. Bryson, ein Handlungsreisender, bekam von der Empfangsdame des Hampton-Inn-Hotels in Louisville, Kentucky, den Schlüssel für das Zimmer 307 überreicht. Als er eintrat, fand er auf dem Schreibtisch einen an ihn adressierten Brief: „George D. Bryson, Room 307, Hampton Inn, 101 East Jefferson Street, Louisville, Kentucky." Der Clou: Bryson hatte sich erst kurzfristig entschieden, in diesem Hotel abzusteigen. Niemand konnte davon vorweg etwas wissen!

Einstein

1965

aus dem Buch: The Master of Illusions

Alles ist relativ!
Selbst dieses Porträt des Albert Einstein.
Was nehmen Sie auf den ersten Blick wahr?
Einen Denker oder drei Badende?
Sandro Del-Prete schlägt hier eine Brücke
von der Kunst zur Wissenschaft.

Wissenschaft & Technik

Werte Leserin, werter Leser!
Was verstehen Seifenlaugen von Mathematik? Diese und ähnliche Fragen werden Ihnen im Kapitel „Wissenschaft & Technik“ vergnügliche Stunden bereiten. Schließlich ist auch Einstein letztlich kein trockener Wissenschaftler gewesen, wie etwa das Bild auf der linken Seite beweist. Weitere weltbewegende Fragen gefällig: Woher haben wir unsere sexuellen Kräfte? Haben sich die Römer selbst vergiftet? Oder: Welchen Zweck erfüllt ein Furz-Detektor? Und was wohl versteht man unter einer demokratischen Köpfungsmaschine? Sie müssen diese ja nicht gleich ausprobieren. Das Hineinschnuppern in die experimentelle Welt der Wissenschaft ist aber keinesfalls verboten.

Wissen Sie's? – So Pi mal Daumen?

A. Boeing 747: Aus wie vielen Einzelteilen besteht eine Boeing 747?

B. Cullinan: In wie viele größere und kleinere Steine wurde der 1905 gefundene „Rohdiamant“ Cullinan geschnitten?

C. Eis & Stahl: Wie viel mal geringer ist der Reibungswiderstand zwischen zwei Stück Eis verglichen mit zwei Stück Stahl?

D. Hubkraft: Wie viele Tonnen wurden bei der größten Huboperation aller Zeiten bewegt?

E. Ozon: Wie dick wäre die Ozonschicht, wenn sie sich auf Meereshöhe befände?

F. Piano: Wie viel Hertz hat die niedrigste Note auf einem Piano?

G. Pipeline: Wie lange ist die Pipeline durch Alaska?

H. Sonnenfinsternis: Wie lange kann eine Sonnenfinsternis maximal dauern?

I. Stern: Welchen Durchmesser hat der größte Stern?

J. Telefonzelle: Auf welcher Höhe befindet sich die höchstgelegene Telefonzelle der Erde?

Antworten: A: 6 000 000/B: 105 (96 kleinere Steine) – er hatte 3106 Karat/ C: 30-mal/D: 40 000 Tonnen – Ekofisk Bohranlage in der Nordsee/E: 3 mm/ F: 27 – die höchste hat ca. 4 000 Hertz/G: 1297 km – Rohrdurchmesser 1,21 m/H: 7 Stunden, 31 Minuten/I: 700 000 000 km (5-mal die Entfernung Erde–Sonne) – Alpha Orionis in Beteigeuze/J: 6 363 m – im Himalaya

Lösung: **9/11:** Computerlösung zu Q33 NY:

✈ ▤ ▤ ☠ ✡

Alkohol

Wie wichtig ist ein Gläschen Wein?

Eine dänische Studie zeigt, dass vor allem Wein (täglich ein Viertelliter) vor Herzerkrankungen schützt. Der Stoffwechsel wird angeregt, die Durchblutung gefördert und damit das Gedächtnis verbessert. Achtung: Entscheidend ist vor allem das richtige Maß. In geringen Mengen sind auch Bier und Schnaps nicht als ungesund und damit schädlich einzustufen. Gegenposition: Nach neuen Studien sind Sherry und Grappa karzinogen.

Herz: Einer Harvard-Studie zufolge (50 000 Männer wurden getestet) ist das Risiko einer koronaren Herzkrankheit (Infarkt) für Abstinenzler höher als für Personen, die regelmäßig geringe Mengen von Alkohol trinken.
Kaffee: Kaffee senkt keinesfalls den Alkoholspiegel, wenn er auch die Müdigkeit vertreiben mag. Auch werden die Reflexe nicht im Geringsten verbessert.
Wodka: Weniger stark als bei anderen Schnäpsen ist die „Fahne“, die der Konsum von Wodka erzeugt. Der Grund: Es handelt sich um eine ziemlich reine Mischung aus Wasser und Ethylalkohol. Aber Achtung: Für die Fahrtüchtigkeit kommt es nur auf den Bluthalkoholgehalt an.

Aphrodisiaka

Woher kommen unsere sexuellen Kräfte?

Die Zahl der Substanzen, die im Laufe der Zeit zur Steigerung der Manneskraft angepriesen wurde, ist unglaublich groß. Hier eine Auswahl: Alkohol (enthemmt, sonst keine leistungssteigernde Wirkung), Austern (Casanova liebte diese), Eier (roh), Ginsengwurzeln, Kaviar, Nashorn-Hörner (zerrieben), Salbei, Sellerie, Spanische Fliege (Käferart, die Kantharidin enthält), Spargel, Tollkirschen, Trüffel, Yohimbin (Rindenextrakt des Yohimbebaumes; gefäßerweiternd). Anmerkung: Das Horn des Rhinozeros besteht aus Keratin und hat keinen Knochenkern. Der griechische Name rhino „Nase" und keras „Horn" spiegelt eine falsche Substanz vor.

Avocado: Peruaner glauben an die stimulierende Wirkung der Avocado-Frucht. Deshalb lassen besorgte Väter ihre Töchter während der Reifezeit nicht aus dem Haus.
Kannibalismus: Die vermeintliche Übertragung der Eigenschaften des Opfers auf den Esser hat in vielen alten Kulturen zum Kannibalismus geführt. Auch eine Potenzsteigerung wurde diesem „Genuss" nachgesagt.
Spanische Fliege: Bitte unbedingt davon absehen, diesen Extrakt zu verwenden. Das Mittel ist giftig, schmerzhaft und führt oft zur Entzündung der Harnwege – bisweilen mit tödlichem Ausgang.

Chemie-Mix

Haben sich die Römer selbst vergiftet?

Möglicherweise hat die Bleivergiftung ein klein wenig zum Untergang des Römischen Reiches beigetragen. Warum? Viele Frauen wurden durch das Trinken von Wein aus Bleigefäßen unfruchtbar. Da diese Gefäße vor allem von der Oberschicht verwendet wurden, war diese besonders betroffen. Zudem verwendete die römische Medizin Blei als schweißtreibendes Mittel und gegen Durchfall.

Ammoniak: Die zufällige Entdeckung von NH_3 bei der Verbrennung von Kameldung in einem Tempel des Gottes Ammon führte zum Namen dieser Verbindung. Das Gleiche gilt für Ammonium.
Bleistift: Blei wurde nur im Mittelalter als Schreibwerkzeug verwendet. Seit dem 17. Jahrhundert dagegen werden Bleistifte aus Graphit gemacht.
Dopen: (1) Für Männer muss ein Plastikbeutel unter der Armbeuge genügen. Durch einen Schlauch, der am Penis entlangführt wird, wurde so mancher Dopingrichter getäuscht. Die Regeln des Internationalen Olympischen Komitees besagen, dass der Dopingrichter persönlich beobachten muss, wie der Urin den Körper des Sportlers verlässt. (2) Wer geübt genug ist und Schmerz ertragen kann, darf mit einem durch den Penis führenden Katheter experimentieren. Dadurch kommt der Fremdurin in die Blase und von dort direkt zum Dopingrichter. (3) Ein mit Fremdurin gefülltes Kondom wird in die Vagina eingeführt und mit langen Fingernägeln aufgeknipst. Schon liefert körperwarmer Urin eine negative Dopingprobe.
Dünger: Menschlicher Urin enthält Phosphor, Stickstoff, Kalium und Ammonium. Er ist damit grundsätzlich ein hervorragender Dünger. Viren, Bakterien und etwaige Pharma-Rückstände müssen allerdings zuvor herausgefiltert werden.
Elemente: Einen ganz besonderen Rekord hält das Dorf Ytterby bei Stockholm. Immerhin sind vier Elemente nach diesem „Nest" benannt: Erbium, Terbium, Yttrium und Ytterbium. Der Grund: Yttrium wurde erstmals in der Grube Ytterby gefunden. Und die anderen drei Elemente wurden in Erden aus Ytterby entdeckt. Frankreich, Deutschland, Russland und die Vereinigten Staaten bringen es nur auf jeweils einen Elementenamen: Francium, Germanium, Ruthenium und Americum.
Magensäure: Unverdünnte menschliche Magensäure kann, wenn genug Zeit zur Verfügung steht, sogar Rasierklingen auflösen.
Mineralogie: Purer Zufall war es, dass 1781 dem Franzosen René Just Hauy ein Stück Kalkspat aus den Fingern glitt und zu Boden fiel. Beim Aufklauben sah der Wissenschaftler die schönen geometrischen Formen und Muster. Der Anfang der Mineralogie war gemacht!

Sand: Viele Materialien sind viel näher miteinander verwandt als allgemein angenommen. Ob Sie es glauben oder nicht, eine Ziegelmauer und eine Fensterscheibe bestehen aus genau demselben Grundmaterial: Sand.
Verbrennung: Werden alle Verbrennungsprodukte, also Rauch, Asche, Ruß und Gase, aufgefangen und exakt gewogen, so werden sie mehr Gewicht haben als der Ausgangsstoff. Der Grund: Dessen Moleküle haben sich mit Sauerstoff verbunden.

Diamant

Was haben Kohle und Diamant gemeinsam?

Ein Diamant besteht aus demselben chemischen Element wie ein Klumpen Kohle, nämlich aus Kohlenstoff. Nun, der Druck und die Hitze im Erdinneren (in 160 bis 480 km Tiefe), wo Diamanten entstehen, und in den nur einige Kilometer tiefen Erdschichten, in denen Kohle entsteht, sind selbstverständlich unterschiedlich stark. Wie kommen die Diamanten dann an die Oberfläche? Die simple Antwort: durch Vulkanismus.

Cullinan: 1905 wurde in der Premier Mine Nr. 2 bei Pretoria der mit 3106 Karat (oder 612 g Gewicht) größte Diamant der Geschichte gefunden. Und dieses Prunkstück wurde mit normaler eingeschriebener Post nach England geschickt! 105 (darunter 96 kleine) Steine gab dieser Fund her, darunter zwei der britischen Kronjuwelen, den Stern von Afrika (530 Karat) und den Cullinan II. (317 Karat).
Diamant: Als einziger Edelstein besteht der Diamant aus nur einem Element, nämlich Kohlenstoff. Wird er zu Staub zermahlen, nimmt dieser ein schwarzes Aussehen an. Bei Temperaturen um 850 °C kann der Diamant vollständig verbrannt werden. Doch keine Angst vor Hausbränden! Hierbei bleiben Diamanten absolut unversehrt.
Härte: Bis 2005 war der Diamant das härteste bekannte Material. Inzwischen konnten deutsche Forscher superstarke Kohlenstoffmoleküle bei 2 226 °C zu

noch größerer Härte komprimieren. Pentagonale und hexagonale Formen dieses künstlichen Materials ritzen problemlos jeden Diamanten. Ausprobieren ist in diesem Fall absolut nicht zu empfehlen.

Lichtgeschwindigkeit: Diese ist, entgegen landläufiger Meinung, nicht immer konstant 300 000 km pro Sekunde. Muss das Licht einen Diamanten passieren, wird seine Geschwindigkeit auf 130 000 km pro Sekunde reduziert.

Lucy: Der größte bekannte Diamant hat einen Durchmesser von 4 000 km und kommt auf Trillionen von Trillionen von Karat! Er befindet sich im Sternhaufen Centaurus im Inneren des Sterns Lucy. Dieser hat übrigens seinen Namen vom Beatles-Song „Lucy in the Sky with Diamonds".

Erfindungen bis zum 20. Jh.

Was versteht man unter einer „demokratischen" Köpfungsmaschine?

(1) Dr. Joseph Ignace Guillotin war ein humaner, mildtätiger Arzt, der öffentliche Exekutionen abstoßend und grausam fand. Die Guillotine, seine mechanische Methode der Exekution, die er 1789 der Nationalversammlung vorschlug, sollte ganz besonders die schrecklich qualvollen Hinrichtungen von Angehörigen des Pöbels mit den in der Regel „sauber" durchgeführten Exekutionen von Angehörigen des Adels gleich stellen. Dr. Antoine Louis griff die Idee auf und baute 1792 die erste „demokratische" Köpfungsmaschine, kurzfristig sogar Louison oder Louisette genannt. (Mit „demokratisch" war wohl die Freiheit der nicht-monarchischen Herrschaft gemeint.) (2) 15 000 Menschen kamen in den ersten zehn Jahren unter das Fallbeil. Damit wurde dieses Hinrichtungsinstrument eine Art „Symbol" für die Französische Revolution. (3) Der tunesische Immigrant Hamida Djandoubi, Vergewaltiger und Mörder eines jungen Mädchens, war 1977 das letzte Opfer der Guillotine. (4) Ein Schwenk in die Geschichte: Ein Fallbeil (damals eine Eisenaxt) gab es bereits beim sogenannten Halifax-Galgen, an dem zwischen 1286 und 1630 zumindest 53 Menschen ihr Leben lassen mussten.

Alphabet: Die vielleicht wichtigste Erfindung der Menschheit wurde von einem unbekannten Menschen (oder auch einer Gruppe) vor ca. 3900 Jahren im Raum des heutigen Ägypten gemacht. Die 22 ursprünglichen Buchstaben bilden bis heute den Kern des lateinischen Alphabets.

Bakterien: Antoni van Leeuwenhoek beschrieb als erster Mikroskopist die Spermien, allerdings nur äußerst zögerlich, da er befürchten musste, als obszön angesehen zu werden. Leeuwenhoek sah in seinen selbstgebauten Mikroskopen auch Bakterien mehr als hundert Jahre vor allen anderen Forschern. Den Beruf wechselte Leeuwenhoek mehrmals. Er war Tuchhändler, Kammerherr des städtischen Gerichtshofs, Landvermesser und später Eichmeister für alkoholische Getränke.

Benzolring: Im Halbschlaf in einem Omnibus träumte der deutsche Chemiker Friedrich August Kekulé von umhertanzenden Atomen, die ihm ein Bild der Molekularanordnung des Benzols gaben: Er sah plötzlich den sogenannten Benzolring vor sich.

Champagner: (1) Dieser edle Schaumwein stammt ursprünglich … nicht aus Frankreich. Bereits im 16. Jahrhundert bewiesen die Engländer guten Geschmack und verfeinerten den importierten, schal schmeckenden Wein mit Zucker und Melasse. 1662 wurde, so zeigen die Dokumente der Royal Society, ein erstes Rezept niedergeschrieben. Die Franzosen perfektionierten den modernen trockenen (brut) Champagner erst um 1876. Der Treppenwitz dabei: Das meiste davon wurde wieder nach England exportiert. (2) Jedenfalls ist auch die Geschichte um den Benediktinermönch Dom Pérignon (1638–1715), der mit einem Ausruf des Entzückens („Kommt schnell, ich sehe die Sterne") den Champagner entdeckt haben soll, falsch. In Wahrheit war dies ein Werbeslogan aus dem späten 19. Jahrhundert. *Anmerkung:* Dem Preis war die Geschichte zweifellos förderlich.

China: Glas, Rikschas und Glückskekse (Fortune cookies) sind nicht, wie oft kolportiert, chinesischen Ursprungs. Glas findet sich bereits 1350 v. Chr. in Ägypten, die Rikscha (jap. *riki* Kraft, *sha* Fahrzeug) ist eine in Japan 1869 umgesetzte Idee eines amerikanischen Missionars, und die Glückskekse (süße Kekse mit einer „Dankeschön"-Beigabe im Inneren) wurden erstmals

1907 in San Francisco verkauft, von einem japanischen Immigranten namens Makato Hakigawa.

Chronometer: 2 000 Mann gingen bei einem Unglück 1707 vor den Scilly-Inseln verloren, weil ihr Schiff vom Kurs abgekommen war. Daraufhin setzte die britische Regierung einen Preis von 20.000 Pfund aus, falls es jemandem gelingen sollte, die geografische Länge auf einen halben Grad genau zu bestimmen. Unentbehrlich dafür war eine auch auf See äußerst genau gehende Uhr. Der Tischler und Uhrmacher John Harrison erfand in der Folge den Chronometer, der 150 Jahre für die Schiffsnavigation bestimmend war. Der Preis wurde ihm allerdings zunächst vorenthalten, da er nicht Gentleman und Mitglied der Royal Society war.

Dampfturbine: Charles Parson, ein britischer Ingenieur, nutzte das diamantene Regierungsjubiläum von Königin Viktoria im Jahr 1897, um seine neu entwickelte Dampfturbine bekannt zu machen. Ohne Vibrationen oder lästige Geräusche glitt seine „Turbinia“ während der Parade mit 35 Knoten an den Marineschiffen vorbei. Sofort wurde Parson von der Kriegsmarine mit Angeboten überhäuft.

Fotografie: In der ersten Hälfte des 19. Jahrhunderts war für eine Daguerrotypie eine Belichtungszeit von einer Viertelstunde notwendig. Der Kopf der zu porträtierenden Person musste mit einer Zwinge festgespannt werden.

Glühlampe: (1) In Europa beträgt die durchschnittliche Brenndauer einer Glühlampe 1000 Stunden. Dieter Binninger schuf vor einigen Jahren die sogenannte Ewigkeitsglühlampe, die nach eigenen Effizienzberechnungen 150 000 Stunden, also knapp 42 Betriebsjahre, brennen würde. Bei der Industrie stieß Binninger aus nachvollziehbaren Gründen auf taube Ohren. (2) 2008 wurde von der EU das „Aus“ für Glühlampen beschlossen.

Gummiabsatz: Einem gewissen Humphrey O'Sullivan aus Boston, Massachusetts, war es vergönnt, den Gummiabsatz zu erfinden. Der Grund ist überraschend: O'Sullivan war müde vom endlosen Pflastertreten auf der Suche nach einer passenden Arbeit.

Klebeband: Der vielseitige Schriftsteller Mark Twain meldete 1873 ein erstes Patent für ein selbstklebendes Sammelalbum an.

Newton: Auf die Frage, wie er es schaffe, eine Unzahl von bedeutenden Entdeckungen zu machen, antwortete Isaak Newton: „Nocte dieque incubando", was so viel heißt wie „indem ich Tag und Nacht darüber nachdenke." In der Tat soll Newton kaum mehr als vier Stunden pro Nacht geschlafen haben.

Röntgenstrahlen: Viele Menschen glaubten zunächst, dass Wilhelm C. Röntgen mit seinen geheimnisvollen Strahlen die Seele sichtbar machen könne.

Schottland: Dudelsack, Haggis, Kilt, Porridge, Tartan und Whisky sind keine schottischen Erfindungen. Der Dudelsack wird bereits im Alten Testament erwähnt (Daniel 3:5,10,15), Haggis (gefüllter Schafsmagen) war eine schon im antiken Griechenland bekannte Speise, der Kilt ist irischen Ursprungs, und Porridge, also Hafergrütze, findet sich im Magen neolithischer Schweine. Gänzlich bedauerlich ist die Assoziation „Tartan" und „Schottland". Denn es waren englische Garnisonen, die 1922 anlässlich eines Besuchs König Georgs IV. die bunten Webmuster einführten. Königin Viktoria war besonders angetan und förderte forthin diese Mode. Ja, bleibt noch der „schottische" Whisky. Dieser ist ursprünglich eine chinesische Erfindung und wurde auf europäischem Boden zuerst von irischen Mönchen destilliert: *uisge beatha* (lat. *aqua vitae* „Wasser des Lebens"). Auch in Kanada trinkt man Whisky, in Irland und in den USA Whiskey.

Telefon: (1) Als Alexander Graham Bell Batteriesäure über seine Hose geschüttet hatte, rief er hektisch seinen Assistenen: „Watson, kommen Sie bitte, ich brauche Sie." (Original: „Watson, please come here. I want you.") In einem anderen Raum gerade mit diesem neuen Instrument beschäftigt, hörte Watson diese ersten Worte, die je über das Telefon gesprochen wurden. 1915 wiederholte Bell seinen Hilferuf bei der Eröffnung der transkontinentalen Telefonleitung. Watson konnte dem Wunsch allerdings nicht nachkommen, stand doch Bell an der Ostküste der USA, Watson im 4 800 Kilometer entfernten Kalifornien. (2) Laut anderen Quellen waren die ersten Worte über ein Telefon (den von Philipp Reis 1861 vorgestellten „Ferntonapparat") gesprochen wurden: „Das Pferd frisst keinen Gurkensalat."

Erfindungen seit dem 20. Jh.

Welchen Zweck erfüllt ein Furz-Detektor?

In Japan wurde 2002 der erste verlässlich arbeitende Furz-Detektor installiert, und zwar in Hospitälern. Damit kann nach Operationen bei noch fast unansprechbaren Patienten deren sich wieder normalisierende Darmtätigkeit getestet werden.

Ampel: Um von einem Turm aus die Straßenkreuzungen leichter kontrollieren zu können, wählte William Potts, ein Polizist, 1920 für Ampelanlagen die von der Eisenbahn bekannten Farben Rot, Gelb und Grün.
Atombombe: Ernest Rutherford begründete mit der Atomspaltung die neue Wissenschaft der Kernphysik. Immerhin vierzehn seiner Schüler wurden später Nobelpreisträger.
CD: Indirekt verdanken wir es Ludwig van Beethoven, dass eine Audio-CD 74 Minuten Spieldauer hat. Der Grund: Der Vizepräsident von Sony, Norio Ohga, war ein Liebhaber von Beethovens 9. Sinfonie. Und diese dauerte in der von ihm favorisierten Karajan-Version 66 Minuten, zu viel für die ursprünglich auf 60 Minuten vorgesehene Spielzeit. Auch der Durchmesser wurde von 11,5 auf 12 Zentimeter erweitert.
Eistee: Richard Blechyden hatte für die Weltausstellung in St. Louis 1904 eine Teekonzession erworben. Die tropischen Temperaturen ließen das Interesse der Besucher an einem heißen Getränk gegen null sinken. In einem verzweifelten Versuch servierte Blechyden den Tee kalt … das Resultat ist bekannt. Bitte machen Sie eine Kostprobe!
Gillette-Rasierapparat: Der Erfinder des Sicherheitsrasierapparats war Autodidakt. „Hätte ich eine technische Ausbildung gehabt," meinte er nach acht Jahren frustrierender Probleme bei der Markteinführung, „hätte ich es längst aufgegeben."
Handy: Selbst ein ausgeschaltetes Handy kann unter Umständen geortet werden, da es keinesfalls völlig „tot" ist. (Man beachte nur die Weckfunktion.) Daher müssen bei wichtigen, geheim zu haltenden Besprechungen die

Handys nicht nur abgeschaltet, sondern es muss zusätzlich noch der Akku entfernt werden.

Kaugummi: Am 26. Juni 1974 wurde in Troy, Ohio, erstmals ein Produkt mit einem Bar-Code-Lesegerät erfasst: Es handelte sich um einen Wrigley's Kaugummi.

Kondom: Der Ungar Ferenc Kovacs erfand 1996 das „Musische Kondom", das beim Aufrollen eine Melodie abspielte (Beispiel: Refrain des kommunistischen Liedes *Die Internationale: Völker, hört die Signale!/Auf zum letzten Gefecht!/ Die Internationale/erkämpft das Menschenrecht.*)

Post-it: (1) Die *Minnesota Mining and Manufacturing Company* (3M) suchte 1968 nach einem neuen Superkleber mit optimalen Eigenschaften. Heraus kam bei den Experimenten eine klebrige Masse, die sich überall ohne Probleme auftragen, aber ebenso leicht wieder abkratzen ließ. Jahre später (1974) war einer der Miterfinder über das Rausfallen der Lesezeichen in seinem Kirchenchor stark verärgert – und erinnerte sich an diesen Probekleber. Tatsächlich eignete er sich ausgezeichnet für die kleinen Zettel, die als Lesezeichenersatz dienten. Das Post-it war geboren! (2) Die US-Zeitschrift *Fortune* zählt das Post-it zu den wichtigsten Erfindungen des 20. Jahrhunderts, Seite an Seite mit dem Kühlschrank, der Compact Disc oder der Boeing 707. (3) Die Firma 3M gab in den Sechzigerjahren als Erste die heute in Sammlerkreisen gesuchten und zu Höchstpreisen gehandelten Buch-Spiele heraus.

Rolltreppe: Um den Menschen die Angst vor der bei Harrods erstmals eingebauten Rolltreppe zu nehmen, wurde ihnen als Mittel gegen Schwächeanfälle Brandy serviert.

Schweizer Messer: Der *SwissChamp* ist schier unverwüstlich und mit seinen 185 Gramm unglaublich handlich. Mehrere Jahre im Wasser können bei diesem Präzisionsinstrument keinen Rost verursachen, und mit über 30 Funktionen gehört das Schweizer Messer sogar zur Standardausrüstung der NASA-Astronauten. Heute gibt es das Schweizer Messer auch schon mit MP3-Player und USB-Stick.

Superkleber: Von Kodak zunächst für militärische Zwecke erfunden, wurden später während des Vietnamkriegs sogar Wunden großflächig verklebt. Heute wird der Superkleber bei Schnittwunden auch im medizinischen Bereich verwendet.

Experimente

Was verstehen Seifenlaugen von Mathematik?

(1) Seifenlaugen haben eine mathematische Eigenschaft, sie bilden Minimalflächen, immer und überall. Ein Schuss Spülmittel in einen mit Wasser gefüllten Kübel geschüttet, eine kleine Wartezeit, eine Drahtschleife – und schon bilden sich die tollsten Seifenhäute, da die Seifenblase konsequent versucht, eine möglichst kleine Oberfläche zu bilden. Bitte ausprobieren! (2) Das Dach des Münchner Olympiastadions folgt diesem Prinzip.

Blinder Fleck: Schließen Sie Ihr linkes Auge und fixieren Sie aus etwa 20 Zentimeter das Pluszeichen in unten stehender Abbildung. Führen Sie nun das Blatt langsam zu Ihrem Gesicht. Der kreisrunde Fleck wird langsam völlig verschwinden.

Geschoss: Womit lässt sich ein Holzblock leichter umwerfen, mit einem Gummigeschoss oder mit einem Aluminiumgeschoss? (Voraussetzung: Beide haben gleiche Größe, Masse und Geschwindigkeit). *Antwort*: Mit einem Gummigeschoss, auch wenn es Jagdfreunde nicht glauben wollen. Denn der Holzblock bringt nicht nur einen Stoppimpuls auf, sondern einen weiteren, um das Geschoss abprallen zu lassen. Anders sieht es mit der Energie aus, die vom Gummigeschoß beim Abprallen mitgenommen, vom Aluminiumgeschoss dagegen auf den Holzblock übertragen wird. Daher entsteht durch das Metall der größere Schaden.

Licht: Was sehen Sie, wenn Sie auf einen Lichtstrahl blicken, der im Vakuum im rechten Winkel zu ihrem Auge verläuft? *Antwort*: Nichts, denn Licht wird nur sichtbar, wenn es auf ein Objekt trifft. Es kann übrigens gar nicht anders sein, denn sonst stünde ständig ein „Lichtnebel" zwischen unserem Auge und allen Objekten.

Loch in der Hand: Wie lässt sich in der eigenen Hand ein Loch erzeugen? Ganz einfach: Schritt 1: Rollen Sie ein Blatt Papier zu einem schmalen Rohr. Schritt 2: Schauen Sie mit dem linken Auge durch das Papierrohr, wobei auch das rechte Auge offen bleibt. Schritt 3: Halten Sie die geöffnete rechte Hand mit der Handkante dicht neben das Rohr … und lassen Sie sich überraschen!

Metallscheibe: Stellen Sie sich eine Metallscheibe mit einem Loch in der Mitte vor. Vergrößert oder verkleinert sich das Loch in der Metallscheibe, wenn diese erhitzt wird? Oder bleibt es gleich groß? *Antwort*: Das Loch wird sich ebenso ausdehnen wie die ganze Scheibe.

Papierfalten: Nehmen Sie ein DIN-A3-Blatt zur Hand (es ist etwa ein Zehntel Millimeter stark), und folgen Sie genau den Anweisungen: Bitte zunächst einmal in zwei genau gleiche große Hälften falten. Nun diesen Vorgang zweimal wiederholen. Der Stapel sollte jetzt fast einen Millimeter dick sein. Der Rest ist ein Gedankenexperiment: Wie oft müssten Sie weiterfalten, um die Distanz Erde–Mond zu schaffen? Bitte zurücklehnen und raten! *Antwort*: Gerade mal 42 Faltungen sind nötig, um die ungefähr 335 000 km zu überbrücken. Übrigens: Für den Weg Erde–Sonne sind auch nur 51 Faltungen erforderlich.

Schwebender Finger: Schritt 1: Führen Sie die Spitzen Ihrer Zeigefinger in einem Abstand von ungefähr 20 Zentimeter vor den Augen zusammen. Schritt 2: Schauen Sie durch die Finger durch auf einen weiter entfernten Hintergrund. Schritt 3: Bewegen Sie die Finger langsam ein wenig auseinander … und genießen Sie das Schweben Ihrer Fingerkuppen.

Spiegel: Wie groß muss ein Spiegel sein, damit Sie sich in voller Größe betrachten können? *Antwort*: Er muss mindestens die halbe Körpergröße haben. Bitte ausprobieren!

Strohhalm: Der Luftdruck auf die Oberfläche einer Flüssigkeit erlaubt, im Zusammenhang mit einem partiellen Vakuum im Mund, Wasser mit einem Strohhalm anzusaugen. Wie lang dürfte dieser Strohhalm sein? *Antwort:* Dieses Experiment funktioniert nur bis zu einer Strohhalmlänge von zehn Metern.
Träume: Flüstern Sie Ihrem Partner während des Schlafes ein leises „McDonald's" ins Ohr. Da das Gehirn für Sinnesreize offen bleibt, besteht eine gute Chance, dass Ihr Partner von einem Hamburger träumen wird.
Unbewusst: Durch Ihr Unbewusstes werden sogar Ihre Bewegungen gesteuert. Testen Sie dies mit einem aus einer Büroklammer und einem Faden konstruierten Pendel. Nun stellen Sie sich eine Frage, die eindeutig mit Ja oder Nein zu beantworten ist, etwa: Habe ich einen Hund? Vorweg legen Sie für sich selbst fest, dass Ja ein Kreisen im Uhrzeigersinn, Nein eines gegen den Uhrzeigersinn bedeutet. Lassen Sie nun dieses Pendel über einem „Kreuzchen" auf der Tischfläche schwingen. In den meisten Fällen wird die korrekte Antwort (Ja oder Nein) mit der Pendelbewegung übereinstimmen. Feinste, nicht wahrnehmbare Muskelbewegungen geben dem Pendel den richtigen Drehimpuls. Magier nutzen diese Folge des Unbewussten in unserem Gehirn oft geschickt aus. Bitte ausprobieren!

Flugzeug & Co.

Wer waren die ersten Passagiere einer Montgolfière?

Ein Schaf, ein Hahn und eine Ente waren 1783 die ersten Lebewesen, die in einem Heißluftballon der Brüder Montgolfier fuhren. Alle drei überlebten diese Luftreise, wenn sich auch der Hahn aufgrund eines Tritts vom Schaf einen Flügel brach.

Absturz: Nicholas Alkemade, ein Pilot der Royal Air Force im Zweiten Weltkrieg, überlebte einen Abschuss seiner Lancaster aus 5 800 m Höhe völlig unversehrt. Ein Baum und eine Schneewächte bremsten die Energie fast auf null, und der Pilot konnte sich Sekunden später im Schnee sitzend eine Beruhigungszigarette genehmigen.

Brüder Wright: (1) Ein Imker aus Medina, Ohio, sandte einen Bericht über den ersten Motorflug der Brüder Wright an das Wissenschaftsmagazin *Scientific American*. Dieser wurde jedoch abgelehnt und erschien stattdessen als Exlusivgeschichte im Magazin *Gleanings in Bee Culture* (frei: Alles über Bienenzucht). (2) Nur eine Woche vor dem ersten motorgetriebenen Flug stand in einem Leitartikel der *New York Times*, dass Zeit und Geld, die für Luftfahrtexperimente aufgewendet werden, vergeudet seien. [Randbemerkung: Hatte es vor den ersten Versuchen nicht auch geheißen, eine Rakete sei physikalisch nicht möglich?]

Ballon: Der Spielzeugballon wurde von keinem Geringeren als dem Physiker Michael Faraday erfunden. Er versuchte 1824, Gase mit dieser Methode festzuhalten.

Ballonpionier: Jacques Charles wurde bei seinem Niedrigflug über die Felder in der Nähe von Paris von ängstlichen Bauern mit Heugabeln attackiert. Die Landleute dachten zunächst, er sei der Teufel.

Flugzeiten: Da in Europa die Westwinde mit rund 100 km/h wehen, verringern Flugzeuge, die von West nach Ost unterwegs sind, ihre Flugzeiten ganz beträchtlich, von New York nach Frankfurt um ungefähr eine Stunde. Dies übrigens trotz der Erdrotation in die andere Richtung!

Heinkel He 280: Dieses zweistrahlige Flugzeug war das erste, das mit einem Schleudersitz ausgestattet war (Erstflug: 2. April 1941). Knapp zwei Jahre später, am 13. Januar 1943, musste der Pilot den Schleudersitz betätigen. Der Grund war jedoch nicht Feindeinwirkung – wie man sofort annehmen möchte –, sondern vielmehr eine starke Vereisung, die den Flieger manövrierunfähig machte.

NASA: Astronauten vermissen am stärksten Pizza, Eiscreme und kohlensäurehältige Getränke, so eine Umfrage der amerikanischen Raumfahrtbehörde.

Riesenhangar: Der Goodyear Airship Hangar in Akron, Ohio, hat gigantische Ausmaße. Bei plötzlichen Temperaturstürzen kommt es zu Wolken- und Regenbildung.

Gold & Silber

Wie groß wäre ein mit allem Gold der Welt eingeschmolzener Würfel?

Alles Gold, das in der Neuzeit auf der Erde gefunden wurde, könnte in einen Würfel mit 16 m Seitenlänge eingeschmolzen werden.

Alchemie: Auf der Suche nach dem Stein der Weisen entdeckten die Alchemisten des Mittelalters die starken Säuren: Schwefelsäure, Salpetersäure und Salzsäure. Für die moderne Industrie sind diese Entdeckungen wichtiger, als es Gold je sein könnte.

Goldrausch: John Augustus Sutter und James Marshall versuchten verzweifelt, die Entdeckung von Gold in Kalifornien geheim zu halten. Immerhin gelang dies über ein halbes Jahr. Dann setzte aber ein nie da gewesener Sturm auf die Goldfelder ein, der sogenannte Goldrausch. Beide Abenteurer starben übrigens als arme Männer, ohne je nennenswerte Goldfunde gemacht zu haben.

Inka: Groß war die Überraschung der spanischen Konquistadoren, als sie bemerkten, dass die Inkas Gold auch für Alltagsgegenstände wie Essbesteck, Kämme, Nägel oder Pinzetten verwendeten. Diese Opulenz war für die weißen Eroberer unwiderstehlich und hat vermutlich zum schnellen Untergang dieser Hochkultur beigetragen.

Newton: Isaac Newton war zweifelsohne einer der seriösesten Wissenschaftler der Geschichte. Dennoch verwendete er viel Zeit mit der Alchemie, wie vermutlich viele andere Wissenschaftler dieser Epoche, um nach dem Stein der Weisen zu suchen.

Phosphor: Der deutsche Alchemist Hennig Brand entdeckte bei der intensiven Suche nach dem Stein der Weisen in einer Urinprobe zufällig den Phosphor.

Silber: Silber ist (neben Gold) der bei weitem beste Wärmeleiter wie auch elektrische Leiter. Wir verwenden Kupferdraht nur deshalb, da er viel billiger ist. Frischwasser hat eine um hundert Millionen Mal schlechtere Leitfähigkeit.

Sterilisierung: Silber kann Wasser sterilisieren und wirkt selbst in kleinsten Mengen (10 Teile pro 1 Milliarde) antibakteriell. Wasser und Nahrung in Silbergefäßen verdirbt nicht so schnell, das wussten bereits die Griechen und Römer. Vielleicht werden deshalb auch so viele Silbermünzen in alten Brunnen gefunden? Randbemerkung: Mittlerweile werden Gegenstände mit Nano-Silber beschichtet, was sie antibakteriell machen soll.
Unze: Eine einzige Unze Gold (28,35 g) kann zu einem dünnen Film gehämmert werden, der fast 10 m^2 bedeckt. Zudem könnte eine Unze auch zu einem fast 80 Kilometer langen Draht gezogen werden.

Mond

Wieso scheint der Mond am Morgen und am Abend am größten zu sein?

Der Mond scheint bei seinem Auf- und Untergang viel größer, als wenn er hoch am Himmel steht. Fotos oder ein durch ein Lineal unterstütztes „Augenmaß" (bei ausgestrecktem Arm ist der Erdtrabant 12 mm groß) zeigen jedoch, dass dies eine optische Täuschung ist. Auch romantisch verklärte Sonnenuntergänge bestätigen bei nachträglicher Kontrolle durch eine Fotografie dieses Phänomen. Was ist also die Ursache dafür? Psychologen haben verschiedene Theorien aufgestellt, wie etwa die folgende, die mit unserer Wahrnehmung zusammenhängt. Normalerweise werden Objekte, die näher kommen, als größer wahrgenommen. Unser Gehirn interpretiert demzufolge den Mond, der „in der Höhe" steht, als kleiner.

Ein kleiner Schritt …: Neil Armstrong hat in seiner verständlichen Aufregung bei seinen berühmten ersten Worten nach Betreten des Mondes – „One small step for (a) man" – das „a" vergessen, und damit eigentlich (ins Deutsche übersetzt) Folgendes gesagt: „Ein kleiner Schritt für die Menschheit …". Dennoch machte die sofort korrigierte, epochale Version die Schlagzeilen: „That's one small step for a man, one giant leap for mankind."

(Dies ist ein kleiner Schritt für einen Menschen, aber ein riesiger Sprung für die Menschheit.)

Februar: Der Februar ist der einzige Monat, der ohne Vollmond vergehen kann. Zuletzt geschah dies 1999, das nächste Mal wird es 2016 vorkommen. Bitte vormerken!

Fußabdrücke: Neil Armstrongs Fußspuren auf dem Erdtrabanten sind bis heute unverändert erhalten geblieben. Denn auf dem Mond gibt es keine Winde und keinen Regen.

Mondfinsternis: Steht die Sonne zwischen Erde und Mond, kann es zur totalen Mondfinsternis kommen. Diese ist auf der ganzen Erde zu beobachten und kann maximal 3 Stunden und 40 Minuten dauern.

PanAm: Panamerican Airlines nahm unmittelbar nach der Mondlandung Reservierungen für kommerzielle Flüge zum Mond an, allerdings ohne Angabe von Flugzeiten und Flugdaten. Von den begeisterten Fernsehzuschauern gingen mehr als 80 000 Reservierungen ein.

Von Menschenhand erschaffen: Die Mär vom Mann im Mond ist ebenso frei erfunden wie die Geschichte von der Chinesischen Mauer, die man angeblich mit freiem Auge vom Erdtrabanten aus sehen kann. Aus 100 km Höhe – und auch hier sind wir bereits im All – sind viele vom Menschen erschaffene Objekte sichtbar (Autobahnen, Schiffe, Siedlungen, Felder, ja sogar einzelne große Gebäude). Doch der Mond ist fast 400 000 km entfernt, und damit sind gerade mal die Kontinente auszumachen.

Physik-Mix

Wie lange brauchen Supertanker zum Bremsen?

15 Schiffslängen darf der Bremsweg eines Tankers betragen, wenn der Hebel von „voll voraus“ auf „voll zurück“ gelegt wird, bei Sondergenehmigung sogar 20 Schiffslängen. Immerhin sind Supertanker über 300 Meter lang, haben daher einen 6 Kilometer langen Weg bis zum Stillstand. Was tun, wenn der Eisberg innerhalb dieser Distanz erscheint? Nun, der Wendekreis liegt bei maximal fünf Schiffslängen, daher wird ein guter Kapitän ausweichen können.

Geologie: 12 262 Meter tief ist das tiefste Bohrloch der Erde, die sogenannte Kola-Bohrung nahe dem Polarkreis, die ganze 24 Jahre in Anspruch nahm. Damit wurde dennoch erst ein Drittel der Erdkruste durchstochen, also unserem Planeten nicht einmal ein Kratzer zugefügt. Der Erdmittelpunkt liegt übrigens 6371 Kilometer von der Oberfläche entfernt. Um eine bildhafte Vorstellung zu geben: Stellen Sie sich die Erde als Apfel vor und die Schale als Erdkruste. Die Kola-Bohrung entspricht gerade mal einer unreinen Stelle an der Apfeloberfläche.
Kilogramm: Als einzige SI-Einheit wird ein Kilogramm durch ein reales Objekt definiert. Das Urkilogramm ist ein Zylinder, der im Internationalen Büro für Maß und Gewicht in Sèvres aufbewahrt wird.
Luft: Durch die Atmung verändert sich in einem Raum voller Menschen – entgegen landläufiger Meinung – der Sauerstoffgehalt der Luft nur gering, dafür erhöht sich der Kohlendioxidgehalt gewaltig.
Meter: Die Länge wurde 1983 neu festgelegt und entspricht exakt „der Strecke, die das Licht im Vakuum in einer Zeit von 1/299 792 458 Sekunde zurücklegt" (also 299 792 458 m/s). Der 1889 aus Platin und Iridium hergestellte dritte Prototyp des Urmeters (ebenso wie das Urkilogramm im Internationalen Büro für Maß und Gewicht in Sèvres aufbewahrt) wurde in 30 offiziellen, nummerierten Kopien an einzelne Staaten verlost. Preußen erhielt die Kopie Nr. 18, Bayern die Nr. 7.
Münzwurf: Sollte je eine Münze aus einem Wolkenkratzer auf Ihren Kopf fallen, so wird Ihnen nicht allzu viel passieren, außer dass Sie vielleicht eine Schramme davontragen. Denn die Höchstgeschwindigkeit liegt bei rund 40 km/h. Anders ist es bei Gewehrkugeln: Diese sind stromlinienförmiger und haben daher einen geringeren Luftwiderstand. Die Aufprallgeschwindigkeit liegt zwischen 200 und 500 km/h, ausreichend, um die Schädeldecke zu zertrümmern. Alljährlich sterben Menschen bei Feiern zu Silvester im „Kugelhagel". [Anmerkung: Die Gewehrkugel hat unmittelbar nach Verlassen des Laufs eine Geschwindigkeit von etwa 800 m/sek.]
Pferdestärke: Um die Leistungsfähigkeit der Dampfmaschine vergleichbar zu machen, wurde sie in PS (Pferdestärken) angegeben. 1 PS entsprach nach

der Definition von James Watt der Leistung, die erbracht werden muss, um ein Gewicht von 75 kg um einen Meter pro Sekunde anzuheben. Tatsächlich kann ein Pferd kurzfristig – etwa beim Sprung – bis zu 24 PS leisten.

Schallgeschwindigkeit: Vermutlich war die Peitsche die erste Erfindung, mit der die Schallgeschwindigkeit überboten wurde. Wie man seit Mitte der Zwanzigerjahre des 20. Jahrhunderts durch Fotoaufnahmen weiß, entsteht beim Peitschenschlag durch die sich der Spitze immer schneller nähernde Schlinge ein gewaltiger Überschall-Knall.

Segeln: Man kann maximal im Tempo der Windgeschwindigkeit vor dem Wind segeln, denn wäre das Boot noch schneller, gäbe es keinen Druck auf das Segel, und es würde einfach durchhängen.

Sekunde: Diese wird durch ein atomares Zeitnormal, die Atomsekunde, definiert. Dadurch wird wesentlich größere Genauigkeit erreicht als durch astronomische Zeitnormale. Diese werden nämlich durch eine Verlangsamung der Erdrotation beeinträchtigt. Salopp gesagt, ist eine Sekunde die Zeit, in der ein Cäsium-Atom 9 192 631 770 Schwingungen macht.

Teleskop: Das Hale-Teleskop im Mount-Palomar-Observatorium wiegt ganze 20 Tonnen. Ein halbes Jahr brauchte es, bis der Guss kühlte, elf Jahre wurde der Spiegel poliert, wobei beim Abschliff von 5 Tonnen Glas 28 Tonnen Schleifmittel verbraucht wurden.

Unwiderstehlich: Was passiert, wenn eine absolut unwiderstehliche Kraft auf einen absolut unbeweglichen Körper trifft? Diese Frage kann man so nicht ernsthaft stellen, da in einem Universum, in dem eine der beiden Bedingungen erfüllt ist, die andere nicht existieren kann.

Waage: Die exakteste Waage, die je gebaut wurde, kann sogar das Gewicht von Atomen messen. So wiegt ein Goldatom $3{,}25 \times 10^{-25}$ Kilogramm. In einem Goldklumpen von einem Kilogramm sind daher drei Millionen Millionen Millionen Millionen Goldatome enthalten.

Wolken: Ein vielfach gebrauchtes Argument gegen Galileo Galileis Weltbild von der sich um die Sonne drehenden Erde war wie folgt: Vögel würden weggeblasen, Wolken zurückbleiben und Gebäude zweifellos in sich zusammenfallen.

Planeten & Himmelskörper

Wie viele Planeten hat unsere Sonne?

Am 24. August 2006 hat Pluto seinen Status als Planet verloren und gilt nur noch als „Zwergplanet". Die IAU (International Astronomical Union) hat entschieden, dass der bis dahin äußerste Planet unseres Sonnensystems eines der drei Kriterien für solcherart Himmelskörper nicht erfüllt: Pluto konnte seine Umlaufbahn nicht von Asteroiden säubern. Die Antwort auf die Titelfrage lautet daher: 8.

Ceres: Am 1. Januar 1901 entdeckte der italienische Astronom Giuseppe Piazzi den ersten Asteroiden, Ceres, den er allerdings fälschlicherweise als „Planet" bezeichnete.

Mars: (1) Die 1877 entdeckten Marsmonde Phobos (Furcht) und Deimos (Schrecken) wurden nach den Pferden benannt, die den Wagen des griechischen Kriegsgottes zogen. (2) Im gleichen Jahr glaubt man auch „Kanäle" zu sehen, die als Beweis für intelligentes Leben betrachtet wurden. H. G. Wells wurde dadurch zu seinem *War of the Worlds* (Krieg der Sterne) angeregt. Allein, es handelt sich um eine optische Täuschung. Dennoch sind diese „Schluchten" gewaltig: viermal so tief und sechsmal so breit wie der Grand Canyon.

Neptun: Dieser Planet wurde zuerst von Mathematikern „errechnet", da die Umlaufbahn des Uranus Unregelmäßigkeiten zeigte. Als der Astronom Johann Galle schließlich die von Urbain Le Verrier errechnete Stelle am Himmel mit dem Fernrohr absuchte, fand er nach kurzer Zeit den Neptun.

Pluto: Der Name des 1930 von Clyde Tombaugh entdeckten Himmelskörpers wurde von einem 11-jährigen Mädchen, Venetia Burney, während des Frühstücks gewählt. Ihr Großvater gab den Vorschlag „Pluto" an seinen Freund Hall Turner, Professor der Astronomie in Oxford, weiter.

Venus: Der „Planet der Liebesgöttin" ist das hellste sternartige Objekt am Firmament. Sein Symbol ist seit der Antike das Pentagramm. Der Grund dafür liegt wohl auch darin, dass die Venus mit ihrer periodischen Bewegung innerhalb von jeweils acht Jahren ein ziemlich exaktes Pentagramm beschreibt.

Riesenmaschine

Wie groß ist die größte Maschine der Welt?

Mit 26,659 Kilometern Umfang sowie 9600 Magneten ist der LHC (Large Hadron Collider) in Genf, ein gewaltiger Teilchenbeschleuniger, die größte Maschine der Welt.

Druck: Nur ein Zehntel des Drucks auf der Mondoberfläche herrscht im Hochvakuum der LHC-Röhre. Damit ist dies der „leerste" Raum in unserem Sonnensystem.
Hitze: Für einen kurzen Augenblick entstehen beim Zusammenstoß der Protonen im LHC Temperaturen, die 100 000-mal heißer sind als das Zentrum der Sonne.
Lichtgeschwindigkeit: Die Protonenteilchen durchrasen den fast 27 Kilometer langen Ring 11 000-mal in der Sekunde. Sie erreichen dabei 99,9999991 Prozent der Lichtgeschwindigkeit.
Temperatur: Mit – 271,3 °C wird der Beschleunigungsring des LHC auf eine Temperatur abgekühlt, die knapp über dem absoluten Nullpunkt liegt … und niedriger ist als die Temperatur im Weltall.

Titanic

Welches Schiff galt als „unsinkbar"?

Nun, dieses Prädikat wurde in den medialen Schlagzeilen der Titanic verliehen. Doch als die Katastrophe kam, dauerte es nur 2 Stunden und 40 Minuten, bis das stolze Schiff in den Fluten des Atlantiks versank.

14. April 1912, 23.40 Uhr: Zwanzig Minuten vor Mitternacht kam der Warnruf „Eisberg voraus". Zwei Stunden und zwanzig Minuten später kam das Kommando „Abandon ship. It's every man for himself." (Frei übersetzt: Verlassen Sie das Schiff. Rette sich wer kann!).

Buch: Vierzehn Jahre vor dem Unglück erschien ein prophetischer Roman von Morgan Robertson. Er erzählt von dem größten je gebauten Ozeanriesen, der auf seiner Jungfernfahrt von Southampton nach New York auf einen Eisberg prallt. Der Schiffsrumpf wird aufgeschlitzt, und wegen fehlender Rettungsboote kommt es zu einem Massensterben. Der Name des Schiffes: *Titan*.

Film: Das Filmmodell der jüngsten „Titanic"-Produktion wurde aus Kostengründen nur „einseitig" und in verkleinertem Maßstab nachgebaut. James Camerons Filmversion aus dem Jahr 1998 kostete mehr als 200 Millionen Dollar, wurde jedoch mit 11 Oscars bedacht und war damit ebenso erfolgreich wie vor ihm „Ben Hur" und nach ihm „Der Herr der Ringe: Die Rückkehr des Königs".

Funkmeldung: Vermutlich hätten die Passagiere der *Titanic* gerettet werden können, denn das Passagierschiff *Caledonian* war am Katastrophentag lediglich mit 47 Besatzungsmitgliedern auf der Fahrt von London nach Boston nahe genug. Funkmeldungen der *Titanic* wären zweifellos empfangen worden, hätte der einzige Funker nicht gerade seine nächtliche Pause gemacht.

Rettungsboote: Ein Gesetz aus dem Jahr 1894 verlangte für Schiffe über 10 000 Bruttoregistertonnen eine bestimmte Zahl von Rettungsbooten. Die *Titanic* war viereinhalb Mal so groß – und führte daher zu wenige Rettungsboote mit.

SOS: Das von der internationalen Marine knapp davor empfohlene neue Notsignal SOS („Save Our Souls") wurde erstmals gesendet. Wie wir leider wissen, ohne rechtzeitig Hilfe herbeirufen und die armen „Seelen" retten zu können.

Überflutung: Vierzehn wasserdichte Kammern sicherten den Schiffsrumpf der *Titanic* und machten diesen Riesen „praktisch" unsinkbar. Vier volle Überflutungen hätte die *Titanic* aushalten können. Doch der Eisberg riss ein Loch in fünf der Kammern.

Untergang: Um 2:20 Uhr versank die Titanic endgültig in den Fluten des Ozeans. Noch immer spielte die Band ihre Ragtime-Music. Gespenstisch lagen die Töne über dem eiskalten Wasser des Atlantiks. Mit Entsetzen beobachteten die 705 Menschen in den Rettungsbooten, wie die zurückgebliebenen Passagiere, 1513 Frauen, Männer und Kinder, sich spinnengleich an die Planken des Schiffes klammerten oder in voller Verzweiflung in das tobende Wasser sprangen. „Das grausame Ende einer Tragödie des technischen Größenwahns!" (So oder ähnlich lauteten die Kommentare einiger britischer Zeitungen.)

Universum

Wie viele Galaxien sind mit freiem Auge zu erkennen?

Wie viele Galaxien sind mit freiem Auge zu erkennen? Sie werden es kaum glauben, aber von den rund 100 Milliarden Galaxien kann man nur vier ohne technische Hilfe sehen, zwei auf jeder Hemisphäre (im Norden: Milchstraße und Andromeda; im Süden: Große und Kleine Magellansche Wolke).

Alpha Centauri: Der dritthellste Stern am Himmel konnte von den Griechen des Altertums nie beobachtet werden. Denn Athen und Umgebung liegen nördlich von 30° nördlicher Breite, was einen Blick auf Alpha Centauri unmöglich macht.
Alter: Noch vor 200 Jahren glaubten auch Wissenschaftler, das Universum sei bloß 6000 Jahre alt. Heute schätzt man das Alter auf 15 bis 20 Milliarden Jahre.
Atome: Die Zahl aller Atome des Weltalls, so haben Mathematiker und Physiker errechnet, dürften eine Größenordnung von 10^{79} haben, also eine 10 mit 79 Nullen, eine Zahl, die unser Vorstellungsvermögen bei weitem übersteigt. Dennoch sind auf einem bescheidenen 8 x 8 Felder großen Schachbrett mehr unterschiedliche Stellungen möglich.
Größe: (1) Würde ein Modell des Universums mit einer Grundfläche von 32 mal 32 Kilometern sowie einer Höhe von ebenfalls 32 Kilometern gebaut, so dürfte sich nur ein winziges Sandkorn darin befinden. So wenig Materie enthält unser Universum im Verhältnis zum Volumen. (2) Würde

unser ganzes Sonnensystem auf die Größe von Manhattan schrumpfen (die halbe Fläche Liechtensteins), wäre der Sonnendurchmesser nur 30 Zentimeter. Der nächste Stern, Alpha Centauri, wäre dagegen 8 800 Kilometer entfernt, ein Fünftel des Erdumfangs.

Hubble-Teleskop: 2003 wurde mit einem Spezialteleskop eine 11-Tage-Belichtung des „leersten" Raums im Universum versucht. Das Resultat: Astronomen fanden Zehntausende bislang unbekannter Galaxien, jede aus Hunderttausenden bis Millionen Sternen bestehend.

Kugelform: Aufgrund der Urknalltheorie sehen manche Wissenschaftler eine Kugelform des Universums als wahrscheinlich an. Es gibt jedoch verschiedenste Modelle, die einen Hypertorus (ein wulstartiges geometrisches Gebilde), eine „Fußballform", eine „Trompetenform", aber auch ein Ellipsoid denkbar erscheinen lassen.

Masse: (1) Würde die gesamte atomare Masse des Universums zu einer Kugel zusammengedrückt, hätte diese in unserem Sonnensystem Platz. (2) Kohlenstoff, Wasserstoff, Stickstoff und Sauerstoff machen 99 Prozent der Erdmasse aus. Wasserstoff ist auch der Grundbaustein aller Sterne unserer Milchstraße. [Randbemerkung: Die Planeten bestehen ja aus „Sternenstaub", also dem Stoff explodierter Sterne.]

Neutronenstern: Unvorstellbar dicht ist die Materie eines Neutronensterns. 1 Liter davon, könnte man ihn auf der Erde wiegen, wäre 20 Trillionen Kilogramm schwer.

Protonen: Diese zu den kleinsten Bausteinen unseres Universums zählenden Teilchen sind unvorstellbar winzig. Der kleine Punkt Druckerschwärze auf dem hier abgedruckten ‚i' enthält geschätzte 500 000 000 000 (fünfhundert Milliarden) davon.

Sonnenaufgang: Bei einer Umkreisung der Erde können Astronauten weit mehr als ein Dutzend Sonnenauf- und Sonnenuntergänge beobachten.

Sterne: (1) Selbst mit den besten Teleskopen lassen sich (von der Erde aus) maximal 10 000 Sterne erkennen. Wer einem Freund ein Namenszertifikat für einen noch unbenannten Stern schenken möchte, sollte sich auf der folgenden kanadischen Website einlinken: www.starregistry.ca. (2) Die Spektren der Sterne dienen als Klassifizierungskriterium. Nach Temperaturabnahme geordnet ist die Reihenfolge wie folgt: O, B, A, F, G, K, M, R, N, S. Schwer zu merken? Im Englischen gibt es eine nette Eselsbrücke: „Oh, Be A Fine Girl, Kiss Me Right Now, Sweetheart." (Oh, sei ein liebes Mädchen, küss mich jetzt sofort, Süße.)

Sonne: 99,8 Prozent aller Materie unseres Sonnensystems sind in der Sonne enthalten.

Sonnenfinsternis: (1) Als sich die Armeen von Lydien und Medien gerade auf eine entscheidende Schlacht vorbereiteten, kam es zu einer damals als Omen verstandenen Sonnenfinsternis. Der Krieg wurde sofort beendet. Vermutlich ist dieser Friedensschluss das älteste Ereignis, das man auf den Tag genau berechnen kann: 28. Mai 585 v. Chr.. (2) Es ist purer Zufall, dass der Mond gerade so groß ist, dass eine totale Sonnenfinsternis möglich ist und dennoch die Korona sichtbar bleibt.

Sternenexplosion: NASA-Astronomen konnten die Strahlung eines Sterns aus der ersten Generation unseres Universums messen. Das Alter: 12,8 Milliarden Lichtjahre. Damit ist dies das am längsten „tote" Objekt, von dem wir erst jetzt erfahren.

Supernova: Der Gum-Nebel ist der Rest des der Erde nächsten Sterns, der vor ca. 11 000 Jahren als Supernova explodierte. Steinzeitmenschen könnten dieses Ereignis beobachtet haben, wahrscheinlich mit größtem Entsetzen, da sie keine Erklärung haben konnten.

Thales von Milet: Der große Philosoph war der Erste, der die Frage stellte: „Woraus besteht das Universum." Seine Antwort war frei von Spekulationen über Götter und Dämonen.

Urknall: Wissenschaftler glauben, auf den Augenblick bis 10^{-43} Sekunden nach dem Urknall blicken zu können. Das ist eine zehn millionstel billionstel billionstel billionstel Sekunde (0,000000000000000000000000000000000000000000001).

Ausgewählte Literatur

Asimov, Isaac: **Isaac Asimov's Book of Facts.** Hastings House, New York 1992
Bankl, Hans: **Viele Wege führten in die Ewigkeit**. Maudrich, Wien 2005
Benjamin, Arthur/Shermer, Michael: **Mathemagie.** Heyne, München 2007
Beutelspacher, Albrecht: **Einmal sechs Richtige.** Piper, München 2007
Blundell, Nigel: **The World's Greatest Mistakes.** Octopus, London 1980
Böseke, Harry: **Spiele mit Worten.** Rowohlt Taschenbuch Verlag, Reinbek 1992
Bryson, Bill: **Eine kurze Geschichte von fast allem.** Goldmann, München 2006
—: **Made in America**. Quality Paperbacks Direct, London 1994
—: **Mother Tongue – The English Language.** Penguin, Harmondsworth 1990
Crystal, David (Hrsg.): **The Cambridge Factfinder.** Cambridge University Press 2000
—: **The English Language.** Penguin, London 2002
CUS: **Der Coup, die Kuh, das Q.** Eichborn, Frankfurt am Main 2007
Dear, Tony: **Birdie!** Copress, München 2008
Debrebant, Serge/Much, Mauritius: **Japanische Schweine machen buubuu.** Herder, Freiburg im Breisgau 2007
Del-Prete, Sandro: **Meisterwerke der optischen Illusionen.** Ueberreuter, Wien 2007
Devlin, Keith: **Sternstunden der modernen Mathematik.** Dtv, München 1992
Dick, Joyce: **Frivol! Zum Wohl!** Books on Demand, Norderstedt 2008
Drösser, Christoph: **Wenn die Röcke kürzer werden, wächst die Wirtschaft.** Rowohlt, Reinbek 2008
Epstein, Lewis: **Denksport Physik.** Dtv, München 2007
Ernst, Bruno: **The Magic Mirror of M.C. Escher.** Tarquin Publications, Stradbroke 1985
Faber, Olaus: **Das babylonische Handbuch der Sprache.** Eichborn, Berlin 2008
Forsyth, Adrian: **Sexualität in der Natur.** Dtv, München 1991
Fossati, Franco: **Das große illustrierte Ehapa Comic Lexikon.** Ehapa, Stuttgart 1993
Gardner, Martin: **Codes, Ciphers and Secret Writing.** Dover Publications, New York 1972
—: **Entertaining Mathematical Puzzles.** Dover Publications, New York 1986
—: **Gotcha.** Freeman, New York 1982
—: **Knotted Doughnuts.** Freeman, New York 1986
—: **Mathematical Circus.** Penguin Books, London 1990
—: **Mathematischer Karneval.** Ullstein, Frankfurt am Main 1993
—: **Perplexing Puzzles and Tantalizing Teasers.** Dover Publications. New York 1988
—: **Riddles of the Sphinx.** Mathematical Association, Washington 1988
—: **Universe in a Handkerchief.** Copernicus, New York 1996

Ghose, Parhta/Home, Dipankar: **Riddles in the Teacup.** Institute of Physics, Bristol 1995
Gisler, Omar: **Das große Buch der Fußball-Rekorde.** Copress, München 2007
Grieser, Dietmar: **Der erste Walzer.** Amalthea Signum, Wien 2007
Grüner, Sigmar/Sedlaczek, Robert: **Lexikon der Sprachirrtümer Österreichs.** Deuticke, Wien 2003
Köster, Rudolf: **Eigennamen im deutschen Wortschatz**. De Gruyter, Berlin 2003
Guinness World Records 2001. Bantam Books, New York 2000
Gutberlet, Bernd Ingmar: **Die 50 populärsten Irrtümer der deutschen Geschichte**. Bastei, Hamburg 2002
Haefs, Hanswilhelm: **Das ultimative Handbuch des nutzlosen Wissens.** Dtv, München 1998
Hartston, William: **Mr Hartstons [Hartston's] Most Excellent Encyclopedia of Useless Information.** Metro, London 2006
Havas, Harald: **Wiener Sammelsurium.** Pichler, Wien 2005
Heimannsberg, Joachim: **Brockhaus! Was so nicht im Lexikon steht**. Brockhaus, Leipzig 1996
Hemme, Heinrich: **Die Sphinx.** Vandenhoeck & Ruprecht, Göttingen 1994
—: **Das Problem des Zwölf-Elfs.** Vandenhoeck & Ruprecht, Göttingen 1998
—: **Mensch, ärgere dich nicht.** Rowohlt, Reinbek 2003
Hemme, Heinrich/Schwoerer, Matthias: **Mathematischer Denkspaß.** Weltbild Buchverlag, Augsburg 1998
Juan, Stephen: **Schmetterlinge im Bauch und andere anatomische Wunder.** Bastei Lübbe, Bergisch Gladbach 2002
Karlan, Dan/Lazar, Allan/Salter, Jeremy: **Die 101 einflussreichsten Personen, die es nie gab.** Ehrenwirth, Pößneck 2006
Kastner, Hugo: **Backgammon.** Humboldt, Baden-Baden-Hannover 2008
—: **Das große Humboldt Schach-Sammelsurium.** Humboldt, Baden-Baden 2007
—: **Die große Humboldt-Enzyklopädie der Würfelspiele.** Humboldt, Baden-Baden 2007
—: **Fundgrube für Denksport & Rätsel.** Cornelsen Scriptor, Berlin 2004
—: **Fundgrube für Spiele.** Cornelsen Scriptor, Berlin 2002
—: **Snooker – Spieler, Regeln und Rekorde.** Humboldt, Baden-Baden 2006
—: **Von Aachen bis Zypern.** Humboldt, Baden-Baden 2007
Kastner, Hugo/Folkvord, Gerald: **Die große Humboldt-Enzyklopädie der Kartenspiele**. Humboldt, Baden-Baden 2005
—: **Atlasrätsel.** Aulis Verlag, Köln 2008
—: **88 neue Atlasrätsel.** Aulis Verlag, Köln 2000

Kippenhahn, Rudolf: **Verschlüsselte Botschaften.** Rowohlt, Reinbek 1997
Koch, Christoph: **Zahlen, bitte!** Heyne, München 2006
Kordemsky, Boris: **The Moscow Puzzles.** Penguin, Harmondsworth 1978
Krämer, Walter: **Denkste!** Campus, Frankfurt am Main 1996
Krämer, Walter/Sauer, Wolfgang: **Lexikon der populären Sprachirrtümer**. Eichborn, Frankfurt am Main 2001
Krämer, Walter/Schmidt, Michael: **Das Buch der Listen**. Eichborn, Frankfurt am Main 1997
Krämer, Walter/Trenkler, Götz: **Lexikon der populären Irrtümer**. Eichborn, Frankfurt am Main 1996
Levy, Emanuel: **Oscar Fever**. Continuum, New York-London 2001
Lloyd, John/Mitchinson, John: **The Book of General Ignorance.** Faber, London 2006
Loyd, Sam/Gardner, Martin: **Mathematische Rätsel und Spiele.** Dumont, Köln 1995
Markus, Georg: **Wie war es wirklich?** Amalthea Signum, Wien 2007
Märtl, Claudia: **Die 101 wichtigsten Fragen – Mittelalter**. Beck, München 2007
Melchers, Carlo: **Das große Buch der Heiligen.** Ludwig, München 1999
Mérö, László: **Die Logik der Unvernunft**. Rowohlt, Hamburg 2003
—: **Grenzen der Vernunft**. Rowohlt, Hamburg 2002
Moore, C. J.: **In Other Words.** Oxford University Press, Oxford 2005
Niklitschek, Alexander: **Wunder überall**. Buchgemeinschaft Donauland, Wien 1956
O'Hare, Mick/New Scientiest (Hrsg.): **Warum fallen schlafende Vögel nicht vom Baum?** Piper, München 2003
Obermair, Gilbert: **Die beliebtesten Kneipenspiele.** Pabel-Moewig, Rastatt 1994
—: **Die pfiffigsten Münzspiele.** Pabel-Moewig, Rastatt 1994
Olivastro, Dominic: **Das Chinesische Dreieck**. Droemer/Knaur, München 1995
Platthaus, Andreas: **Im Comic vereint.** Alexander Fest, Berlin 1998
Rebenich, Stefan: **Die 101 wichtigsten Fragen – Antike**. Beck, München 2006
Richard, Schmid, Kremer: **Kriegen Enten kalte Füße?** Kosmos, Stuttgart 2008
Robinson, Andrew: **Die Geschichte der Schrift.** Albatros, Düsseldorf 2004
Rogers, Henry: **Writing Systems.** Blackwell, Oxford 2005
Sacks, David: **The Alphabet.** Arrow, London 2004
Sarcone, Gianni/Waeber, Marie-Jo: Fantastische optische Illusionen. Tosa/Ueberreuter, Wien 2008
Sarcone, Gianni/Waeber, Marie-Jo: Optische Illusionen. Weltbild, Augsburg 2006
Schätzing, Frank: **Nachrichten aus einem unbekannten Universum.** Kiepenheuer & Witsch, Köln 2006
Schmitz, Rainer: **Was geschah mit Schillers Schädel?** Eichborn, Frankfurt am Main 2006

Schott, Ben: **Schotts Original Miscellany**. Bloomsbury, London 2002
—: **Schotts Sammelsurium**. Bloomsbury, Berlin 2004
—: **Schott Sammelsurium Sport, Spiel & Müßsiggang**. Bloomsbury, Berlin 2004
—: **Schott's Sporting, Gaming & Idling Miscellany**. Bloomsbury, London 2004
Schwettmann, Eckhard: **All-Mächtiger!** Hannibal, Höfen 2006
Scientific American (Hrsg.): **Was macht das Licht, wenn's dunkel ist?** Rowohlt, Reinbek 2005
Sick, Bastian: **Der Dativ ist dem Genitiv sein Tod**. Kiepenheuer & Witsch, Köln 2004
—: **Der Dativ ist dem Genitiv sein Tod. Folge 2**. Kiepenheuer & Witsch, Köln 2006
—: **Der Dativ ist dem Genitiv sein Tod. Folge 3**. Kiepenheuer & Witsch, Köln 2006
Silverman, David: **100 unterhaltsame Denkspiele.** Orbis, München 1993
Smullyan, Raymond: **Satan, Cantor and Infinity.** Oxford University Press, Oxford 1993
—: **Spottdrosseln und Metavögel.** Krüger, Frankfurt 1986
—: **The Riddle of Scheherazade.** Knopf, New York 1997
Spektrum der Wissenschaft: **Das Unendliche**. Spektrum, Heidelberg 2001
Spektrum der Wissenschaft Digest: **Mathematische Unterhaltungen.** Spektrum, Heidelberg 2002
Spektrum der Wissenschaft Dossier: **Mathematische Unterhaltungen II.** Spektrum, Heidelberg 2003
Stewart, Ian: **How to Cut a Cake.** Oxford University Press, Oxford-New York 2006
—: **Spiel, Satz und Sieg für die Mathematik.** Insel Verlag, Leipzig 1997
Taschner, Rudolf: **Zahl Zeit Zufall. Alles Erfindung?** Ecowin, Salzburg 2007
Taylor, Gordon (Hrsg.): **Vom Faustkeil zum Laserstrahl**. Verlag Das Beste, Stuttgart 1991
Udolph, Jürgen/Fitzak, Sebastian: **Buch der Namen.** Goldmann, München 2007
Uhlmann, Jörg von: **17mal USA.** Piper, München-Zürich 1992
Urmes, Dietmar: **Handbuch der geographischen Namen**. Marix Verlag, Wiesbaden 2004
Wallechinsky, David/Wallace, Irving/Wallace Amy: **The Book of Lists**. Bantam Book, New York 1978
—: **The Book of Lists Nr. 3.** Bantam Book, New York 1978
Weaver, Warren: **Die Glücksgöttin**. Kurt Desch, 1964
Wells, David: **Curious and Interesting Mathematics**. Penguin, Harmondsworth 1997
—: **Curious and Interesting Numbers.** Penguin, Harmondsworth 1997
—: **The Penguin Book of Puzzles.** Penguin, Harmondsworth 1992
Wiseman, Richard: **Quirkologie**. Fischer, Frankfurt am Main 2008
Wolke, Robert: **Was Einstein seinem Friseur erzählte**. Piper, München 2004
—: **Woher weiß die Seife, was der Schmutz ist?** Piper, München 2005